Grundlagen der
Metallkunde
in anschaulicher Darstellung

von

Georg Masing
o. ö. Professor an der Universität Göttingen
Direktor des Instituts für allgemeine Metallkunde Göttingen

Vierte, verbesserte und erweiterte Auflage

Mit 140 Abbildungen

Springer-Verlag Berlin Heidelberg GmbH
1955

Ursprünglich erschienen bei Springer-Verlag OHG., Berlin / Göttingen / Heidelberg 1955

ISBN 978-3-662-11919-8 ISBN 978-3-662-11918-1 (eBook)
DOI 10.1007/978-3-662-11918-1

Vorwort zur vierten Auflage.

Obwohl die theoretische Metallkunde in schneller Entwicklung ist, sind ihre Grundlagen im wesentlichen unverändert geblieben. Diesen Grundlagen ist das vorliegende Werk gewidmet. Es brauchte demgemäß nicht weitgehend umgearbeitet zu werden. Einer Anregung des Herrn Prof. F. C. THOMPSON folgend, dem ich die Übersetzung der „Grundlagen" ins Englische verdanke, wurde in das Werk ein kurzes Kapitel über den technischen Gießvorgang aufgenommen.

Ich danke Fräulein E. JANECKE für die Durchsicht der Korrekturen und für manchen textlichen Vorschlag.

Göttingen, Mai 1955.

G. Masing.

Vorwort zur ersten Auflage.

Die vorliegende Darstellung der Grundlagen der Metallkunde, die aus Vorlesungen entstanden ist, unterscheidet sich von anderen Lehrbüchern auf diesem Gebiete neben ihrer Kürze durch ihre bewußte Beschränkung auf das Grundsätzliche. Ihr Ziel ist nicht, ins Einzelne gehende Kenntnisse, sondern das Verständnis der wichtigsten Grundtatsachen zu vermitteln, und zwar so anschaulich wie nur irgend möglich. Trotzdem wurde vielfach auf Beziehungen zu technischen Problemen hingewiesen.

Damit wenden sich die „Grundlagen der Metallkunde" vor allem an den Anfänger und an die großen technisch oder naturwissenschaftlich interessierten Kreise, an die Metallprobleme so oder anders herantreten. Wir leben in einem Zeitalter, in dem der Werkstoff und damit unter anderem das Metall die Gestaltung des technischen Lebens mehr bestimmt als jemals früher. Daher ist es aber auch notwendig, daß heutzutage jeder technisch oder naturwissenschaftlich interessierte Mensch sich mit der Lehre von den Metallen etwas vertraut macht.

Für zahlreiche nützliche Ratschläge und für die Hilfe beim Lesen der Korrekturen bin ich Frl. K. MIETHING zu großem Dank verpflichtet.

Göttingen, Oktober 1940.

G. Masing.

Vorwort zur zweiten Auflage.

Der Umstand, daß die erste Auflage etwa nach einem Dreivierteljahr vergriffen ist, beweist, daß die „Grundlagen der Metallkunde" in der vorliegenden Form einem vorhandenen Bedürfnis entsprochen haben. Deshalb konnte der Text bei der zweiten Auflage beinahe unverändert gelassen werden. Verschiedenen Fachgenossen bin ich für wertvolle Ratschläge dankbar. Auf Anregung von Herrn Prof. W. Köster ist das jetzige Kapitel VI über Wärmebehandlung aufgenommen worden, was durch die Wichtigkeit des Gegenstandes zweifellos gerechtfertigt ist und womit die Darstellung den Bedürfnissen des Praktikers noch etwas mehr entgegenkommt.

Frl. K. Miething bin ich für eine erneute sorgfältige Durchsicht des Textes und für viele gute Verbesserungsvorschläge wieder zu besonderem Dank verpflichtet.

Göttingen, August 1941.

G. Masing.

Vorwort zur dritten Auflage.

Dem Vorschlag meines Mitarbeiters, Dr. K. Lücke, folgend, ist die Darstellung der Konstitutionslehre durch eine ganz kurze Erörterung der atomistischen Struktur der Metalle und Legierungen in der zweiten Vorlesung belebt worden. Der Text ist durchgesehen und mannigfach verbessert worden. Da die Darstellung nur die elementaren Grundlagen betrifft, brauchte der stürmischen Entwicklung der Lehre von den Metallen in den letzten zehn Jahren nur durch einzelne Hinweise Rechnung getragen zu werden. Ich danke Frl. Ch. Baatz für die Durchsicht der Korrekturen.

Göttingen, Mai 1951.

G. Masing.

Inhaltsverzeichnis.

I. Überblick über das Gebiet der Metallkunde.

1.

Metallkunde ist die Lehre von den Metallen. Die Metalle stellen eine wichtige Gruppe der chemischen Elemente dar. So könnte man meinen, daß die Metallkunde lediglich ein Kapitel der anorganischen Chemie ist, und man mag fragen: Was für eine Veranlassung hat man denn, daraus eine selbständige Disziplin zu machen?

Zwischen der Metallkunde und der Chemie besteht jedoch ein sehr wesentlicher Unterschied. Die Chemie ist die Lehre von den chemischen Elementen und ihren Verbindungen miteinander. Die Chemie operiert mit dem *Atom* des Elementes; was sie interessiert, ist zunächst das *Molekül* einer Verbindung, ihr Gebiet ist die *Reaktion* zwischen Molekülen, wie sie uns in der Reaktionsgleichung begegnet. Die Lehre von *Metallatomen* ist nicht Gegenstand der Metallkunde; die Metallkunde ist die Lehre von den Atom-*Aggregationen*, wie sie im festen, weniger im flüssigen Metall vorliegen. In technischer Formulierung kann man sagen, daß die Metallkunde die Lehre vom metallischen Werkstoff ist, während das Metallatom als solches sie weniger interessiert. Das Problem, was ein Atom zu einem *Metallatom* macht, ist nicht metallographischen, sondern physikalischen oder chemischen Charakters. In dieser Beziehung hat die Metallkunde Ähnlichkeit mit der Krystallographie, die ebenfalls eine Lehre nicht von den Atomen oder Molekülen, sondern von ihren Aggregationen ist, wie sie im Krystall vorliegen. Aus der angegebenen Eigenart der Metallkunde ergeben sich viele Probleme, die gänzlich außerhalb des Rahmens der Chemie liegen. Unsere erste Aufgabe wird sein, die Mannigfaltigkeit der metallischen Probleme, ihre enge Verbindung mit einer Reihe von anderen Wissensgebieten, und damit die Vielseitigkeit ihres Inhalts zu zeigen.

2.

In einem wichtigen Fragenkomplex kann die Metallkunde allerdings durchaus als ein Teilgebiet der anorganischen oder besser physikalischen Chemie bezeichnet werden. Dieses Gebiet umfaßt die Verwandtschaftslehre der Metalle, die Lehre von ihren chemischen Beziehungen untereinander. Sie umfaßt also das Problem der *Legierung*, die Frage, welche Verbindungen etwa die Metalle untereinander bilden und wie der atomare oder molekulare Zustand der metallischen Bestandteile in der Legierung ist. Wie groß die chemische Verwandtschaft zwischen 2 Metallen sein kann, wollen wir an einem Experiment zeigen, indem wir Quecksilber mit Natrium reagieren lassen.

In eine Glasflasche, die mit Quecksilber gefüllt ist, werfen wir ein frisch abgeschnittenes Stückchen metallisches Natrium hinein und schütteln die Flasche um. Man sieht, daß nach kurzer Zeit eine Reaktion zwischen den beiden Metallen unter Feuererscheinung eintritt. Es hat sich eine Natrium-Quecksilber-Verbindung gebildet. Die anfängliche Verzögerung der Reaktion ist darauf zurückzuführen, daß das Natrium unvermeidlich mit einer Oxydhaut bedeckt war und deshalb nicht sofort eine molekulare Berührung zwischen Quecksilber und Natrium zustande kommen konnte, die natürlich eine Voraussetzung für die Reaktion ist. Man sieht, in ihrer Heftigkeit steht diese Reaktion nicht zurück etwa hinter der Bildung von Eisensulfid beim Erhitzen von Eisen und Schwefel, die in der chemischen Vorlesung gezeigt wird. Bringt man auf einmal zu viel Natrium auf das Quecksilber, so kann die Flasche gesprengt werden.

In diesem Versuch hat es sich um die Reaktion eines festen Körpers mit einer Flüssigkeit gehandelt. Sehr häufig — und das sind die sowohl theoretisch als auch technisch wichtigsten Fälle — reagieren die Metalle auch im festen Zustande miteinander. Auch diese Reaktionen können mit erheblichen Wärmetönungen verbunden sein. Das kann an einer Legierung von Zink mit Aluminium als Beispiel experimentell gezeigt werden.

In einem Ofen werden einige Stücke der Legierung mit etwa 67 At.-% Zn und 33 At.-% Aluminium auf 350° erhitzt. Wir lassen diese Legierung aus dem Ofen in Wasser fallen und holen die Stücke nach Abkühlung auf Zimmertemperatur wieder heraus. Wenn man sie in der Hand hält, überzeugt man sich sehr bald, daß die Legierung nicht nur durch Wärmeleitung Handwärme annimmt, sondern auch weiterhin selbst Wärme entwickelt, und dabei so heiß wird, daß sie nicht mehr in der Hand gehalten werden kann. In dieser Legierung spielt sich eine *chemische Reaktion* ab. Durch Abschrecken in Wasser haben wir zunächst ihren Eintritt verhindert; sie setzt jetzt bei Zimmertemperatur ein.

Systematische Untersuchungen haben gezeigt, daß das Maximum der Wärmeentwicklung etwa in der Nähe der Zusammensetzung der Formel Zn_2Al liegt. Es lag deshalb nahe, sie mit der Bildung oder dem Zerfall einer solchen Verbindung zu erklären, und in der Tat hat die Metallkunde jahrzehntelang geglaubt, daß diese Wärmeentwicklung auf den Zerfall dieser nur bei höherer Temperatur beständigen Verbindung zurückzuführen sei. Wie wir heute aus dem Zustandsdiagramm der Zink-Aluminium-Legierungen wissen — mit den Zustandsdiagrammen und mit dieser Frage werden wir uns in den nächsten Vorlesungen befassen, vgl. insbesondere S. 88 —, liegen die Verhältnisse in Wirklichkeit ganz anders. Das ist ein lehrreiches Beispiel für die Unzulässigkeit der einfachen Übertragung von Gedankenansätzen, wie sie in der anorganischen Chemie üblich sind, auf die Metalle.

In den Metallen und Legierungen oder, wie wir uns auszudrücken pflegen, in *metallischen Systemen* finden also des öfteren chemische Reaktionen sowohl im flüssigen als auch im festen Zustande statt. Die erste Aufgabe der Metallkunde ist deshalb, den Aufbau der Metalle und Legierungen zu erforschen in ähnlicher Weise, wie es sonst die anorganische Chemie tut. Ganz unabhängig davon, was ein Fachmann nachher mit den Metallen anstellen will oder in welcher Richtung er sie untersuchen will, ist es zunächst seine Pflicht, sich über ihre chemische Natur zu unterrichten.

Die festen Metalle und Legierungen sind alle *krystallinisch*. Früher wurde darauf auf indirektem Wege geschlossen. Bekanntlich hat z. B. ein amorpher Körper, etwa das Glas, keinen definierten *Schmelzpunkt;* die Zähigkeit des Glases wird mit steigender Temperatur kontinuierlich geringer, bis es als schmelzflüssig zu bezeichnen ist. Auf der Abkühlungskurve des Glases ist deshalb kein Haltepunkt wahrzunehmen, wie wir einen solchen z. B. beim Zink kennenlernen werden (S. 25), und es tritt kein Sprung in den Eigenschaften auf.

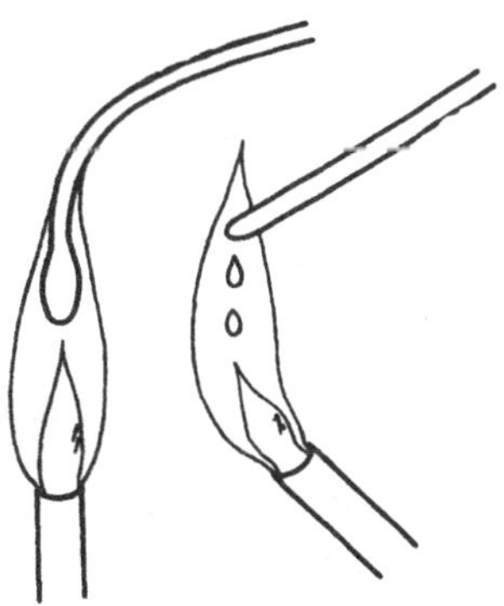

Abb. 1. Schema des Schmelzvorganges beim Glas (links) und beim Zinn (rechts).

Wir können das an einem sehr einfachen Versuch anschaulich zeigen (Abb. 1). Wir erhitzen einen Glasstab in der Flamme eines Bunsenbrenners. Man sieht, wie der Stab allmählich weich wird, sich durchzubiegen beginnt, durchhängt und wie schließlich an ihm eine schwere Glasträne hängt und abfällt. Hierbei ist nicht nur etwa der heißeste Teil des Glases, der abgetropft ist, geflossen, auch die Umgebung, in der die Temperatur, von der heißesten Stelle ausgehend, langsam niedriger wird, hat am Fließen teilgenommen, wenn auch in geringerem Umfange: Das Fließen setzt mit steigender Temperatur eben schleichend stetig ein. Als Gegenstück erhitzen wir in derselben Flamme eine Stange Zinn. Man sieht, die Stange behält unverändert ihre Form, bis an ihrem erhitzten Ende unvermittelt ein Tropfen flüssiges Metall abfällt. Aus einem richtigen festen Körper ist beim Schmelzpunkt unvermittelt und unstetig eine leichtflüssige Schmelze geworden.

Nach dem Vorgang von G. Tammann betrachten wir die Schmelze und das Glas oder den amorphen Körper als wesensgleich, der letztere ist also eine unterkühlte Flüssigkeit. Dagegen gehen die Krystalle, wie wir gesehen haben, diskontinuierlich in den Schmelzzustand über. Das äußert sich in der Existenz eines definierten Schmelzpunktes, wobei das System aus zwei verschiedenen Teilen besteht, sowie in der beim Schmelzen auftretenden Wärmeaufnahme. Es ist auch schwer einzusehen, wieso ein Krystall, in dem die Atome in einem Raumgitter angeordnet sind, wie das etwa für das Beispiel des Eisens in Abb. 2a u. b wiedergegeben ist, stetig in die vorwiegend regellose Anordnung einer Flüssigkeit übergehen soll.

Heute können wir das Raumgitter eines aus der Schmelze erstarrten Metalls im Röntgenbild unmittelbar sehen (vgl. II, S. 21).

In der anorganischen Chemie pflegen wir im einfachsten Falle eine *Verbindung* festzustellen, indem wir sie etwa aus einer Lösung ausfällen.

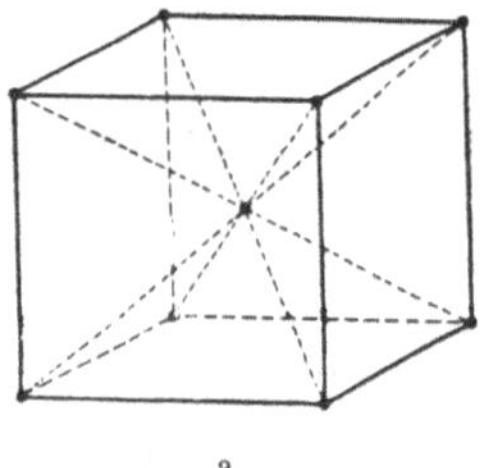

a

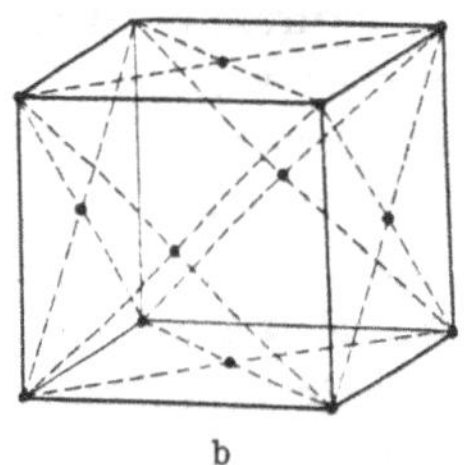

b

Abb. 2. Raumgitter des Eisens.
a) α-Eisen, raumzentriert. b) γ-Eisen, flächenzentriert.

Wenn wir eine Lösung von Bariumchlorid mit einer solchen von Glaubersalz Na_2SO_4 vermischen, so fällt das unlösliche Bariumsulfat aus. Der Umstand, daß das Bariumsulfat eine bestimmte Zusammensetzung $BaSO_4$ mit einfachen Proportionen und eine typische Krystallform hat, wird zunächst als ein ausreichender Beweis dafür betrachtet, daß das Bariumsulfat eine chemische Verbindung ist. Ähnlich finden wir in Legierungen besondere Arten von Krystallen, die beide Bestandteile enthalten und deren Zusammensetzung wir nach Verfahren, die wir später besprechen wollen, bestimmen können. Mit dem Nachweis dieser ***Krystallarten*** und der Bestimmung ihrer Zusammensetzungen ist auch der Überblick über eine Verbindungsbildung oder, vorsichtiger formuliert, über eine Affinitätsbetätigung zwischen den Metallen erreicht. Damit ist die erste Aufgabe erfüllt.

Andererseits entsteht jedoch die tiefere Frage nach dem molekularen Aufbau der in den Legierungen auftretenden Krystallarten, also eine Frage, die für das Kochsalz einen Aufbau aus positiven Na-Ionen und negativen Cl-Ionen ergibt. Auf diese Frage werden wir in der II. Vorlesung kurz eingehen, um dem Leser von Anfang an eine konkrete Vorstellung von den Stoffen, die wir behandeln werden, zu geben.

Der Aufbau der Legierungen im Sinne der ersten Aufgabe aus bestimmten Krystallarten mit den Fragen ihrer Zusammensetzungen, der

Temperatur und Konzentrationsgebiete, in denen sie auftreten, ist Gegenstand der *Konstitutionslehre.* Mit der Beantwortung dieser bescheideneren Frage nach den *Existenzgrenzen* einer Krystallart endigt die Konstitutionslehre. Die Frage nach dem molekularen Aufbau der einzelnen Krystallarten wird in der Konstitutionslehre noch gar nicht gestellt. Mit der Konstitution werden wir uns in den Vorlesungen III—VI beschäftigen müssen.

3.

Wenn wir aber schon die Frage nach den Krystallarten stellen, zeigen wir damit die enge Verbindung der Metallkunde mit der Krystallographie. In der Tat kann die krystalline Struktur eines Metalles sehr leicht durch Ätzen aufgedeckt werden.

Wir nehmen ein flach gegossenes Stück Zinn. Unter dem Mikroskop sieht man, daß es eine glatte Oberfläche hat, von einer Krystallstruktur

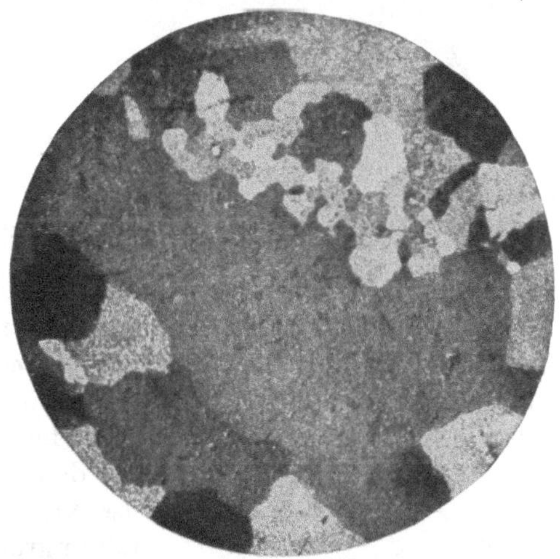

Abb. 3. Mikroskopisches Bild des Gefüges von gegossenem Zinn. Vergr. 6×. (Aus J. CZOCHRALSKI, Moderne Metallkunde.)

ist nichts zu sehen. Wir bringen es jetzt in Salzsäure, der etwas Kaliumchlorat zugesetzt worden ist. Durch Reaktion zwischen Salzsäure und Kaliumchlorat entwickelt sich Chlor, und dieses greift das Zinn an, es wird *geätzt.* Wir warten, bis das Metallstück einen lebhaften Schimmer angenommen hat, spülen es mit Wasser ab, trocknen es mit Alkohol und Äther und bringen es bei schräger Beleuchtung unter das Mikroskop. Man sieht, das Bild hat sich völlig geändert. Die Oberfläche des Zinns besteht aus einer Reihe von unregelmäßigen Flächenstücken verschiedener Helligkeit (Abb. 3). Wenn wir das Präparat unter dem Mikroskop drehen, ändert sich die Helligkeit der Flächenstücke. Abb. 4 zeigt ähnlich die Struktur einer gegossenen, polierten und geätzten Aluminiumbronze (90 bis 93% Cu und 7 bis 10% Al). Die verschieden geätzten

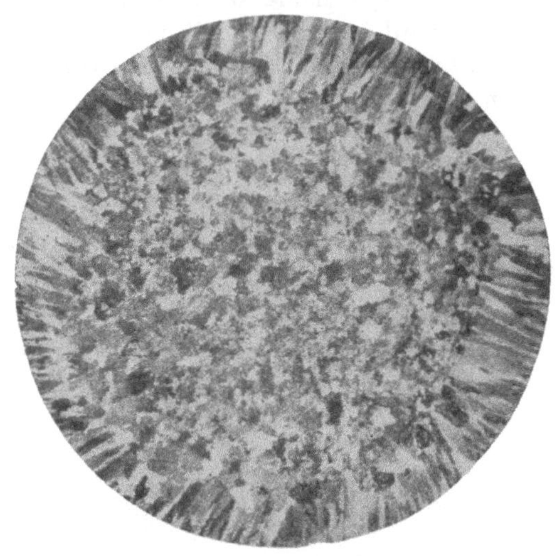

Abb. 4. Gefüge eines Gußbarrens aus Aluminiumbronze. Vergr. 0,75×. (Aus J. Czochralski, Moderne Metallkunde.)

Flächenstücke sind einzelne Krystalle, die sich beim Wachstum gegenseitig behindern und deshalb unregelmäßige Formen haben. Wir nennen sie *Krystallite*. Eine solche Ätzung nennt man *Kornfelder*ätzung im Gegensatz zur auch vielfach benutzten *Korngrenzen*ätzung, bei der die Fläche der Krystallite beinahe ungeätzt bleibt und das Ätzmittel nur an den Begrenzungen der Krystallite das Metall angreift (vgl. Abbildung 73, S. 82).

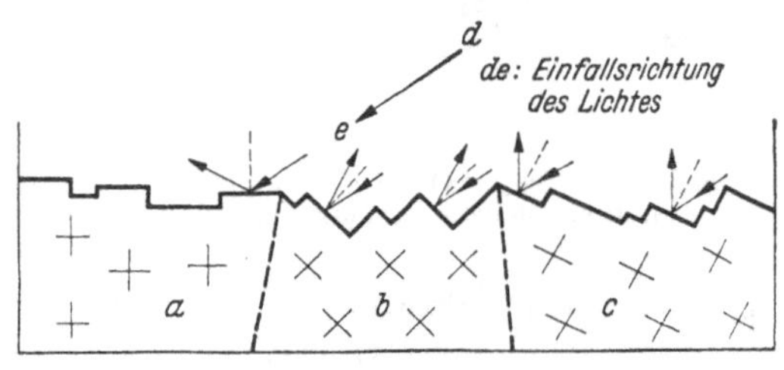

Abb. 5. Schema der geätzten Oberfläche. Schnitt senkrecht zur Oberfläche.

Der Ätzeffekt beruht auf der krystallinen Natur des Metalles, und zwar auf der Tatsache, daß beim Ätzen auf den Krystallflächen treppenartige Gebilde bestimmter Orientierung entstehen, wie man schematisch auf Abb. 5 sieht. Die Orientierung der durch das Ätzen freigelegten Flächen hängt von der Orientierung der einzelnen Krystallite ab, und mit ihr ändert sich die Reflexionsrichtung. Das sieht man z. B. deutlich an einem Ätzbild von Kupfer, das quadratische Ätzfiguren zeigt (Abb. 6), ein Beweis dafür, daß es erstens kubisch krystallisiert und daß zweitens die Würfelfläche des betrachteten Krystalles in der Ebene der Metalloberfläche liegt.

Die soeben betrachteten Metalle Zinn und Kupfer bestehen natürlich nur aus je *einer* Krystallart, da es reine Metalle sind. Viele Legierungen

Abb. 6. Ätzfiguren auf Kupfer. Vergr. 180×. (Aus J. CZOCHRALSKI, Moderne Metallkunde.)

weisen jedoch mehrere Krystallarten gleichzeitig auf. Abb. 7 zeigt z. B. das Gefüge einer Messingart, also einer Legierung aus Kupfer und Zink (hier mit etwa 58% Kupfer). Man sieht nach dem Ätzen 2 Arten von Krystalliten, helle, die je nach der Behandlung etwa 65 bis 70% Kupfer (α-Krystallart), und dunklere, die etwa 52% Kupfer enthalten (β-Krystallart). Diese Legierung ist also *heterogen*, sie ist ein sog. *$\alpha + \beta$-Messing.* Messingsorten, die etwa 70% Kupfer enthalten, bestehen nur aus α-Krystallen, sie sind *homogen* und heißen *α-Messinge.* Sie haben im Guß ähnliche Strukturen wie die reinen Metalle. Zu solchen Legierungen gehört die in Abb. 4 dargestellte Aluminiumbronze.

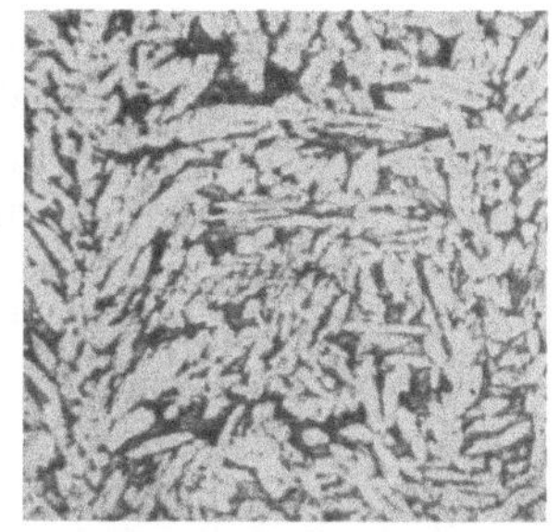

Abb. 7. Gefüge des Messings mit 58% Cu, 42% Zn (α- und β-Krystalle). Vergr. 210×. (Aus J. CZOCHRALSKI, Moderne Metallkunde.)

In den Problemen der Krystallarten, ihrer Orientierung und ihres Raumgitterbaues steht die Metallkunde, wie wir sehen, in engster Beziehung zur Krystallographie, während chemische Gesichtspunkte in diesem Zusammenhange zurücktreten.

4.

Eine ganz andere Gruppe von Problemen tritt bei Metallen im Zusammenhang mit dem Hauptzweck ihrer Verwendung als Werkstoffe hoher Festigkeit auf. Es handelt sich hier um die mechanischen Eigenschaften der Metalle, um Fragen ihrer Formbeständigkeit und der Grenzen der zulässigen Anspannungen, denen sie ausgesetzt werden dürfen, ohne zu Bruch zu gehen oder ihre Form in unzulässiger Weise zu verändern. Mit wie eigenartigen Erscheinungen man hierbei zuweilen zu tun hat, zeigt folgender Versuch.

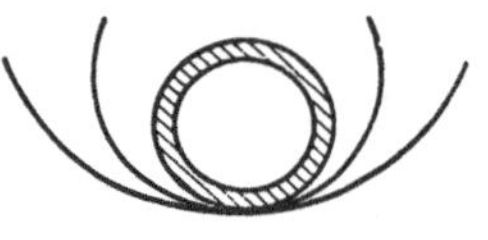

Abb. 8. Formänderungen eines gebogenen Zinkbandes nach der Entspannung.

Ein Streifen aus Zink mit einer Dicke von etwa 0,2 mm wird auf einen Messingring von etwa 50 mm Durchmesser aufgespannt. Hierbei erleidet er eine Verbiegung. Wenn wir den Ring wieder lösen, *federt* der Streifen *teilweise zurück*, und wir können den Durchmesser, den er hierbei erreicht, auf einem Kreiskoordinatenpapier bequem messen. Er betrage z. B. 100 mm (Abb. 8). Dieser Durchmesser kann als grobes Maß für die Federungseigenschaften des Bandes betrachtet werden. Der Umstand, daß das Band nach dem Entspannen nicht wieder gerade geworden ist, wie es vorher war, zeigt, daß seine Federungseigenschaften nicht vollkommen sind: Beim Aufspannen auf den Ring, also bei der Biegungsbeanspruchung, hat es neben einer elastischen Beanspruchung, die nach der Entlastung auf Null zurückgeht, auch eine *bleibende Formänderung* erlitten.

Wir lassen nun das gebogene und entspannte Band liegen; wir nehmen wahr, daß der Krümmungsdurchmesser sich fortwährend ändert, und zwar größer wird.

Nach einiger Zeit bringen wir das Zinkband wieder auf das Kreiskoordinatenpapier und stellen fest, daß der Durchmesser sich auf etwa 200 mm vergrößert hat, wie das ebenfalls auf Abb. 8 angedeutet ist: das Band hat sich beim Liegen ausgerichtet. Das ist die Folge von inneren Spannungen, die beim Biegen in dem Band entstanden sind. Wir werden später ausführlicher auf diese Probleme eingehen (Kap. X). Wir sehen aber schon jetzt, daß ein Metall nicht ein starrer, toter Körper ist, als welchen man es gewöhnlich ansieht, sondern daß es von eigenartigem Leben erfüllt ist und daß in ihm mannigfaltige Vorgänge stattfinden. Auch sehen wir, daß die Metallkunde eine Gruppe von Problemen mit der technischen Mechanik und insbesondere mit der Elastizitätslehre gemeinsam hat.

Wir führen nun einen Versuch über das mechanische Verhalten eines Metalles aus, und zwar den die Grundlage der gesamten mechanischen Werkstoffprüfung bildenden *Zugversuch*. Als Versuchsmaterial wählen wir einen weichen Kupferdraht mit einem Durchmesser von 0,4 mm.

Wir hängen den Draht an einer Haltevorrichtung auf und befestigen an seinem unteren Ende eine Gewichtsschale, in die wir nach und nach steigende Gewichte hineinlegen. Gleichzeitig messen wir die Länge des Drahtes (Abb. 9). In der Tab. 1 sind in der ersten Spalte die Gewichte und in der zweiten die Längen aufgetragen. Wir sehen, daß der Draht bei geringeren Belastungen zunächst nur geringe Längenzunahmen aufweist, die sich bei den rohen Hilfsmitteln des durchgeführten Versuches der Feststellung entziehen, und daß sie dann größer werden. Wenn wir

Tabelle 1. *Zugversuch an einem Kupferdraht; Durchmesser des Drahtes 0,4 mm; Querschnitt = etwa 0,125 mm².*

$\sigma_B = 30{,}4\ \text{kg/mm}^2$, $\lambda_B = 30\%$.

Gewicht kg	Länge des Drahtes cm	Nennspannung σ_0 kg/mm²	Dehnung $100 \cdot \frac{l - l_0}{l_0} = \lambda$ in Proz.
0	17,3	0	0
2	17,4	16	0,6
3	18,0	24	4,0
3,2	18,5	25,6	7,0
3,4	19,0	27,2	10,0
3,5	19,5	28,0	12,7
3,7	20,5	29,6	18,5
3,8	22,0	30,4	27,2 gerissen

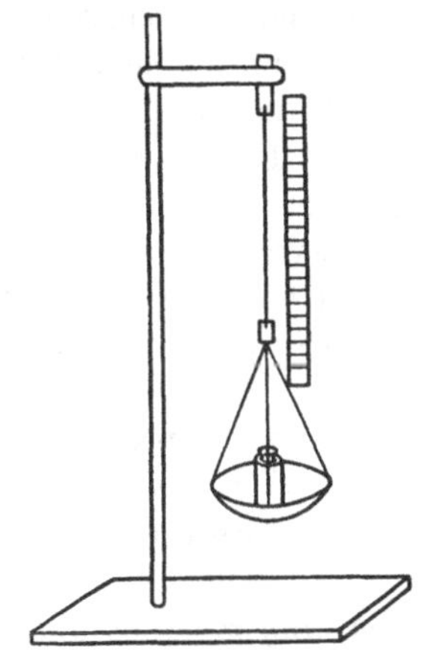

Abb. 9. Zerreißversuch in primitiver Ausführung.

jetzt den Draht wieder entlasten, indem wir das Gewicht wegnehmen, behält er die erhöhte Länge beinahe völlig bei: er hat eine *bleibende (plastische) Verformung* erlitten, ähnlich, wie das gebogene Zinkband des vorhergehenden Versuches. Sehr bemerkenswert ist jedoch der Umstand, daß der Draht jetzt eine höhere Last zu tragen vermag als anfangs. Er konnte z. B. vorher die Last von 3,5 kg nicht tragen, ohne eine erhebliche Längenzunahme zu erleiden. Jetzt trägt er sie aber, wie wir uns durch erneutes Auflegen des Gewichtes überzeugen, ohne eine zusätzliche plastische Verformung. Durch die plastische Verformung hat der Draht also eine *Verfestigung* erfahren. Das ist eine ebenso wichtige wie auf den ersten Blick rätselhafte Tatsache. Um sie verstehen zu können, werden wir in Kap. IX, S. 100ff. tiefer in die Natur des Metalles eindringen müssen.

Wir steigern die Belastung weiter und stellen fest, daß die jeder Belastungsstufe entsprechende Längenzunahme immer größer wird. Endlich kommt nach einer Erhöhung der Last das Fließen des Drahtes überhaupt nicht mehr zum Stillstand, er zerreißt bei einem Gewicht von 3,8 kg und nach Erreichung einer Länge von 22 cm.

Was wir jedoch aus einem Zerreißversuch zu erfahren wünschen, sind nicht die Längenzunahme und die zugehörigen Zugbelastungen für diesen speziellen Draht allein, sondern wir müssen das Ergebnis verallgemeinern, wir müssen das Verhalten des Kupfers der angegebenen Beschaffenheit allgemein angeben können. Das tun wir, indem wir zunächst die Gewichte durch den Querschnitt des Drahtes ($\pi r^2 = 3{,}14 \cdot 0{,}04\ \text{mm}^2 =$ etwa $\frac{1}{8}\ \text{mm}^2$) dividieren. Die auf die Einheit des Querschnitts bezogene Kraft heißt mechanische *Spannung* und wird in der Regel mit dem griechischen Buchstaben σ bezeichnet. Strenggenommen muß die Spannung beim Zerreißversuch jeweils auf den sich bei der Dehnung verändernden Querschnitt des Drahtes bezogen werden (*effektive Spannung*). In der Praxis bezieht man die Last in der Regel auf den Anfangsquerschnitt (*Nennspannung*). Das ist grundsätzlich keine korrekte Spannungsgröße. In der dritten Spalte der Tab. 1 sind die den einzelnen Gewichten entsprechenden Nennspannungen eingetragen. Ebenso müssen wir uns von der zufälligen Länge des Versuchsdrahtes unabhängig machen; das erreichen wir, wenn wir die Längenzunahme (gegenwärtige Länge l minus ursprüngliche Länge l_0) durch die ursprüngliche Länge l_0 dividieren. Wir beziehen die Verlängerung damit auf die *Einheit* der Länge. Der Ausdruck

$$\frac{l - l_0}{l_0} = \lambda$$

wird *Dehnung* genannt und mit λ oder mit ε bezeichnet. Er ist in der Spalte 4 der Tab. 1 in Proz., also auf die Länge 100 bezogen, eingetragen.

Wir können also jetzt aus der Tabelle z. B. ablesen, daß der Draht bei einer Nennspannung von 30,4 kg/mm² gerissen ist. Diese Nennspannung nennt man die *Zerreißfestigkeit* σ_B des Drahtes. Die *Bruchdehnung* λ_B hat hierbei rund 30% betragen.

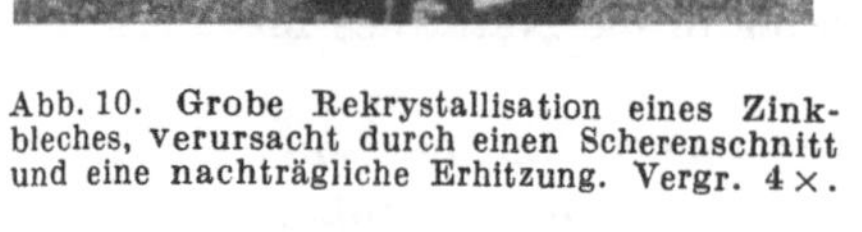

Abb. 10. Grobe Rekrystallisation eines Zinkbleches, verursacht durch einen Scherenschnitt und eine nachträgliche Erhitzung. Vergr. 4×.

Die *Zerreißfestigkeit* und die *Bruchdehnung* sind die wichtigsten mechanischen Merkmale eines technischen Metalles, auf Grund deren es bei Anwendung in Konstruktionen in erster Linie beurteilt wird.

Im Anschluß an diesen Versuch wollen wir zeigen, wie empfindlich die Metalle, die wir als fest und dauerhaft zu betrachten gewohnt sind, auch gegen kleine Eingriffe sein können. In ein Stück Zinkblech machen wir einen Einschnitt mit der Schere und erhitzen es für einige Minuten auf 240°. Wenn wir es nachträglich wieder geätzt haben, sieht man im Mikroskop, daß am Rande des Schnittes neue säulenförmige Krystallite entstanden sind (Abb. 10). Die den Schnitt mit der Schere begleitende plastische Biegedeformation zusammen mit der nachfolgenden Erhitzung auf 240° hat genügt, um das Gefüge gänzlich zu verändern: Es ist im Metall *Rekrystallisation* eingetreten, eine technisch und wissenschaftlich gleich bedeutsame Erscheinung. Abb. 11 zeigt die grobe Re-

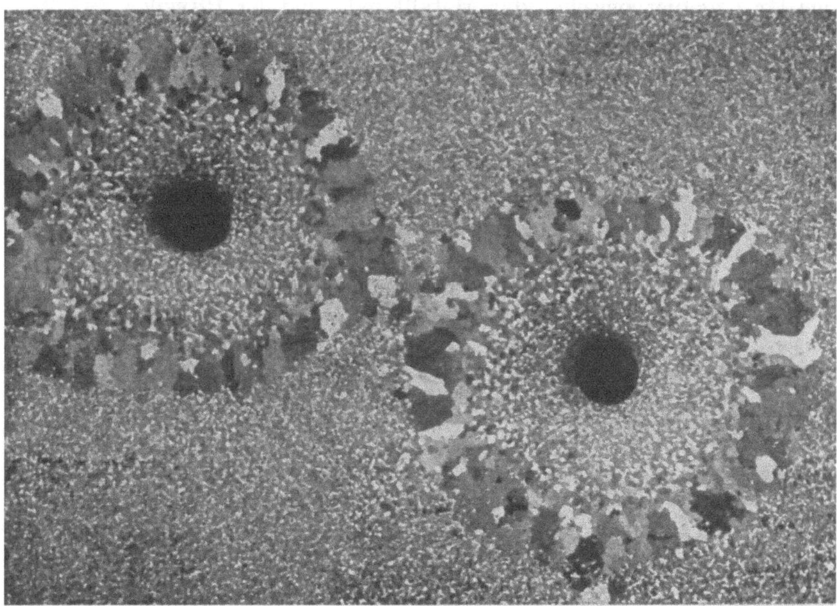

Abb. 11. Grobe Rekrystallisation in der Nähe einer lokalen Deformation nach nachträglicher Erhitzung auf 200° bei Zinn. Vergr. 1,8×. (Aus J. CZOCHRALSKI, Moderne Metallkunde.)

krystallisation eines Zinnplättchens, nachdem es mit einer Revolverkugel durchschossen und auf 200° erhitzt worden ist. In der Nähe der durch den Schuß hervorgerufenen geringen Biegedeformation ist ein Kranz von großen säulenförmigen Krystalliten entstanden.

Die Rekrystallisation stellt ebenfalls eine wichtige Erscheinung bei Metallen dar, mit der wir uns zu befassen haben werden. Die Technik bevorzugt übrigens keineswegs so schöne Krystallbildungen, wie sie in Abb. 10 und 11 dargestellt sind. Im Gegenteil, sie hat Angst vor ihnen und sucht sie zu vermeiden, was nicht immer einfach ist.

5.

Nicht minder wichtig sind die physikalischen Probleme der Metallkunde. Bekanntlich sind die Metalle durch charakteristische physikalische Eigenschaften gekennzeichnet: sie haben einen metallischen

Glanz, sie leiten gut die Wärme, sie sind Elektronenleiter, d. h. sie leiten die Elektrizität ohne gleichzeitige Bewegung der Materie im Gegensatz zu den Elektrolyten, in denen hierbei eine Bewegung der Ionen stattfindet, sie sind zum Teil magnetisch usw. Die meisten genannten Eigenschaften sind wiederum nicht für das metallische Atom, sondern für die Aggregationen, für das feste Metall charakteristisch. Deshalb gehören die Probleme der Leitfähigkeit oder des Ferromagnetismus durchaus zum Grenzgebiet zwischen der Metallkunde und der Physik.

Es soll hier nur eine Erscheinung dieser Gruppe vor Augen geführt werden, nämlich die Temperaturabhängigkeit des Ferromagnetismus. Bekanntlich sind die Metalle Eisen, Nickel und Kobalt bei gewöhnlicher Temperatur ferromagnetisch, d. h. sie werden von einem Magneten stark angezogen. Diese Eigenschaft ist jedoch nicht temperaturunabhängig. Bei Erhitzung oberhalb einer bestimmten Temperatur, des sog. *Curie-Punktes*, werden sie vom Magneten nicht mehr angezogen, sie haben aufgehört, ferromagnetisch zu sein. Abb. 12 veranschaulicht schematisch diesen Vorgang. Das an einem Draht hängende Stück Nickel wird vom Magneten angezogen. Es ist also ferromagnetisch. Erhitzen wir es in einer Flamme, so hört die Anziehung zwischen dem Magneten und dem Nickel bei 345° auf. Bei der Abkühlung setzt die Anziehung bei der Unterschreitung derselben Temperatur wieder ein, das Nickel legt sich an den Magnet an.

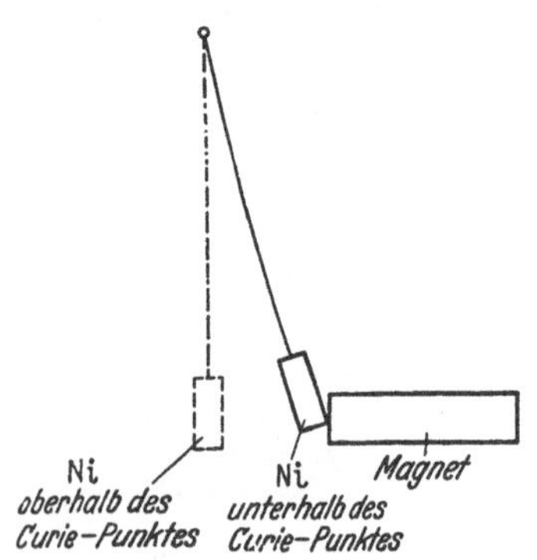

Abb. 12. Ferromagnetismus des Nickels und sein Verschwinden beim Curie-Punkt.

Sowohl die magnetischen Eigenschaften in ihren Einzelheiten als auch etwa die Temperatur des Curie-Punktes hängen in stärkstem Maße von der Konstitution einer Legierung, d. h. von den Krystallarten, aus denen sie aufgebaut ist, ab, fernerhin werden die magnetischen Eigenschaften z. B. durch die Verarbeitung bei gewöhnlicher Temperatur, etwa durch Hämmern, Drahtziehen, Walzen usw., was wir alles mit dem Sammelnamen *Kaltreckung* bezeichnen, wesentlich beeinflußt. Man sieht, daß für den Ferromagnetismus zwei Betrachtungsweisen durchaus gleichberechtigt sind, nämlich die eine *physikalische*: wie entsteht der Ferromagnetismus, wie hängt er mit dem Feinbau eines Atoms zusammen, was ist er überhaupt im Sinne der heutigen physikalischen Theorie?, und die zweite *metallographische*: wie hängen seine Ausbildungsformen mit den metallkundlichen Eigenschaften des Werkstoffes zusammen?

6.

Wir haben in dieser ersten Vorlesung gezeigt, wie mannigfaltig die von der Metallkunde behandelten Erscheinungen und Probleme sind. Wir haben gesehen, daß sie in engsten Beziehungen nicht nur zur Chemie, sondern auch zur Physik, zur Krystallographie und zur technischen Mechanik steht. Wir haben bisher die physikalische Chemie kaum erwähnt. Während die Chemie in der Hauptsache die Stoffe und ihre Reaktionen *beschreibt*, hat die physikalische Chemie in der Hauptsache zur Aufgabe, die allgemeinen Gesetzmäßigkeiten dieser Reaktionen *abzuleiten*; sie ist in gewissem Sinne ein Bindeglied zwischen der Physik und der Chemie. Schon daraus ergibt sich, daß die Beziehungen der Metallkunde zu ihr eng sind, vielleicht enger als zu irgendeiner der bisher genannten Wissenschaften. Um das einzusehen, braucht man nur an ein typisches Problem der physikalischen Chemie, an dasjenige der Reaktionsgeschwindigkeit zu erinnern. Sobald man eine Legierung als ein chemisches System betrachtet, tritt auch dort dieses Problem sofort in seinem ganzen Umfang auf.

Die Metallkunde fußt also auf einer ganzen Reihe von eng mit ihr verwandten Wissensgebieten; man hat in ihr chemische Probleme, Probleme der Festigkeit, physikalische Probleme usw. zu behandeln. Es wäre falsch, sie lediglich als Kapitel der einen von den genannten Wissenschaften zu betrachten. Darin liegt auch die Begründung für ihre Daseinsberechtigung. Die natürliche Gruppe der metallischen Elemente hat zahlreiche hervorstechende Eigenschaften verschiedenen Charakters, und es hat sich als zweckmäßig erwiesen, diese physikalischen, chemischen, mechanischen und krystallographischen Eigenschaften nicht nur für sich in den betreffenden Wissenschaften zu behandeln, sondern auch im Zusammenhang unter Berücksichtigung aller Eigenarten der stofflichen Basis, nämlich des *Metalls*: Das ist aber die Aufgabe der Metallkunde.

In den nachfolgenden Vorlesungen werden wir nun die einzelnen Probleme der Metallkunde behandeln.

II. Atomistische Struktur der Metalle und Legierungen.

1.

Wir haben darauf hingewiesen, daß die Konstitutionslehre rein formal und unabhängig von speziellen atomistischen Vorstellungen ist. Damit der Leser jedoch eine konkretere Vorstellung davon gewinnt, um was für Körper es sich in der nachfolgenden Darstellung handelt, soll hier ganz kurz das Bild des atomistischen Baues der Metalle und Legierungen gegeben werden.

Wir haben in Vorlesung I dargelegt, daß die Metalle alle krystallinisch sind und demnach regelmäßige Anordnungen der Atome aufweisen, die wir *Raumgitter* nennen (vgl. Abb. 2a und 2b).

Wenn auf einer Geraden in regelmäßigen Abständen Atome liegen, so sprechen wir von einer *Gittergeraden* (Abb. 13).

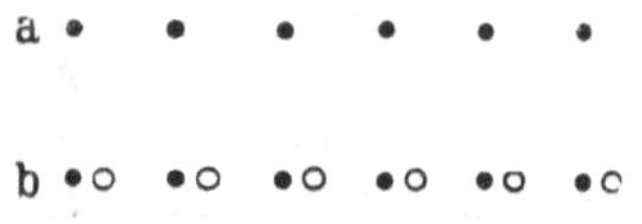

a

b

Abb. 13. Schema einer Gittergeraden.

Ein ebenes System von Gittergeraden ergibt eine *Gitterebene* oder *Netzebene* (Abb. 14).

Ein aus Gittergeraden und Gitterebenen aufgebautes Gebilde ist das *Raumgitter*, und zwar stellt Abb. 15 den einfachsten Fall des Raumgitters dar, das aus Gittergeraden und Gitterebenen nach Abb. 13a und 14a aufgebaut ist. Ein solches Raumgitter heißt *Translationsgitter*. Es zeichnet sich

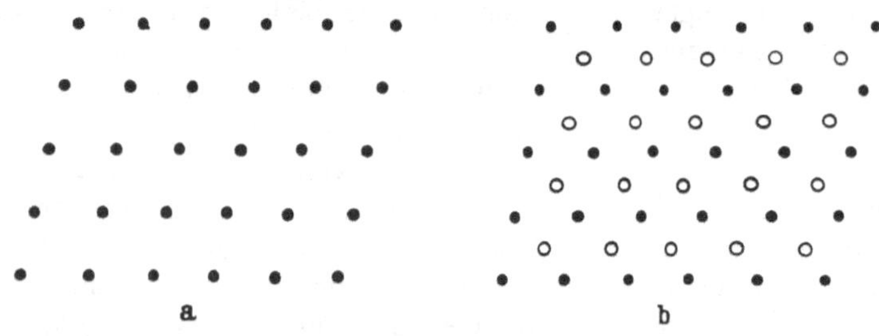

Abb. 14. Schema einer Gitterebene.

dadurch aus, daß die Gittergeraden in allen Richtungen in gleichen Abständen von gleichen Atomen besetzt sind. In solchen Gittern krystallisieren alle Metalle mit Ausnahme des Mangans, das ein sehr kompliziertes Gitter besitzt.

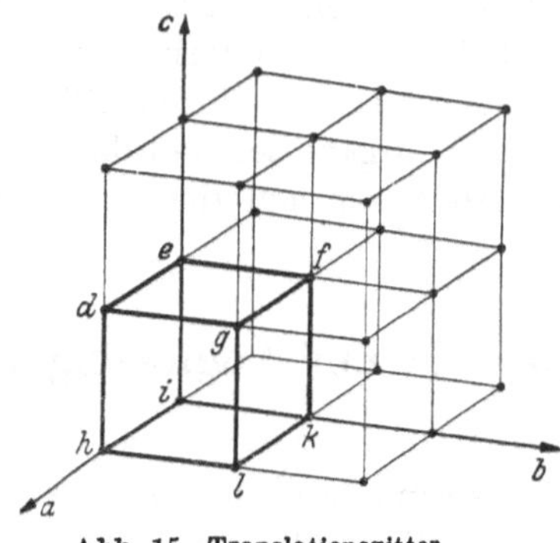

Abb. 15. Translationsgitter *d e f g h i k l*: Elementarzelle.

Es ist klar, daß man mit Gittergeraden und Gitterebenen der Art Abb. 13b und 14b ein Translationsgitter nicht aufbauen kann. Das gilt vor allen Dingen für Verbindungen, in denen sich ja in verschiedenen Gitterpunkten verschiedene Atome befinden. Für solche komplizierten Gitter gilt allgemein die Regel, daß sie durch Ineinandersetzen von zwei oder mehreren Translationsgittern aufgebaut werden können. Ein einfaches Beispiel dafür bildet die sog. *Caesiumchloridstruktur*, wie sie in Abb. 16 wiedergegeben ist. Die Caesiumionen sind durch volle Kreise, die Chlorionen durch weiße Kreise dargestellt. Die Chlorionen befinden sich jeweils in den räumlichen Zentren der Würfel, in deren Ecken sich die Cs-Ionen befinden. Man könnte sie für die Darstellung auch vertauschen.

Man sieht sofort, daß es sich hier nicht um ein Translationsgitter handelt. In der Tat, betrachten wir etwa die Gittergerade *abcde* (Raumdiagonale) der Würfel *afhgkicl* und *cmnoqper*. Sie ist nicht von *einer* Art von Bausteinen, sondern in gleichen Abständen von zwei verschiedenen Arten besetzt. Sie stellt also einen Sonderfall der Anordnung Abb. 13b dar.

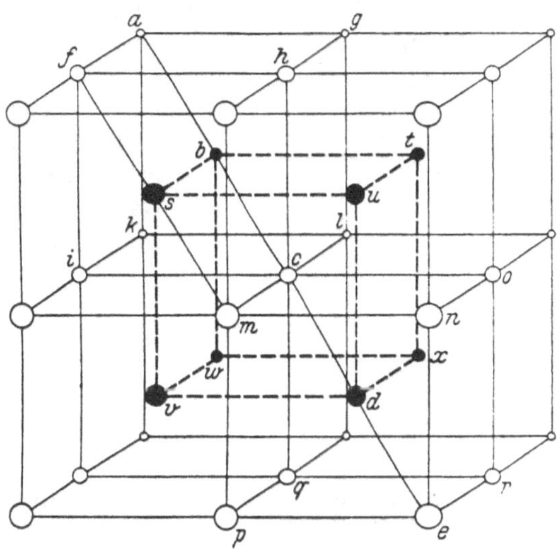

Abb. 16. Caesiumchloridstruktur.

Alle komplizierten Gitter lassen sich, wie erwähnt, durch Ineinanderstellen von Translationsgittern aufbauen. So gewinnt man das Raumgitter der Abb. 16 durch Ineinanderstellen des Teilgitters der Caesium- und des der Chlorionen, die beide Translationsgitter sind.

Der kleinste Raumbereich eines Raumgitters, durch dessen wiederholte Aneinanderreihung man das ganze Gitter aufbauen kann, heißt *Elementarzelle.* So ist das in Abb. 15 der Elementarwürfel *defghikl* oder in Abb. 16 etwa der Elementarwürfel *afhgkicl* oder auch *bsutwvdx*. Aus beiden kann das gesamte Raumgitter hergestellt werden.

Zur Beschreibung eines Raumgitters genügt die Darstellung seiner Elementarzelle. Dieses Verfahrens wollen wir uns jetzt bedienen.

In Abb. 2a und 2b sind die Elementarzellen des kubisch raumzentrierten und des kubisch flächenzentrierten Gitters wiedergegeben.

2.

Die meisten reinen Metalle krystallisieren in sehr einfachen Raumgittern. Wohl am meisten verbreitet ist das *kubisch flächenzentrierte Raumgitter* (Abb. 2b). Nicht nur die Ecken der Elementarzelle, sondern auch ihre Flächenmitten sind von atomaren Bausteinen besetzt. So krystallisieren die Metalle: Al, Ca, Fe oberhalb 906°, Ni, Cu, Sr, Rh, Pd, Ag, Ir, Pt, Au, Pb, Th.

Ein zweites verbreitetes Raumgitter ist das *kubisch raumzentrierte* (Abb. 2a). In ihm krystallisieren die Metalle: Li, Na, K, Rb, Cs, Ba, V, Cr, Fe unterhalb 906°, Nb, Mo, Ta, W.

Im einfachsten kubischen Gitter, in dem nur die Ecken der Elementarzelle von Atomen besetzt sind (Abb. 15), krystallisiert dahingegen kein Metall.

Einen wichtigen Typus stellt fernerhin das *hexagonale Raumgitter* sog. *dichtester Packung* dar (Abb. 17). Zwei Basisflächen des Sechskantprismas sind übereinstimmend mit Bausteinen besetzt (*MNLIKGH*; *FEDCBAO*). Auf beiden ergeben sich Anordnungen aus gleichartigen Dreiecken, wie in Abb. 18 angegeben. In der Mitte *zwischen* den beiden genannten Ebenen befindet sich noch eine mit Bausteinen besetzte

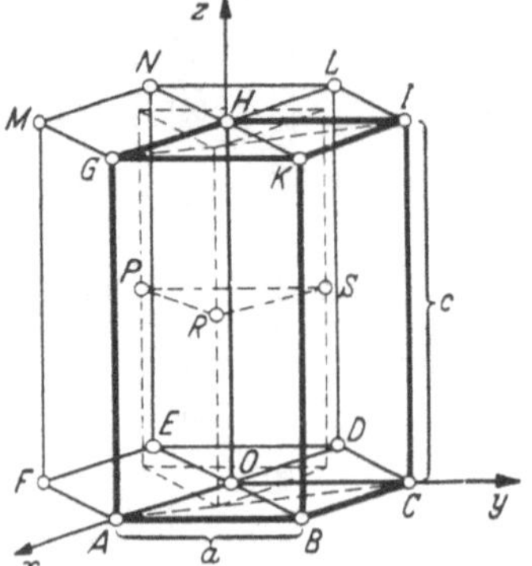

Abb. 17. Hexagonales Raumgitter dichtester Packung

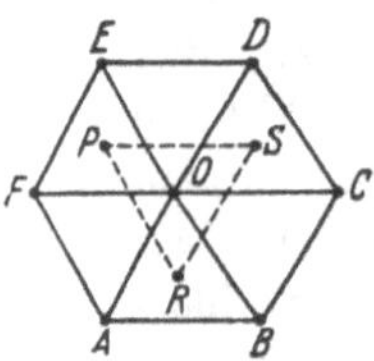

Abb. 18. Hexagonales Gitter dichtester Packung in Aufsicht auf die Basisebene.

Ebene, die dort ebenfalls eine aus Dreiecken bestehende Anordnung ergeben (*PRS*). Die Bausteine dieser Dreiecke sind in Abb. 17 und 18 durch gestrichelte Linien miteinander verbunden. Wie man sieht, sind sie gegenüber den beiden zuerst erörterten Basisflächen in der Weise versetzt, daß sie sich über den *Flächenmitten* der in Frage kommenden Dreiecke befinden. Die Anordnung der Gitterpunkte ist in dieser Ebene mit denjenigen der zuerst betrachteten identisch. Auch diese Ebene kann als Basis eines entsprechend verschobenen Elementarprismas benutzt werden.

Die Elementarzelle *GHIKAOCB* ist in Abb. 17 stark umrandet. Durch Aneinandersetzen solcher Elementarzellen kann das gesamte Raumgitter aufgebaut werden. Die Elementarzelle gibt in diesem Falle noch nicht die Symmetrie des Gitters wieder.

In diesem Raumgitter krystallisieren die Elemente: Be, Mg, Co, Zn, J, Zr, Ru, Cd, Hf, Rh, Os.

3.

Wir betrachten jetzt die Krystalle, die zwei Metalle gleichzeitig in atomar feiner Verteilung enthalten. Hier können wir zwei Fälle unterscheiden.

Entweder drängen sich die Atome eines zweiten Metalls so oder anders in das Raumgitter des Wirtsmetalls hinein, das sie mehr oder weniger widerwillig aufnimmt, indem das Raumgitter mehr oder weniger gestört wird. In solchen Fällen sind die Atome des zweiten Metalles im Raumgitter des Wirtsmetalles in statistischer Unordnung verteilt. Es besteht zunächst keine Veranlassung, für bestimmte Mengenverhältnisse der beiden Metalle besondere Anordnungen der Atome oder eine erhöhte Stabilität des Krystalles anzunehmen. Solche aus zwei (oder auch mehreren Metallen) bestehenden Krystallarten werden *Mischkrystalle* genannt.

Oder es betätigen sich Affinitätskräfte zwischen den Komponenten, und es entstehen Gitter mit regelmäßigen gegenseitigen Anordnungen der Atome der Komponenten. In diesem Fall sind bestimmte Zusammensetzungen bevorzugt, und man spricht von *Verbindungen* der Metalle untereinander.

Ein Mischkrystall kann grundsätzlich auf zweierlei Weise zustande kommen. Wenn das Zusatzmetall ein sehr kleines Atomvolumen hat, zwängen sich seine Atome zwischen den Atomen des Wirtsmetalles *auf Zwischenplätzen* hinein. Solche Mischkrystalle nennt man *interstitiäre* oder *Einlagerungsmischkrystalle*. In der Regel können auf diese Weise nur geringe Mengen eines Zusatzes aufgenommen werden (Begrenzte Mischkrystallbildung, S. 61ff.). Die kleinen Bausteine des Zusatzes sind bei ihrer geringen Menge weit voneinander getrennt. Sie treten miteinander nicht in Wechselwirkung und sind demnach im Raumgitter in statistischer Unordnung verteilt, wie Moleküle eines gelösten Stoffes in einer verdünnten flüssigen Lösung.

Das Wirtsgitter vermag den Zusatz innerhalb der Sättigungsgrenze in jeder willkürlichen Menge aufzunehmen. Es ergibt sich eine kontinuierliche Folge von Zusammensetzungen.

In solcher Weise treten z. B. Wasserstoff, Kohlenstoff, Stickstoff und Bor in das Raumgitter des flächenzentrierten γ-Eisens ein.

Wenn dahingegen das Atomvolumen des Zusatzes größer ist und sich so dem Volumen des Wirtsmetalles nähert, können die Atome des Zusatzes nicht mehr zwischen die Bausteine eingepreßt werden. Sie müssen in einer anderen Weise in das Raumgitter eintreten. Das tun sie, indem sie *an Stelle* einzelner Atome des Wirtsmetalles treten und diese *substituieren*. Es entstehen so *Substitutionsmischkrystalle*. Schon hieraus ergibt sich, daß eine Voraussetzung für eine solche Art der Mischkrystallbildung in größerem Umfange eine *Ähnlichkeit* der sich mischenden Komponenten sein muß. Hieraus folgt aber wieder, daß zwischen den Komponenten keine große Affinität bestehen kann. Dann besteht aber auch keine Veranlassung für die Atome der Bestandteile des Mischkrystalles, innerhalb des Mischkrystalles bestimmte geregelte Anordnungen einzugehen.

Die Atome beider Komponenten sind statistisch verteilt. Das Beispiel einer solchen Verteilung ist für eine Würfelebene in Abb. 19 wiedergegeben für den Fall, daß beide Komponenten in gleichen Atomzahlen auftreten.

Wie man sieht, herrschen zwar die Paare mit ungleichen Komponenten etwas vor, aber auch Paare mit gleichen Partnern sind durchaus nicht selten. Die Atome liegen eben, wie die Würfel fallen. Eine genaue Berechnung ergibt, daß Paare mit ungleichen Komponenten A und B 50% aller Fälle ausmachen, während die Paare A—A und B—B zu je 25% vorkommen.

Die gleiche Ähnlichkeit der beiden Komponenten bringt es mit sich, daß sie sich zuweilen über sämtliche Konzentrationen hindurch gegenseitig substituieren können. Das ergibt eine *ununterbrochene Mischkrystallreihe* (vgl. S. 53ff.). Eine der Voraussetzungen dafür ist die übereinstimmende Gitterstruktur der Komponenten. In den meisten Fällen ist die durch Eintreten einer zweiten Atomart bedingte Störung des Raumgitters jedoch so groß, daß nur ein begrenzter Anteil von Fremdatomen im Mischkrystall aufgenommen werden kann. Es ergibt sich eine Legierungsreihe mit *begrenzter Mischkrystallbildung* (vgl. III, S. 61ff.).

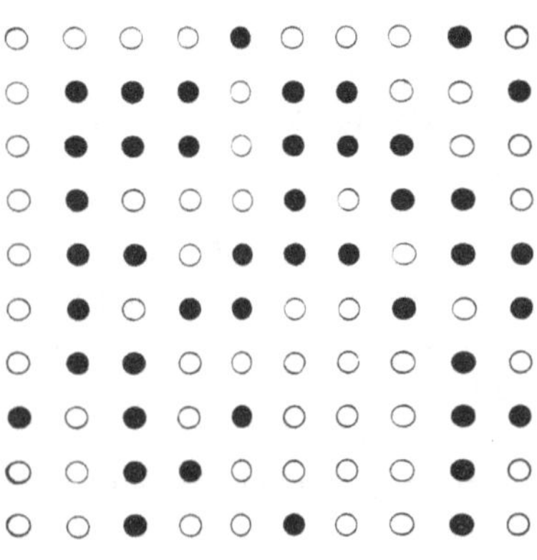

Abb. 19. Statistische Verteilung von Atomen auf einer Gitterebene.

Die statistische Anordnung der Atome der Bestandteile in Substitutionsmischkrystallen ergibt eine bemerkenswerte Konsequenz. Wenn wir eine Gittergerade in Schema Abb. 19 betrachten, so ist sie weder der Anordnung a noch b Abb. 13 zuzuordnen. Betrachten wir dahingegen eine Schar von Gitterebenen, wie die in Abb. 19 dargestellte, so sind die verschiedenen aufeinanderfolgenden Gitterebenen zwar in abweichenden statistischen Anordnungen mit den Atomen der Partner besetzt, aber ihre Anteile sind, wenn man genügend große Flächenelemente betrachtet, auf allen Flächen gleich. Das Raumgitter ist also *annähernd* wie ein Translationsgitter zu behandeln. Einzelne, hintereinanderfolgende Gitterebenen sind (z. B. mit Röntgenstrahlen) nicht voneinander zu unterscheiden.

Das Raumgitter Abb. 16 ist ganz anders gebaut. Die Würfelflächen sind abwechselnd nur von der einen (wie *fagh*) oder der anderen (*sbtu*) Atomart besetzt. Diese im Raumgitter aufeinanderfolgenden Würfel sind in keinem Falle identisch und etwa mit Röntgenstrahlen unterscheidbar. Es ist eben kein Translationsgitter, auch nicht bei näherungsweiser Betrachtung.

Wenn die Affinität der Komponenten eines Substitutionsmischkrystalles eine gewisse Größe überschreitet, kann unter gewissen Bedingungen eine *Umordnung* der Atome der Bestandteile unter Beibehaltung der Gitterform, aber unter Herstellung einer regelmäßigen Anordnung der Partner stattfinden. Aus einer Anordnung der Bausteine auf einer Netzebene gemäß Abb. 19 entsteht eine solche etwa gemäß Abb. 20.

In einem solchen Falle spricht man von der Entstehung einer *Überstruktur* aus einer ungeordneten Mischkrystallstruktur. So kann es sich im Falle des Raumgitters Abb. 16 um eine *Überstruktur* handeln, wenn es aus einem Mischkrystall derselben Zusammensetzung und desselben Raumgitters durch einen Ordnungsvorgang entsteht.

Auch wenn bei der Herstellung der Ordnung in einem Krystall kleine Gitteränderungen auftreten, spricht man wohl noch von einer Überstruktur.

Oft entsteht ein Raumgitter wie Abb. 16 jedoch auch auf eine ganz andere Weise.

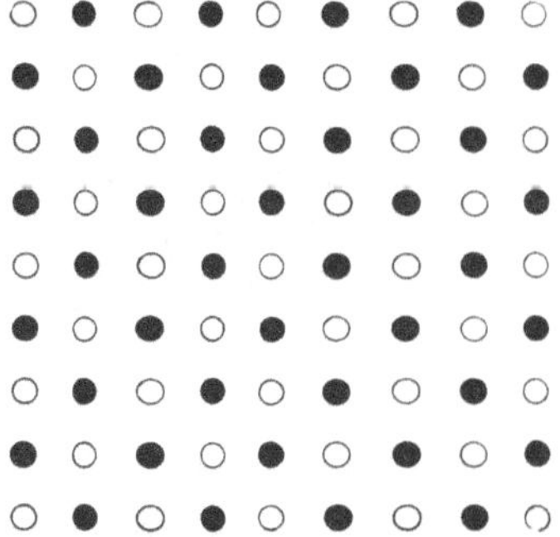

Abb. 20. Regelmäßige Verteilung von Atomen auf einer Gitterebene.

4.

Wenn die Bestandteile einer Legierung eine größere Affinität zueinander haben, so sind sie einander in der Regel weniger ähnlich. Die Möglichkeit der Bildung von Mischkrystallen ist also beschränkt. Die Betätigung der Affinität erfordert andererseits die Bildung von Krystallen, in denen beide Komponenten vertreten sind.

Das geschieht, indem ganz neue Krystallarten aufgebaut werden, die grundsätzlich mit dem Bau der Bestandteile nichts gemein haben. Eine Folge der Affinität zwischen den Partnern ist, daß solche Raumgitter *geordnet* sind und die Komponenten in ihnen in bestimmten Verhältnissen auftreten. In der Regel besteht noch die Möglichkeit, die Komponenten in kleinerem Überschuß im Krystall aufzunehmen, jedoch ist damit eine Störung der regelmäßigen Anordnung des Gitters verbunden. In größerer Entfernung von der normalen Zusammensetzung einer solchen Krystallart besteht deshalb keine Möglichkeit, die Legierung in einem homogenen Krystall aufzubauen, sie besteht aus einem Gemenge zweier Krystallarten.

Solche Krystallarten mit vorwiegend regelmäßigen Anordnungen der Atome, die von den Komponenten oder von anderen benachbarten solcher Krystallarten durch *Mischungslücken* getrennt sind, bezeichnet man als *intermetallische Verbindungen* oder, wenn man dieses von der Chemie herrührende Wort vermeiden will, allgemeiner als *intermediäre Krystallarten.*

Die Raumgitter der intermediären Krystallarten weisen eine überwältigende Mannigfaltigkeit auf. Zum Teil sind sie sehr einfach. Viele intermediäre Krystallarten der Zusammensetzung AB krystallisieren in der Caesiumchloridstruktur (Abb. 16), z. B. AgLi, ZnSi, CdLi, HgLi, GaLi, InLi, TlLi, InNa, TlNa, CuBe, AgMg, TlMg, TlCa, TlSr, FeAl, CoAl, NiAl, CuAl, CuSn, CuPd.

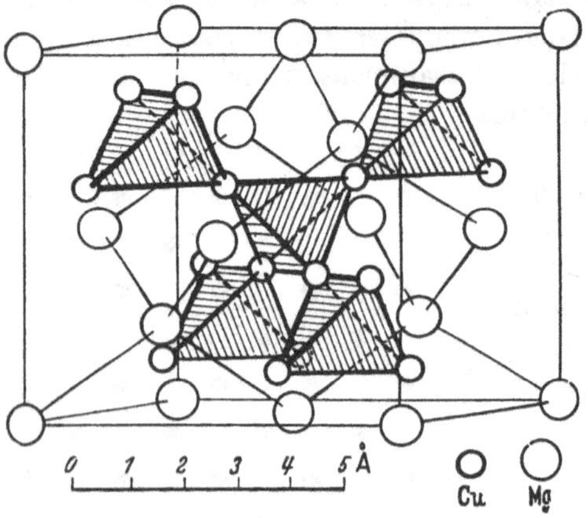

Abb. 21. Kubische Elementarzelle der Verbindung $MgCu_2$.

Bei der zum Teil großen Unähnlichkeit der Bestandteile ist es nicht verwunderlich, daß sie mit *ungeordneter* Atomverteilung vielfach als Mischkrystalle nicht existenzfähig sind. Man kann hier also auch nicht von Überstrukturen sprechen.

Einfache Strukturen haben vielfach, aber durchaus nicht immer, z. B. die Krystalle der Zusammensetzung A_2B (Flußspatstruktur), z. B. Mg_2Si, Mg_2Ge, Mg_2Sn, Mg_2Pb, $PtSn_2$, $AlCa_2$, Cu_2S, Cu_2Se. Struktur der Zinkblende haben z. B. BeS, ZnS, CdS, HgS, BeSe, CdSe, HgSe, BeTe, ZnFe, CdTe, HgTe, AlP, GaP, AlAs, GaAs, AlSe, GaSi, InSb.

Die Elementarzelle einer komplizierten Struktur der Verbindung $MgCu_2$ ist in Abb. 21 wiedergegeben. Die Zelle enthält 8 Mg- und 16 Cu-Atome, sie ist also sehr groß. Diese Struktur soll hier nicht näher erörtert werden. Abb. 21 soll nur den Eindruck ihrer großen Kompliziertheit vermitteln.

Das sind aber noch lange nicht die kompliziertesten Gitter. Es gibt solche mit 52 Atomen in der Elementarzelle (Typ der Krystallart γ-Messing, vgl. Abb. 78). Eine Gruppe von 52 Atomen läßt sich nicht auf Atome der Komponenten in einfachen Proportionen aufteilen. In der Tat ist die Zusammensetzung im vorliegenden Falle durch die Formel Cu_5Zn_8 wiedergegeben, die vom Standpunkt der chemischen Valenzlehre wenig zufriedenstellend ist. Ja, man hat den Eindruck, daß die Natur bei intermediären Krystallarten geradezu einfache Proportionen meidet. Man hat z. B. lange angenommen, daß in den Na-Sn- und den Na-Pb-Legierungen die Verbindungen Na_4Sn und Na_4Pb auftreten. Eine eingehendere, auch röntgenometrische Untersuchung hat jedoch die Zusammensetzungen $Na_{15}Sn_4$ und $Na_{15}Pb_4$ ergeben.

Der Aufbau und die Zusammensetzung intermediärer Krystallarten wird im wesentlichen durch andere Faktoren, als die normalen Valenzbeziehungen, bestimmt. Es ist nicht möglich, im Rahmen dieser Darstellung auf die hier herrschenden recht komplizierten Zusammenhänge, die z. Z. nur zum Teil erkannt sind, einzugehen.

Wie oben erwähnt, ist die nachfolgende Darstellung der Konstitutionslehre der Legierungen ganz unabhängig von spezielleren atomistischen Vorstellungen und macht von solchen Vorstellungen überhaupt keinen Gebrauch. Dadurch wird sie blaß und abstrakt. Die Aufgabe dieser Vorlesung ist gewesen, ihr eine konkretere Grundlage zu geben.

5.

Heute können wir das Raumgitter unmittelbar röntgenographisch bestimmen, wie das am Beispiel des sog. Debye-Scherrer-Verfahrens gezeigt werden soll. Bekanntlich beruht die röntgenometrische Raumgitterbestimmung auf folgendem: Durch einen Krystall, also durch ein Raumgitter, können Ebenen gelegt werden, die in charakteristischer Weise mit Atomen besetzt sind, die oben erwähnten *Netzebenen*. Für jede Schar paralleler Netzebenen, die in der Projektion auf die Ebene des Papiers in Abb. 22 wiedergegeben sind, kann man den Abstand d angeben, in dem sich im Raumgitter solche mit Atomen gleich besetzten Ebenen ab wiederholen. Dieser Abstand d heißt *Identitätsperiode*. Fällt ein Röntgenstrahl der Wellenlänge λ in der Ebene des Papiers auf eine solche Ebene in der Richtung po auf, so wird er von den Atomen des Raumgitters gestreut, d. h., von jedem vom Strahl getroffenen Atom geht eine Kugelwelle aus. Durch Interferenz wird diese Kugelwelle in allen Richtungen ausgelöscht, außer der Richtung on, die dadurch gekennzeichnet ist, daß der Winkel φ_1 gleich dem Winkel φ_2 ist. Die Verhältnisse liegen also so, daß die Netzebene ab sich wie eine spiegelnde Fläche verhält. Die Streuung am Raumgitter kann, wie die gewöhnliche Reflexion, nur in einer bestimmten Richtung stattfinden. Damit sie durch Interferenz zustande kommt, muß aber noch eine andere Bedingung erfüllt sein, die Identitätsperiode d, also der senkrechte Abstand der aufeinanderfolgenden zu ab parallelen Netzebenen muß mit dem Winkel φ und mit der Wellenlänge λ in einer bestimmten Beziehung

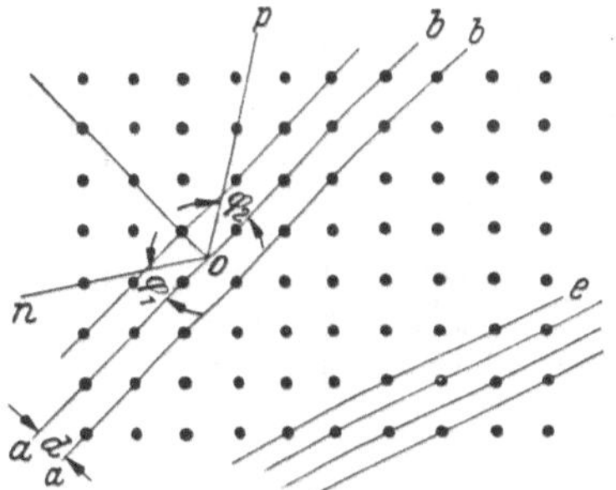

Abb. 22. Reflexion von Röntgenstrahlen

stehen, die durch die BRAGGsche Gleichung

$$n\lambda = 2d \sin\varphi$$

gegeben ist. Sie ergibt sich aus der Forderung, daß die Gangdifferenz der von hintereinanderliegenden Netzebenen reflektierten Strahlen eine ganze Anzahl n (eins oder mehr) von Wellenlängen sein muß. Auf ihre sehr einfache Ableitung wollen wir hier nicht eingehen.

Wenn ein solcher Strahl auf einen Krystall fällt, so kann er somit von der in Frage kommenden Netzebene mit der Identitätsperiode d nur reflektiert werden, wenn sie in dem richtigen Winkel φ zur Richtung des Strahles steht. Im allgemeinen wird diese Bedingung nicht erfüllt sein,

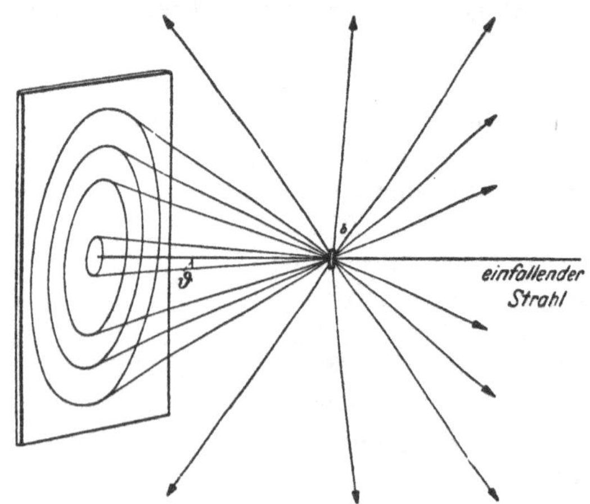

Abb. 23. Schema einer Röntgenaufnahme eines Krystall-Haufwerkes auf einer ebenen Platte. (Aus G. WASSERMANN, Texturen.)

ein monochromatischer Strahl, der nur eine Wellenlänge enthält, wird also von einem einzelnen Krystall im allgemeinen gar nicht reflektiert werden können. Besteht jedoch die Probe aus einer sehr großen Zahl kleiner Krystalle mit allen möglichen Orientierungen, so werden einige von ihnen immer die richtige Lage haben und eine Reflexion ermöglichen. In Abb. 23 fällt der Strahl im Punkt b, von rechts kommend, auf das zur Aufnahme bestimmte Präparat. Der Winkel ϑ, um den der Strahl aus seiner ursprünglichen Richtung abgelenkt wird, ist gleich 2φ, wie man aus Abb. 22 sieht. Auf einer dahinterliegenden ebenen photographischen Platte erhalten wir auf diese Weise einen *Schwärzungsring*, Abb. 23, der von allen Krystalliten herrührt, deren in Frage kommende Netzebenen den bestimmten Winkel ϑ mit der Richtung des Strahles bilden. Für im Krystall anders orientierte Ebenen, z. B. ce in Abb. 22, erhalten wir auf ähnliche Weise bei einem anderen Winkel φ wieder einen Reflexionsring. Das photographisch festgehaltene Röntgenbild eines Krystall-Haufwerkes auf einer ebenen Platte besteht also aus einer Reihe von ringförmig angeordneten Reflexen. In der Regel benutzt man statt einer ebenen Aufnahmeplatte einen zylindrischen Film, in dessen Achse das Präparat *b* liegt. Man erhält dann verzerrt kreisförmige und dem Fachmann geläufige sog. DEBYE-SCHERRER-Abschnitte der einzelnen Beugungsringe. Abb. 93a zeigt eine solche Röntgenaufnahme eines Metalls. Die Reflexe sind, wie man sieht, nicht ganz gleichmäßig geschwärzt, sondern bestehen aus einzelnen zum Teil ineinander verschwimmenden Punkten, die von einzelnen kleinen Krystalliten herrühren.

Nebenbei sei bemerkt, daß die metallischen *Guß*stücke in der Regel aus viel gröberen Krystalliten bestehen, so daß der Röntgenstrahl, der einen Querschnitt von 0,3 bis 1 mm^2 hat, nur wenige Krystallite trifft; dann erhält man Röntgenaufnahmen mit nur ganz vereinzelten Schwärzungspunkten.

Es unterliegt also keinem Zweifel, daß die Metalle krystallinisch sind.

Im Gegensatz zu Krystallen ergeben amorphe Körper keine scharfen DEBYE-SCHERRER-Ringe, weil in ihnen die Atome vorwiegend regellos angeordnet sind.

III. Aufbaulehre der Legierungen. Systeme ohne Mischkrystall- und Verbindungsbildung.

1.

In der ersten Vorlesung haben wir als erste Aufgabe der Metallkunde erkannt, den Aufbau der Legierungen zu erforschen. Jetzt wollen wir uns mit dieser Aufgabe eingehender beschäftigen. Wir haben also festzustellen, aus welchen Krystallarten eine Legierung besteht.

In der Chemie pflegt man zur Feststellung der Zusammensetzung einer Krystallart sie normalerweise erst zu isolieren und dann zu analysieren. Diese Methode versagt in der Metallkunde in der Regel, da die chemischen Angriffsmittel, etwa eine Säure, die Legierungen meistens in einer unübersichtlichen Weise angreifen, so daß man keine Sicherheit dafür hat, daß der ungelöste Rückstand wirklich aus *einer* Krystallart besteht. Es hat dann gar keinen Zweck, den Rückstand zu analysieren. In der Tat ist man durch diese Methode der *Rückstandsanalyse* schon schweren Irrtümern verfallen, so daß sie mit wenigen, aber allerdings wichtigen Ausnahmen verlassen ist.

Wir müssen bei Legierungen vielmehr ganz andere Wege beschreiten. Der Grundgedanke besteht darin, daß man die *Entstehungsbedingungen* einer Legierung erforscht. Man schmilzt also Legierungen verschiedener Zusammensetzungen ein und untersucht sie mit Hilfe der sog. *thermischen Analyse*. Aus den *Erstarrungsbedingungen* kann man dann Rückschlüsse auf das Gefüge der Legierungen ziehen. Nachdem auf diesem Gebiete mehrere ausgezeichnete, meistens englische Arbeiten erschienen waren, hat

G. TAMMANN die Grundlagen der thermischen Analyse in einer Arbeit mit dem Titel „Über die Ermittelung der Zusammensetzung chemischer Verbindungen ohne Hilfe der Analyse“ veröffentlicht[1].

Wir wollen dieses Verfahren an dem sehr einfachen Beispiel des Zinks und der Zink-Cadmium-Legierungen zeigen. Hier vor uns steht ein Ofen, in dem in einem zylindrischen Glastiegel sich etwa 40 g flüssiges Zink befinden (Abb. 24). Zur Vermeidung der Oxydation leiten wir über das Zink einen Wasserstoffstrom. In das flüssige Zink ist, von

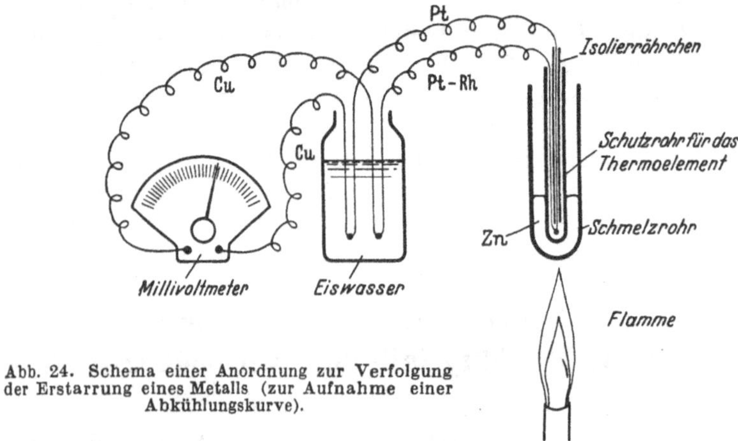

Abb. 24. Schema einer Anordnung zur Verfolgung der Erstarrung eines Metalls (zur Aufnahme einer Abkühlungskurve).

einem Glasschutzrohr umgeben, ein Thermoelement aus Platin und Platin-Rhodium eingeführt, mit dessen Hilfe wir die Temperatur des Zinks messen können.

Die Temperaturmessung mit Hilfe von Thermoelementen beruht bekanntlich auf der Existenz der sog. *Thermokraft.* Wenn wir 2 Drähte aus verschiedenen Metallen an einer Stelle miteinander verbinden, z. B. verschweißen und die Schweißstelle auf eine höhere Temperatur bringen, so entsteht zwischen den kalten Enden der beiden Drähte eine elektrische Spannung, die man Thermokraft nennt, und die mit steigender Temperaturdifferenz zwischen den heißen und kalten Enden der Drähte zunimmt. Wir können die Thermokraft messen, wenn wir zwischen die beiden kalten Enden der Metalldrähte ein Millivoltmeter mit hohem Eigenwiderstand einschalten. Es ergibt sich so eine Schaltung, die in Abb. 24 wiedergegeben ist. Da die Thermokraft durch die *Temperaturdifferenz* beider Enden der Drähte bestimmt ist, empfiehlt es sich, die kalten Enden in einem Thermostaten bei einer konstanten Temperatur zu halten, etwa in einer Thermosflasche in einem Gemenge von Eis und Wasser oder auch nur in Wasser zu tauchen, dessen Temperatur man bei jeder Messung bestimmt.

[1] Z. anorg. Chem. **37**, 303 (1903).

Im allgemeinen hat unser Meßinstrument eine andere Temperatur als die kalten Enden des Thermoelementes (Nullklemmen) in der Thermosflasche. Würden die beiden Zuleitungsdrähte zwischen dem Instrument und der letzteren aus verschiedenen Metallen bestehen, so würde zwischen dem Instrument und der Thermosflasche eine zusätzliche Thermokraft entstehen, die unsere Messungen fälschen würde, da wir ja nur die Thermokraft zwischen unserem Schmelzgefäß und den Nullklemmen feststellen wollen. Deshalb müssen die beiden Zuleitungsdrähte zum Millivoltmeter aus einem und demselben Metall, etwa Kupfer, bestehen, wie das auch in Abb. 24 angegeben ist.

Tabelle 2. *Temperaturen des Zinks nach je 10 Sekunden.*

450°	419°	419°	380°
440°	419°	419°	365°
430°	419°	419°	355°
420°	419°	415°	349°
419°	419°	400°	343°
418°			

Wir nehmen nun die Flamme unter dem Zink fort und überlassen es der Abkühlung, wobei wir in regelmäßigen Zwischenräumen, etwa alle 10 Sekunden, die Spannung und damit die Temperatur des Zinks an dem Millivoltmeter ablesen. Wie nehmen also eine *Abkühlungskurve* auf. Hierbei erhalten wir etwa die Reihe der in Tab. 2 angeführten Werte.

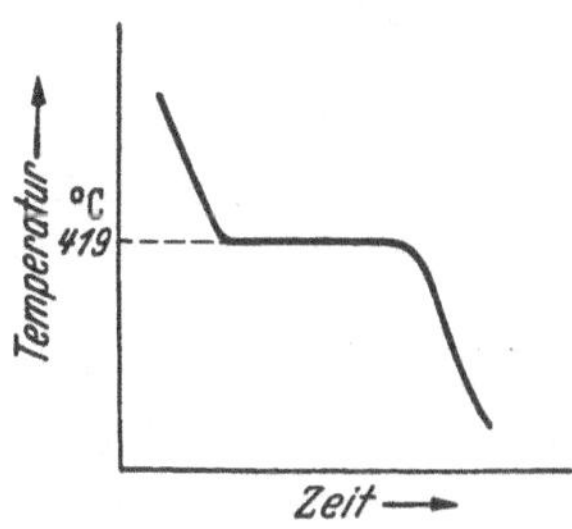

Abb. 25. Abkühlungskurve eines reinen Metalls.

Wir sehen, daß die Temperatur zunächst verhältnismäßig schnell abfällt und dann längere Zeit konstant bleibt. Das kommt daher, daß bei 419° das Zink erstarrt, wobei die *Krystallisationswärme* abgegeben wird. Nachdem das ganze Zink erstarrt ist, sinkt die Temperatur wieder. Den Erstarrungsvorgang können wir unmittelbar verfolgen, indem wir das Zink während der Abkühlung mit einem Stab rühren; wir stellen dann fest, daß es anfangs flüssig ist, bei 419°, dem Erstarrungspunkt, zuerst breiig und dann fest wird.

Wir können unsere Ergebnisse graphisch darstellen, indem wir auf der Abszissenachse die Zeit und auf der Ordinatenachse die Temperatur auftragen, s. Abb. 25. Wir haben auf diese Weise eine Abkühlungskurve des Zinks erhalten. Sie zeichnet sich, wie jede solche für andere reine Metalle, dadurch aus, daß sie beim Schmelzpunkt des Metalls eine Strecke konstanter Temperatur, einen *Haltepunkt* aufweist, sonst aber keine Unregelmäßigkeiten zeigt, die auf eine weitere Wärmeentwicklung bei der Abkühlung hinweisen würden.

Dieses Ergebnis ist so einleuchtend, daß es keiner weiteren Erörterung bedarf. Es ist selbstverständlich, daß ein Metall, wie jeder chemisch reine Stoff, der ohne Zersetzung schmilzt, einen bestimmten Schmelzpunkt hat, bei dem während des Schmelzens Wärme aufgenommen und bei der Erstarrung Wärme abgegeben wird. Damit muß aber auf der Abkühlungskurve ein Haltepunkt entstehen, wie wir ihn erhalten haben. Einen entsprechenden Haltepunkt erhalten wir übrigens auch auf der Erhitzungskurve, wenn wir die Probe wieder aufheizen, der dadurch bedingt ist, daß das Metall beim Schmelzen die latente *Schmelzwärme* aufnimmt.

Nun setzen wir in den Ofen an Stelle des reinen Zinks ein Gemenge von 60% Zink und von 40% Cadmium ein. Wir arbeiten genau wie das vorige Mal und bringen das Gemenge unter Wasserstoff zum Schmelzen.

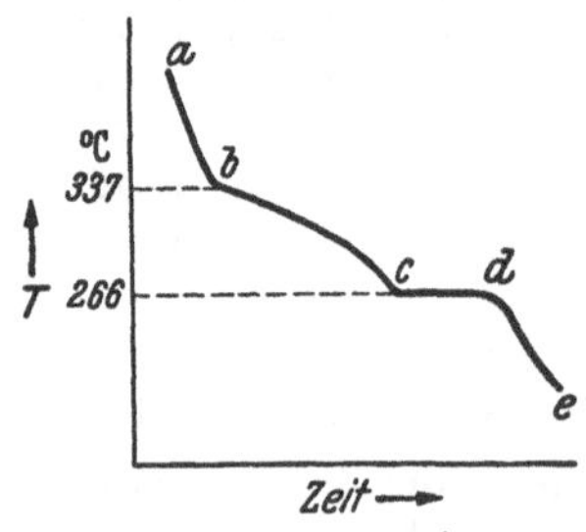

Abb. 26. Abkühlungskurve einer Legierung mit 60% Zn und 40% Cd.

Tabelle 3.
Abkühlungskurve einer Legierung mit 60% Zn und 40% Cd.

442°	360°	309°	266°
431°	350°	300°	266°
421°	345°	290°	266°
411°	342°	280°	262°
400°	338°	270°	245°
390°	332°	266°	238°
380°	325°	266°	233°
370°	317°	266°	228°

Wir nehmen wieder eine Abkühlungskurve auf und erhalten hierbei folgendes Ergebnis (Tab. 3 und Abb. 26).

Wie wir sehen, ist das Bild jetzt ein wesentlich anderes. Erst bei 345° tritt eine Verzögerung der Abkühlung auf, ein Beweis dafür, daß hierbei in der Schmelze Wärme frei wird. Das ist auf den Beginn der Erstarrung zurückzuführen. Die Temperatur bleibt nun aber nicht etwa konstant, wie beim reinen Metall, sondern sie sinkt, wenn auch verlangsamt, weiter: Die Legierung erstarrt nicht bei konstanter Temperatur, sondern in einem *Temperaturintervall bc*. Dieses Intervall findet seinen Abschluß durch einen Haltepunkt *cd*, in dem die Erstarrung der Legierung zu Ende geht.

2.

In Abb. 27a sind die Abkühlungskurven von Zink-Cadmium-Legierungen verschiedener Konzentrationen aufgetragen worden. Tragen wir die Temperaturen der auf ihnen auftretenden Knick- und Haltepunkte in Abhängigkeit von der Konzentration auf, so erhalten wir ein Diagramm wie Abb. 27b.

Als Abszisse tragen wir Gehalte einer Legierung an Cd, z. B. in %, auf. Links beim Punkt Zn enthält die Legierung noch gar kein Cadmium, rechts bei Cd besteht sie nur aus reinem Cadmium. Da der Zinkgehalt die Differenz bis 100 ausmacht, sind in demselben Diagramm die Zinkgehalte in % von *rechts nach links* aufgetragen; sie sind durch die untere Zahlenreihe angegeben.

In einem solchen Diagramm können wir also sehr bequem die Legierungen aller Zusammensetzungen unterbringen und für jeden Punkt der Abszissenachse sofort die Zusammensetzung der Legierung angeben. Als Ordinaten tragen wir die Temperaturen auf und verzeichnen diejenigen, bei denen auf einer Abkühlungskurve Knicke auftreten, welche also eine Wärmeentwicklung anzeigen. Die Ergebnisse der Abkühlungskurven Abb. 27a sind in diesem Diagramm durch Punkte eingetragen worden. Für das reine Zink erhalten wir so nur einen *Erstarrungspunkt a* bei 419°. Für die meisten Legierungen sind es 2 Punkte, der erste

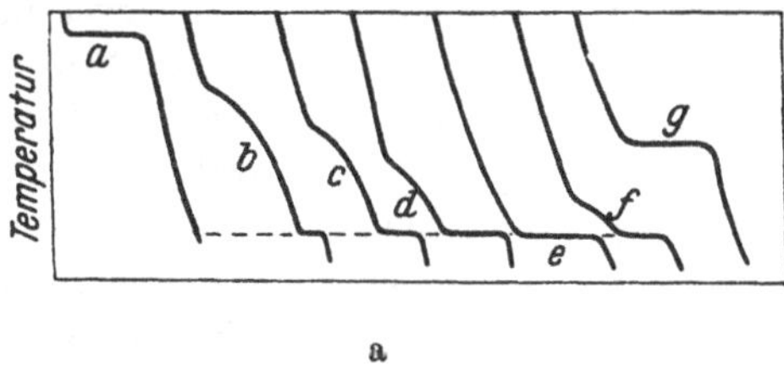

a

b

Abb. 27. a) Abkühlungskurven von Zn-Cd-Legierungen verschiedener Konzentrationen. b) Konstruktion eines Zustandsdiagramms auf Grund der Abb. 27a.

entsprechend der Verzögerung wie *b* und der zweite entsprechend dem Haltepunkt wie *cd* in Abb. 26.

Wie sind diese Erscheinungen zu deuten? Zur Beantwortung dieser Frage überlegen wir uns, wie der Erstarrungsverlauf in den Legierungen sein muß, die im festen Zustande aus einem Gemenge der Krystalle beider reinen Metalle bestehen, wie das bei Zink und Cadmium tatsächlich annähernd der Fall ist. Die Verhältnisse sind hier durchaus ähnlich denjenigen in einer Lösung von Kochsalz in Wasser.

Wir wissen, daß durch Zusatz von Kochsalz zum reinen Wasser der Schmelzpunkt des Eises erniedrigt wird. Sonst würde man ja bei Frost nicht Salz in die Weichen streuen. Wenn die Gehalte an Kochsalz nicht zu hoch sind, krystallisiert aus der Lösung bei der Abkühlung das reine Eis aus.

Durch Zusatz von Cadmium wird nun die Erstarrungstemperatur des Zinks herabgesetzt, genau wie die Erstarrungstemperatur des Wassers durch Zusatz von Kochsalz erniedrigt wird, und zwar mit zunehmendem Gehalt an Cadmium in zunehmendem Maße.

Dieses Ergebnis ist durchaus verständlich. Der Schmelzpunkt ist als diejenige Temperatur definiert, bei der die Krystalle eines Stoffes im Gleichgewicht mit seiner Schmelze sind. Ihre Mengen nehmen im Gleichgewichtszustande weder zu noch ab. Das heißt, daß an einer Krystalloberfläche pro Zeiteinheit genau ebenso viele Atome vom Krystall „abschmelzen", wie umgekehrt durch Aufprallen aus der Schmelze in den

Krystall eingebaut werden. Enthält nun die Schmelze außer dem reinen Stoff einen Zusatz, der an der Krystallisation nicht teilnimmt, so muß die Zahl der auf den Krystall aus der Schmelze aufprallenden Atome des Hauptbestandteils geringer werden, während die Zahl der „schmelzenden" Atome dieselbe bleibt. Das Gleichgewicht ist also gestört und kann nur wiederhergestellt werden, wenn die Temperatur, also auch die Zahl der pro Zeiteinheit „schmelzenden" Atome, erniedrigt wird. Diese Überlegung muß ohne jede Einschränkung gelten, und es besteht deshalb ausnahmslos die allgemeine Regel:

Wenn aus einer Schmelze der eine Bestandteil rein auskrystallisiert, wird der Beginn seiner Erstarrung durch Zusatz eines zweiten Stoffes, der sich in der Schmelze löst, erniedrigt. In verdünnten Schmelzen, die den verdünnten Lösungen durchaus analog sind, ist die Erniedrigung der Erstarrungstemperatur (analog der Gefrierpunktserniedrigung in Lösungen) proportional dem Gehalt der Schmelze an dem zweiten Bestandteil (analog der Konzentration der Lösung).

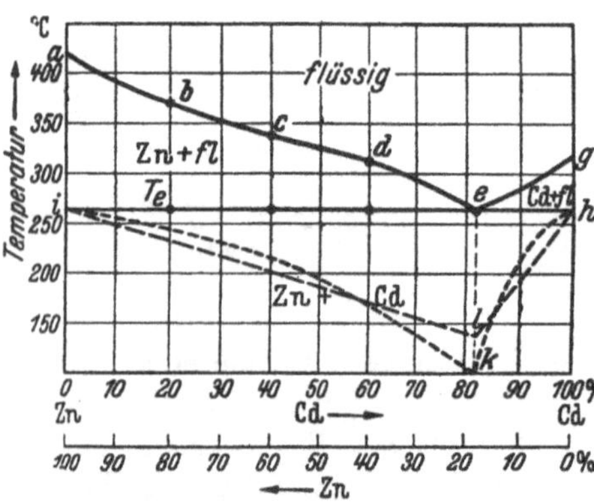

Abb. 28. Zustandsdiagramm der Zn-Cd-Legierungen.

Auf Grund dieser Betrachtungen sind wir berechtigt, die experimentell gefundenen Punkte *a* bis *g* der Abb. 27b miteinander durch kontinuierliche Kurven zu verbinden, und erhalten so das Diagramm Abb. 28; *a e* ist die Kurve des Beginnes der Krystallisation des Zinks, *g e* diejenige des Beginnes der Krystallisation des Cadmiums.

Wie wird nun die Erstarrung in solchen Legierungen fortschreiten? Indem sich etwa aus der Legierung mit 20% Cd entsprechend dem Punkte *b* das Zink auszuscheiden beginnt, reichert sich die flüssige Legierung an Cadmium an. Dadurch wird aber die Ausscheidungstemperatur des Zinks erniedrigt. Die Erstarrung einer Legierung, aus der sich zuerst Zink ausscheidet, wird also so verlaufen, daß die Krystallisationstemperatur ständig sinkt, während zugleich die Zusammensetzung der flüssigen Restschmelze immer mehr an Zink verarmt und sich an Cadmium anreichert. Dieser Vorgang entspricht dem Teil *bc* der Abkühlungskurve Abb. 26.

Wenn die Schmelze sich aber immer mehr an Cadmium anreichert, wird zuletzt eine Konzentration erreicht werden, bei der sie nicht nur an Zink, sondern auch an Cadmium gesättigt ist. Bei weiterer Wärmeentziehung müssen nun beide Metalle gleichzeitig krystallisieren. Es ist sehr leicht einzusehen, daß diese doppelte Krystallisation bei konstanter

Temperatur erfolgen muß. Genau so, wie für die Krystallisation des Zinks aus zinkreichen Schmelzen die Kurve *ae*, erhalten wir für die Krystallisation des Cadmiums aus cadmiumreichen Schmelzen nämlich die Kurve *ge*. Die an beiden Metallen zugleich gesättigte Schmelze muß zugleich auf beiden Kurven liegen; ihr entspricht also der Schnittpunkt der Sättigungskurven des Zinks *abcde* und des Cadmiums *eg* (Abb. 28). Man sieht, daß eine Schmelze nur in einem einzigen Punkt *e*, also auch nur bei einer *einzigen Temperatur* an beiden Metallen zugleich gesättigt sein kann.

Die Krystallisation geht also in der Weise zu Ende, daß aus der Schmelze *e* gleichzeitig Zink und Cadmium krystallisieren, während die Zusammensetzung der Schmelze konstant bleibt. Das ist möglich, da ihre Zusammensetzung ja zwischen den Zusammensetzungen der beiden sich ausscheidenden Krystalle liegt und diese sich in den entsprechenden Mengen ausscheiden.

Diesem Vorgang entspricht der *Haltepunkt cd* auf der Abkühlungskurve Abb. 26, der somit das Ende der Krystallisation angibt.

Die betrachtete Legierung erstarrt also in einem Temperaturintervall, und es hat, strenggenommen, keinen Sinn, von ihrer Erstarrungstemperatur schlechthin zu sprechen, man muß vielmehr die Temperaturen des *Beginnes* und des *Endes* der Krystallisation unterscheiden, wie das im weiteren immer geschehen soll.

Wir sehen, daß die Restschmelze *aller* Legierungen zuletzt dieselbe Zusammensetzung *e* haben muß, da das die einzige Schmelze ist, die zugleich mit den beiden Krystallarten im Gleichgewicht ist. Wir sehen daraus aber auch, daß der Haltepunkt beim Ende der Krystallisation bei Legierungen aller Zusammensetzungen bei einer und derselben Temperatur liegen muß. Für die Temperatur des Endes der Krystallisation, bei der also die Ausscheidung des zweiten Metalles beginnt, erhalten wir im Zustandsdiagramm die zur Abszisse parallele Gerade *ieh*. Unterhalb dieser Geraden sind die Legierungen völlig erstarrt, es sind also keine mit der Erstarrung verbundenen thermischen Effekte mehr zu erwarten.

Wir können nunmehr die Zustände angeben, in denen sich die Zink-Cadmium-Legierungen innerhalb der einzelnen Gebiete des Zustandsdiagrammes befinden. Oberhalb der Kurve *aeg* sind sie flüssig, im Gebiet *aei* bestehen sie aus einem Gemenge von Zinkkrystallen und Restschmelze (beide in wechselnden Mengen, letztere auch in wechselnden Zusammensetzungen), im Gebiet *geh* aus Cadmiumkrystallen und Restschmelze, und unterhalb der Geraden *ieh* nur aus Krystallen von Zink und von Cadmium. Die einzelnen Felder in Abb. 28 sind, wie das allgemein üblich ist, entsprechend bezeichnet.

Wir haben damit das *Zustandsdiagramm* der Zink-Cadmium-Legierungen aufgestellt. Es gibt für jede Konzentration und für jede Temperatur an, aus welchen Krystallarten sie bestehen. Die Kurven des

Zustandsdiagrammes sind die Grenzen, längs derer neue Krystallarten auftreten oder verschwinden. Aus dem Befund, daß die Erstarrung aller Legierungen bei der Temperatur T ihren Abschluß findet, wie man das an den Abkühlungskurven verschiedener Konzentrationen in Abb. 27a sieht, schließen wir, daß die Legierungen im festen Zustande in der Tat Gemenge von Zink- und von Cadmium-Krystallen darstellen.

Aus dem Zustandsdiagramm lesen wir nicht nur den Zustand ab, in dem sich eine Legierung bei der betrachteten Temperatur befindet, sondern auch die Zustände, die während der Abkühlung bis zu dieser Temperatur durchlaufen worden sind, also die Entstehungsgeschichte der Legierung, die für die Deutung ihrer Konstitution von großer Wichtigkeit ist.

3.

Wir können diese Schlußfolgerung auf zwei Wegen prüfen. Erstens geschieht das durch mikroskopische Untersuchung der Legierungen im Schliffbild. Um die Metalle optisch prüfen zu können, muß man in der Regel zunächst eine einwandfrei glatte, spiegelnde Oberfläche herstellen. Das geschieht durch Schleifen und durch mechanisches Polieren, neuerdings vielfach auch anodisch in einem Elektrolyten. Der so hergestellte Schliff wird, wie schon auf S. 5 geschildert, geätzt. Einige Schliffe von Zink-Cadmium-Legierungen sind in den Abb. 29 bis 33 wiedergegeben. Wir sehen, daß in den Legierungen, in denen sich auf Grund des Zustandsdiagrammes entsprechend ihren Konzentrationen Zink zuerst ausscheiden muß, sich größere Krystallite vorfinden, und zwar mit steigendem Cadmium-Gehalt in sinkender Menge. Sie sind durch das Ätzmittel (1proz. alk. HNO_3) dunkel gefärbt. Es handelt sich hier um Zink-Krystalle, die sich aus der Schmelze als erste, also wie wir es nennen, *primär* ausgeschieden haben. Dazwischen findet man einen zweiten Gefügeanteil, der sich bei stärkerer Vergrößerung deutlicher als ein feines lamellares Gemenge zweier Krystallarten herausstellt (Abb. 32). Es ist verständlich, daß, solange die Schmelze nur an einem Stoff gesättigt ist, dieser Stoff mit sinkender Temperatur sich verhältnismäßig ungestört in größeren primären Krystallen ausscheiden kann. Sobald dahingegen sich 2 Krystallarten gleichzeitig ausscheiden, stören sie sich

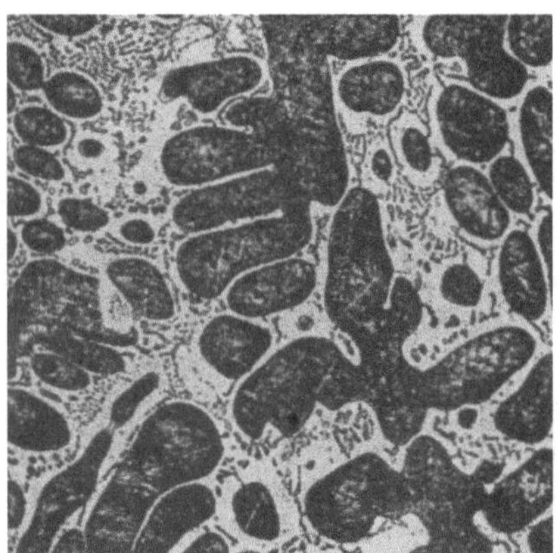

Abb. 29. Gefüge einer Legierung mit 60% Zn 40% Cd, Zink primär. Vergr. 250×.

gegenseitig in ihrer Ausbildung, und es entsteht ein feinkörniges Gefüge etwa der Art der Abb. 32. Es ist charakteristisch für alle Fälle, in denen sich aus der Schmelze zugleich 2 Krystallarten bei konstanter Temperatur ausscheiden, und wird *eutektisches Gefüge* oder ***Eutektikum***

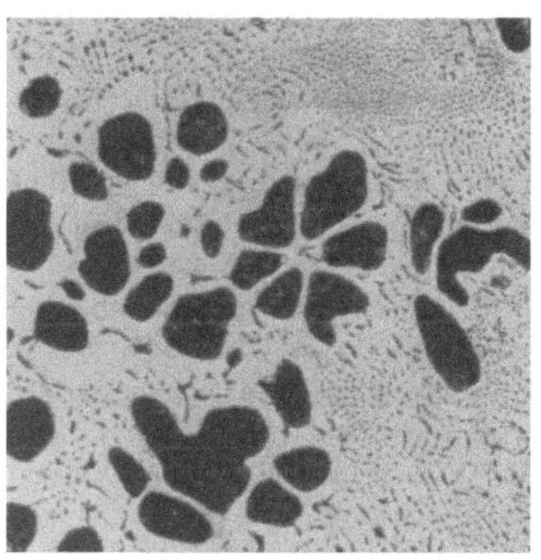

Abb. 30. 40% Zn, 60% Cd. Zink primär. Vergr. 250×.

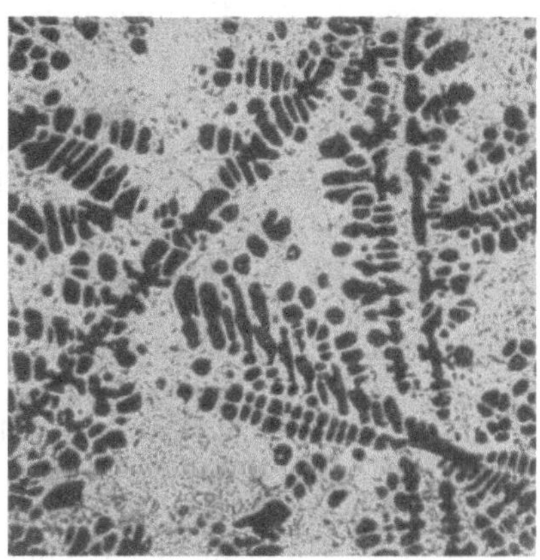

Abb. 31. 40% Zn, 60% Cd. Zink primär. Vergr. 55×.

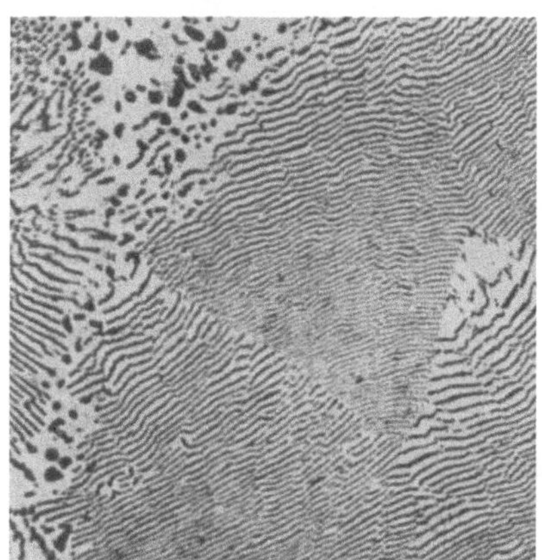

Abb. 32. 18% Zn, 82% Cd. Eutektisches Gefüge. Vergr. 420×.

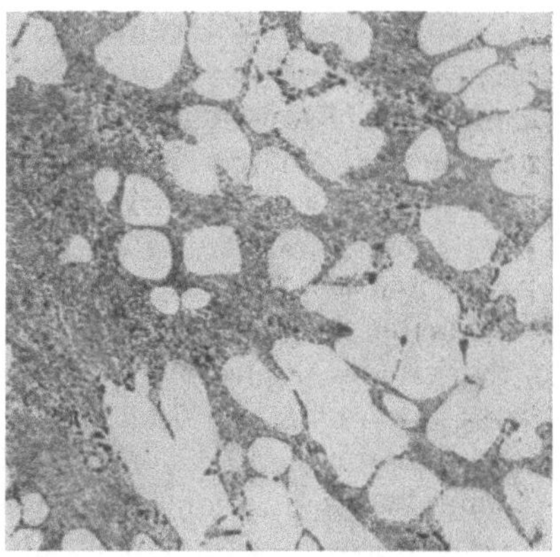

Abb. 33. 10% Zn, 90% Cd. Cadmium primär. Vergr. 250×.

genannt. Dementsprechend heißt Punkt *e* des Zustandsdiagrammes, Abb. 28, der *eutektische Punkt*, *ih* ist die *eutektische Horizontale*. Die Schliffe Abb. 29 und 30 weisen somit neben den primären Zinkkrystallen das Eutektikum auf.

Bei höheren Cd-Gehalten rechts von *e* besteht das Gefüge aus primären Cd-Krystallen, umgeben vom Eutektikum, vgl. Abb. 33.

Die mikroskopische Betrachtung hat also das Ergebnis der thermischen Abkühlungsanalyse, daß nämlich die Zink-Cadmium-Legierungen ein mechanisches Gemenge der Krystalle beider Metalle darstellen, bestätigt.

Wir wollen hier nicht darauf eingehen, daß man heute in der Lage ist, eine noch feinere Prüfung der Konstitution einer Legierung mit Hilfe der Röntgenstrahlen durchzuführen (vgl. S. 21 bis 23). Auf Grund des Zustandsdiagrammes muß man in allen Legierungen nämlich die Raumgitter des Cadmiums und des Zinks finden und keine anderen.

Die genauere Analyse der Abkühlungskurven ergibt indessen zweitens noch eine andere Prüfung des Zustandsdiagrammes. Hierzu überlegen wir uns, wie groß die Mengen des Eutektikums bei verschiedenen Konzentrationen sein werden. Im Punkte e (Abb. 28) wird die ganze Legierung aus dem Eutektikum bestehen, bei den reinen Metallen wird seine Menge Null sein. Dazwischen nimmt seine Menge linear zu. Um das zu zeigen, betrachten wir die Legierung mit c% Cd, die aus Krystallen von Zink und dem Eutektikum besteht. Das Eutektikum enthält e% Cd. Wenn wir den Anteil des Eutektikums in der Legierung mit X bezeichnen, erhalten wir deshalb die Gleichung

$$c = eX; \qquad X = \frac{c}{e},$$

da ja das ganze Cadmium sich im Eutektikum befindet. Da die Zusammensetzung des Eutektikums e konstant ist, sehen wir, daß die Menge des Eutektikums X proportional dem Cadmiumgehalt c wächst, solange die primären Krystalle aus Zink bestehen.

Bei e krystallisiert wie erwähnt die ganze Legierung eutektisch; der Anteil des Eutektikums nimmt dann weiter bis zum reinen Cadmium linear bis auf Null ab.

Die bei der Krystallisation einer Krystallart entwickelte Wärmemenge ist ihrer Menge proportional; dasselbe gilt annähernd für die Länge der horizontalen Strecke des Haltepunktes auf einer Abkühlungskurve. Deshalb müssen die *eutektischen Haltezeiten* vom reinen Zink bis zur eutektischen Konzentration linear bis zu einem Maximum zunehmen, um dann wieder linear bis zum reinen Cadmium auf Null zu sinken. Wir tragen sie von der eutektischen Horizontalen in Abb. 28 nach unten gestrichelt auf. Infolge verschiedener Störungen sind sie in Wirklichkeit nicht genau proportional den Mengen des krystallisierenden Eutektikums, nehmen mit seiner Menge aber gleichmäßig zu (kurz gestrichelte Kurve). Dieser Verlauf der eutektischen Haltezeiten ist ein weiterer Beweis für die Richtigkeit des von uns aufgestellten Zustandsdiagrammes, während ein unregelmäßiger Verlauf der Haltezeiten auf Komplikationen hinweisen würde, auf die wir später bei der Besprechung anderer Zustandsdiagramme noch zurückkommen werden. Es könnte in einem solchen Falle z. B. sein, daß wir die primären Krystalle irrtümlich für Zink gehalten haben und daß es sich in Wirklichkeit um eine andere Krystallart einer Verbindung zwischen Cadmium und Zink handelt.

Bei schwierigeren Konstitutionsuntersuchungen ist eine gegenseitige Kontrolle der Befunde nach verschiedenen Methoden unbedingt erforderlich und bewahrt auch noch nicht immer mit Sicherheit vor Irrtümern. Ja, es gibt Zustandsdiagramme von binären Legierungen, die sich in einer ständigen „Gärung" befinden, indem sie immer wieder Gegenstand der Untersuchung sind und die Befunde sich dabei immer wieder ergänzen und ändern, ohne daß bisher eine eindeutige und sichere Klärung des Zustandsdiagrammes möglich gewesen wäre.

Wir haben unsere Erörterungen mit einer Erwähnung der wäßrigen Kochsalzlösungen begonnen. Es ist selbstverständlich, daß sie sich nicht nur auf metallische Systeme beziehen, sondern für alle Systeme aus 2 Bestandteilen gelten, die zur Krystallisation gelangen, seien es wäßrige Lösungen, Mischungen von Salzen oder etwa von organischen Stoffen. Die Krystallisation aller dieser binären Mischungen muß an Hand eines Konstitutionsdiagrammes auf der Basis der Lehre von den heterogenen Gleichgewichten erörtert werden. Diese Lehre hat deshalb grundlegende Bedeutung auf verschiedensten Fachgebieten, von denen wir nur das Problem der ozeanischen Salzablagerungen, das von VAN 'T HOFF systematisch studiert worden ist, und das damit zusammenhängende technische Problem der Gewinnung von Salzen aus gemischten Lösungen, die in den Kalifabriken erfolgt, erwähnen.

4.

Wir wollen nun an einigen Beispielen zeigen, daß es sich bei dem betrachteten einfachsten Konstitutionsfall einer Legierung, die im festen Zustand aus einem mechanischen Gemenge der beiden Bestandteile aufgebaut ist und, wie man sagt, ein einfaches *eutektisches System* bildet, nicht um einen wirklichkeitsfremden theoretischen Fall handelt, sondern daß viele und zum Teil auch wichtige binäre Legierungen so aufgebaut sind. In Tab. 4 sind die wichtigsten Metallpaare einer solchen Konstitution aufgeführt, wobei neben den Schmelzpunkten der Metalle und der Temperatur des eutektischen Punktes auch seine Zusammensetzung angegeben ist. Damit ist ein solches System in der Hauptsache charakterisiert[1].

Man sieht, daß tatsächlich zahlreiche Legierungen als mechanische Gemenge der Bestandteile eutektisch krystallisieren. Von diesen wollen

[1] Die angeführten Systeme krystallisieren nur annähernd in der reinen Form des mechanischen Gemenges, da sich bei der Krystallisation nicht die ganz reinen Komponenten ausscheiden, sondern diese geringen Mengen des zweiten Bestandteiles im Mischkrystall aufnehmen. Hierdurch verschieben sich die Verhältnisse bei den angeführten Systemen nur unwesentlich. Vgl. Vorl. V.

Tabelle 4. *Verzeichnis der wichtigsten binären eutektischen Systeme.*

System	Schmelzpunkt der Komponenten		Zusammensetzung und Schmelzpunkt des Eutektikums	
Ag—Bi	Ag: 960°	Bi: 271°	97,5% Bi	262°
Ag—Cu	Ag: 960°	Cu: 1083°	28,5% Cu	779°
Ag—Ge	Ag: 960°	Ge: 958°	19,0% Ge	650°
Ag—Pb	Ag: 960°	Pb: 327°	97,5% Pb	304°
Al—Be	Al: 660°	Be: 1282°	1,4% Be	644°
Al—Ge	Al: 660°	Ge: 958°	55,0% Ge	423°
Al—Sn	Al: 660°	Sn: 232°	99,5% Sn	229°
Al—Si	Al: 660°	Si: 1414°	12% Si	577°
Au—Si	Au: 1063°	Si: 1414°	6,0% Si	370°
Bi—Cd	Bi: 271°	Cd: 321°	40,0% Cd	144°
Bi—Cu	Bi: 271°	Cu: 1083°	0,2% Cu	270,3°
Bi—Pb	Bi: 271°	Pb: 327°	43,5% Pb	125°
Bi—Sn	Bi: 271°	Sn: 232°	42% Sn	139°
Cd—Pb	Cd: 321°	Pb: 327°	82,8% Pb	248°
Cd—Sn	Cd: 321°	Sn: 232°	67,75% Sn	177°
Cd—Zn	Cd: 321°	Zn: 419,4°	17,4% Zn	266°
Pb—Sb	Pb: 327°	Sb: 630,5°	13,0% Sb	247°
Pb—Sn	Pb: 327°	Sn: 232°	61,9% Sn	183,3°
Sn—Zn	Sn: 232°	Zn: 419,4°	9,0% Zn	199°

wir nur wenige betrachten. Abb. 34 zeigt das Zustandsdiagramm der Aluminium-Silicium-Legierungen: die eutektische Legierung mit etwa 12% Si ist die wichtigste Gußlegierung des Aluminiums: das *Silumin*. Abb. 35 zeigt das Gefüge dieses Eutektikums, wenn es ohne Vorsichtsmaßnahmen hergestellt worden ist. Man sieht in einer hellen Masse gezackte, ziemlich grobe Einschlüsse. Die helle Masse ist das seiner Menge auch im Eutektikum überwiegende Aluminium, die Einschlüsse Siliciumkrystalle. Eine Legierung dieses Gefüges hat ungünstige technische Eigenschaften, ihre Festigkeit beträgt kaum 14 kg/mm², ihre Bruchdehnung nur 1 bis 3%[1]. Um ihr Gefüge zu verfeinern, muß man einen Kunstgriff anwenden, der darin besteht, daß man zur Schmelze einige Hundertstel Prozent metallisches Natrium zusetzt. Der Erfolg einer

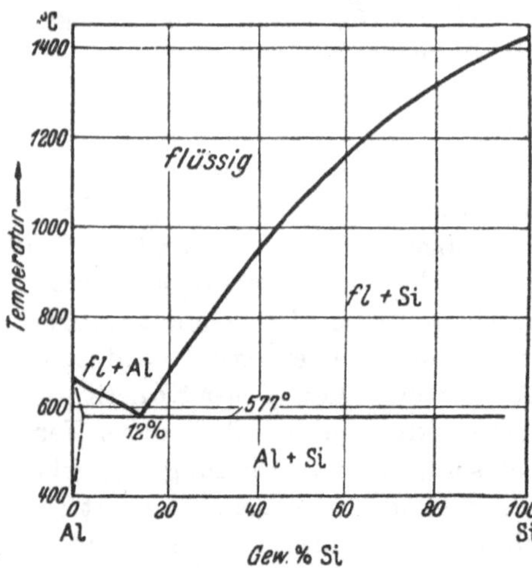

Abb. 34. Zustandsdiagramm der Aluminium-Silicium-Legierungen.

[1] Hinsichtlich der Definition dieser Größen siehe I, S. 10.

solchen Maßnahme ist in Abb. 36 zu sehen. Das eutektische Gefüge ist außerordentlich feinkörnig geworden, hat aber allerdings, wie die Beobachtung bei einer stärkeren Vergrößerung ergibt, sonst seinen Charakter behalten. Man sieht hier ferner primäre Krystalle des Aluminiums (hell) in geringer Menge, durch Zusatz von Natrium scheint die Zusammensetzung des Eutektikums sich etwas geändert zu haben. Die Festigkeit des Silumins beträgt jetzt bis 20 kg/mm², seine Bruchdehnung 4 bis 8%. Die Ursache der Wirkung der Behandlung mit Natrium, die man als *Veredelung des Silumins* bezeichnet, ist nicht mit Sicherheit erkannt. Es scheint, daß das Natrium eine Unterkühlung

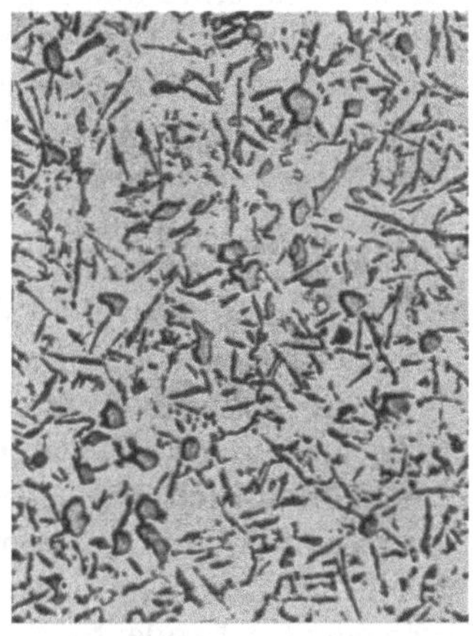

Abb. 35. Aluminium-Silicium-Eutektikum, nicht veredelt. Vergr. 70×. (Aus G. SACHS, Praktische Metallkunde.)

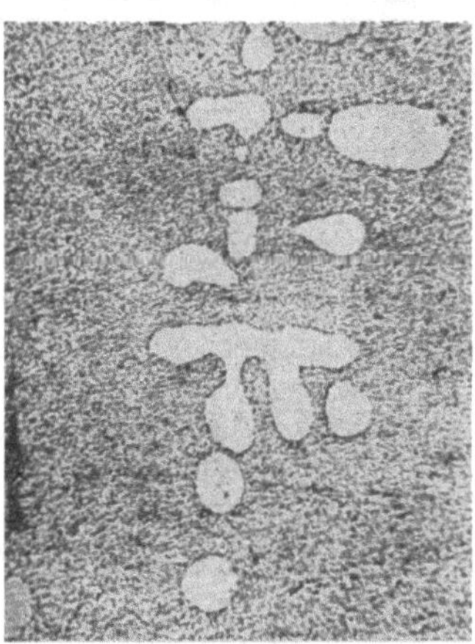

Abb. 36. Aluminium-Silicium-Eutektikum, veredelt, mit primären Aluminium-Krystallen. Vergr. 70×. (Aus G. SACHS, Praktische Metallkunde.)

bei der Krystallisation des Siliciums bewirkt, infolge deren die mit Verspätung einsetzende Krystallisation sehr schnell verläuft und zu einem besonders feinen Gefüge führt.

Als zweites Beispiel betrachten wir die Legierungen einiger leicht schmelzenden Metalle, insbesondere die des Wismuts. Es fällt auf, daß z. B. die Legierungen Wismut-Cadmium, Wismut-Blei und Wismut-Zinn niedrig schmelzende Eutektika bilden. Diese Legierungen stellen demnach auch die Basis für die sog. WOODsche Legierung dar, in der durch weitere Zusätze die Krystallisationstemperatur des Eutektikums noch weiter herabgesetzt ist.

Die Legierungen des Bleis mit Antimon sind die Grundlage des Letternmetalles. Die ziemlich niedrige Schmelztemperatur des Eutektikums bei 247° bewirkt die erforderliche gute Gießbarkeit des Letternmetalles, während der Antimongehalt andererseits die Härte wesentlich erhöht.

In den meisten anderen Fällen ist die technische Bedeutung der Legierungen dieser Gruppe allerdings gering, was auch verständlich ist, wenn man bedenkt, daß die Beeinflussung der Eigenschaften eines Metalles durch ein zweites nur gering sein kann, wenn in der Legierung das erste Metall nach wie vor in reiner Form, nur durchsetzt mit Krystalliten des Zusatzes vorliegt. Zu erwähnen sind in diesem Zusammenhang z. B. die Legierungen des Aluminiums mit Beryllium. Als das Beryllium etwa im Jahre 1926 in größeren Mengen hergestellt wurde, hoffte man, in ihm einen besonders nützlichen härtenden Zusatz zu Aluminium gefunden zu haben. Der Nachweis jedoch, daß es mit Aluminium im festen Zustande einfach ein mechanisches Gemenge bildet, hat diese Hoffnungen mit einem Male zerschlagen.

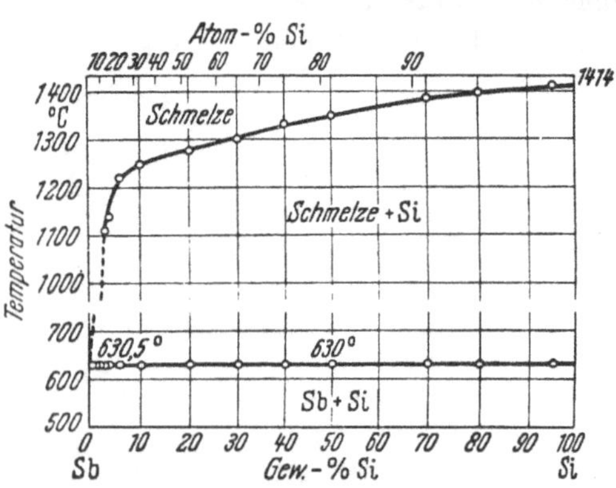

Abb. 37. Zustandsdiagramm der Antimon-Silicium-Legierungen. (Aus M. HANSEN, Der Aufbau der Zweistofflegierungen.)

Wie man aus der Tab. 4 sieht, ist die Konzentrationslage des Eutektikums bei den verschiedenen Legierungen außerordentlich verschieden. Ja, es kommt vor, daß es praktisch bei der Konzentration eines reinen Metalles liegt, wie z. B. bei Al-Hg oder Cu-Li oder Sb-Si. Das ist ein Grenzfall, der theoretisch nur annähernd realisiert sein kann. Die erste Wirkung des Zusatzes eines zweiten Metalles muß immer in der Erniedrigung des Schmelzpunktes des Grundmetalles bestehen, wenn es mit dem Zusatz keine Mischkrystalle bildet, und im Falle eines mechanischen Gemenges muß auch zunächst noch das erste Metall aus der Schmelze krystallisieren. In diesem Falle wird jedoch bereits bei sehr geringen Konzentrationen des Zusatzes die Sättigung der Schmelze an ihm erreicht. Man erhält auf diese Weise für das Beispiel der Antimon-Silicium-Legierungen das Zustandsdiagramm Abb. 37.

IV. Aufbaulehre der Legierungen. Verbindungsbildung.

1.

In der vorangehenden Vorlesung haben wir das Zustandsdiagramm für den einfachsten Fall der Konstitution im Krystallzustand, nämlich für das mechanische Gemenge zweier Bestandteile, abgeleitet. Heute wollen wir uns mit der Bildung von Verbindungen zwischen den Metallen befassen.

Die beiden Metalle A und B mögen eine Verbindung $A_m B_n$, die wir im folgenden mit V bezeichnen, miteinander bilden, die ohne Zersetzung schmilzt, wobei also eine Schmelze derselben Zusammensetzung entsteht. Eine solche Verbindung muß bei konstanter Temperatur schmelzen bzw. erstarren. Da die Zusammensetzung der Schmelze nämlich dieselbe ist wie die der Krystalle der Verbindung, ändert sich die erstere auch nicht während der ganzen Dauer der Erstarrung oder des Schmelzvorganges, und es besteht nicht die geringste Veranlassung dafür, daß die letzten Anteile der Legierung etwa bei höherer Temperatur schmelzen sollten als die ersten. In dieser Beziehung verhält sich also eine solche Verbindung wie ein reines Metall.

Wir können nun sofort zeigen, daß die Temperatur des Beginnes der Krystallisation der Verbindung durch Zusatz des Überschusses eines der Bestandteile sinken muß. Wir nehmen an, daß sie sich etwa durch Zusatz von B umgekehrt erhöht, wie das in Abb. 38 angedeutet ist; eine Schmelze X muß dann bei Erreichung des Punktes a anfangen zu krystallisieren, d. h. mit Krystallen von V bei derselben Temperatur im Punkte b im Gleichgewicht sein. Das ist aber unmöglich, da b oberhalb des Schmelzpunktes der Verbindung liegt. Diese Schwierigkeit entsteht nicht, wenn die Krystallisation der Legierung X erst bei einer Temperatur unterhalb des Erstarrungspunktes von V mit der Ausscheidung wiederum von V beginnt. Folglich muß die Temperatur des Beginnes der Erstarrung durch Zusatz des Überschusses beider Komponenten sinken; der Verbindung entspricht im Zustandsdiagramm ein *Maximum* der Schmelzkurve.

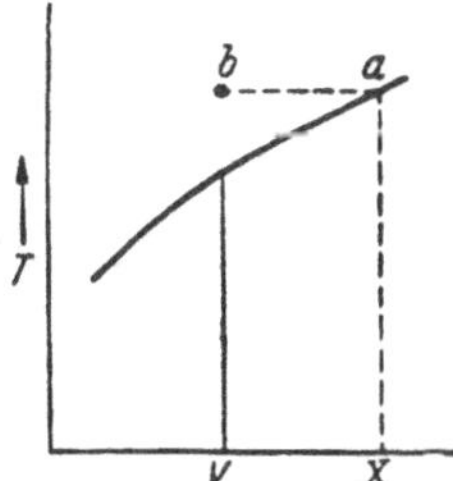

Abb. 38. Zur Beeinflussung der Schmelztemperatur einer Verbindung durch Zusätze.

Wir bemerken, daß wir mit Hilfe dieser formalen Überlegung auch beweisen können, daß der Schmelzpunkt eines reinen Metalls durch Zusatz eines zweiten erniedrigt wird, falls aus der Schmelze nach wie vor das reine Metall krystallisiert, statt, wie in der vorhergehenden Vorlesung geschehen, hierfür eine anschauliche atomistische Betrachtung anzustellen (vgl. S. 27).

Vom Schmelzpunkt m der Verbindung ausgehend, liegen links und rechts somit zwei nach unten verlaufende Kurven (Abb. 39), von denen die eine ml die Temperaturen und Zusammensetzungen der an A reicheren Schmelzen und die andere mk die Temperaturen und Zusammensetzungen der an B reicheren Schmelzen angibt, aus denen die Krystallisation von V erfolgt, die also gerade an dieser Verbindung gesättigt sind.

Die Verhältnisse liegen hier durchaus ähnlich den in der vorhergehenden Vorlesung besprochenen bei der Erstarrung eines Gemenges der beiden Bestandteile. In diesem Falle übernimmt die Krystallart *V* die Rolle eines solchen Bestandteiles. Während sie sich aus der Schmelze etwa von der Zusammensetzung *o* (Abb. 39) abscheidet, reichert sich diese immer mehr an *A* an, bis sie schließlich bei Erreichung des Punktes *l* die Sättigungskurve von *A* schneidet, d. h. an *V* und *A* gleichzeitig gesättigt ist. Es muß nunmehr die Krystallisation von *A* und von *V* gleichzeitig stattfinden, und zwar scheiden sich diese beiden Krystallarten in solchen Mengen ab, daß die Schmelze *l* ihre Zusammensetzung behält, bis die Krystallisation zu Ende ist. Es handelt sich hier also, wie in der vorhergehenden Vorlesung, um eine ***eutektische Krystallisation*** mit dem einzigen Unterschied, daß die Bestandteile des Eutektikums nicht die beiden Metalle, sondern das eine Metall und die Verbindung *V* sind. Ganz ähnlich liegen die Verhältnisse bei Schmelzen, die mehr an *B* enthalten als die Verbindung *V*. Während der Krystallisation von *V* längs der Kurve *mk* reichert sich die Schmelze immer mehr an *B* an, bis sie auch an dieser Komponente gesättigt ist. Im Schnittpunkt *k* mit der Kurve des Beginnes der Krystallisation des Bestandteiles *B* findet nun eine eutektische Krystallisation statt, bei der *V* und *B* gleichzeitig krystallisieren. Aus den *A*-reichsten Schmelzen krystallisiert primär die Komponente *A* und aus den *B*-reichsten die Komponente *B*.

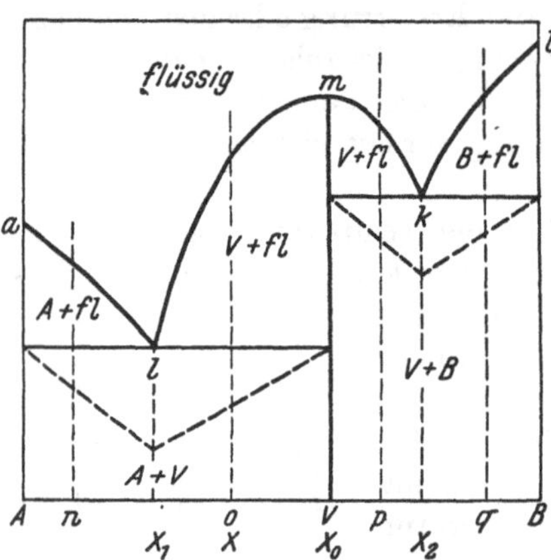

Abb. 39. Schema eines Zustandsdiagramms mit einer in einem Maximum schmelzenden Verbindung.

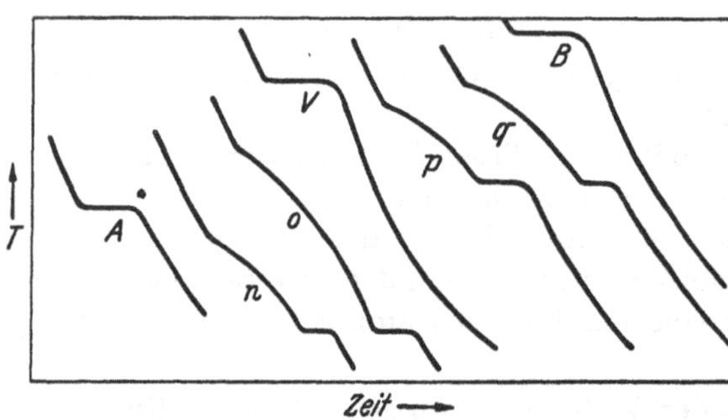

Abb. 40. Abkühlungskurven zum Diagramm Abb. 39.

Unser Zustandsdiagramm ist jetzt vollständig, und wir können auch die Felder bezeichnen, wie das in Abb. 39 geschehen ist. Eine nähere Erörterung ist nicht notwendig. Wir sehen, daß das gesamte Zustandsdiagramm durch die Krystallart *V* einfach in zwei Teile gespalten wird, in deren jedem die Krystallisation nach dem in der vorigen Vorlesung erörterten Schema stattfindet.

Die diesem Zustandsdiagramm entsprechenden Abkühlungskurven für verschiedene in Abb. 39 angegebene Zusammensetzungen sind in Abb. 40 dargestellt. Auf den geätzten Schliffen sieht man im Konzentrationsgebiet *al* primäre Krystalle von *A*, zwischen *l* und *k* primäre Krystalle von *V* und im Gebiet *kb* primäre Krystalle von *B*, in allen Fällen von eutektischem Gefüge umgeben.

2.

Wie können wir nun die Zusammensetzung der Verbindung *V* ohne Hilfe der Analyse feststellen?

a) Hierzu können wir erstens aus den Abkühlungskurven die Konzentrationslage des Maximums *m* bestimmen. Diese Bestimmung ist jedoch vielfach sehr unsicher, da das Maximum häufig sehr flach und die Temperaturmessung bei den hohen Temperaturen nicht sehr genau ist.

b) Wir bedienen uns zweitens der eutektischen Haltezeiten, wie sie in der vorigen Vorlesung für ein mechanisches Gemenge abgeleitet worden sind, und wie sie jetzt für beide Teile des Diagramms *alm* und *mkb* in Abb. 39 gelten. Die Zeitdauer der eutektischen Haltepunkte ist an den eutektischen Horizontalen nach unten aufgetragen. Die Haltezeiten bei den reinen Eutektika *l* und *k* brauchen untereinander nicht gleich zu sein, da die Wärmetönungen bei der Krystallisation der Verbindung und der beiden Metalle ja verschieden sein können. Die Verhältnisse unterscheiden sich hier wiederum nicht von denjenigen bei einer mechanischen Mischung beider Bestandteile, und die eutektischen Haltezeiten ändern sich, wie man sieht, mit der Konzentration linear.

Obwohl diese Beziehung anschaulich beinahe selbstverständlich ist, wollen wir die Gelegenheit benutzen, um eine sehr wichtige Regel allgemein abzuleiten, die bei der Handhabung der Zustandsdiagramme ständig angewendet wird.

Stellen wir uns vor, daß wir die Aufgabe haben, die Einheitsmenge der Verbindung *V* (Abb. 39) herzustellen, indem wir die beiden eutektischen Mischungen *k* und *l* zusammenschmelzen. Wir fragen uns, in welchem Mengenverhältnis wir für diesen Zweck die Mischungen zu nehmen haben.

Der Gehalt der Verbindung *V* am Bestandteil *B* wird unmittelbar durch die Strecke $AV = X_0$ dargestellt, wobei wir annehmen, daß die gesamte Strecke AB einer Einheitsmenge entspricht. X_0 ist also der Gewichtsbruchteil an *B* in einer Einheitsmenge der Verbindung *V*, etwa in einem Gramm. Die Menge des Eutektikums *k*, die wir zur Herstellung der Verbindung *V* brauchen, sei gleich m_2 und sein Gehalt an der Komponente *B* gleich X_2. Dann sind in der Menge m_2 nur $X_2 \cdot m_2$ Gewichtseinheiten von *B* enthalten. Da die Gesamtmenge der herzustellenden Verbindung die Gewichtseinheit beträgt, ist die Menge des zweiten Eutektikums *l*, aus dem wir die Verbindung aufbauen wollen, gleich $1 - m_2$. Sein Gehalt an B, d. h. die Menge von B in einer Gewichtseinheit des Eutektikums l, ist X_1, und die Gesamtmenge an B in diesem Eutektikum $X_1\,(1 - m_2)$. Die Gesamtmenge an B in den beiden Eutektika, aus denen die Gewichtseinheit der Verbindung durch Vermischen hergestellt wird, ist offenbar

$$X_1(1 - m_2) + X_2\,m_2 = X_0 .$$

Hieraus folgt:

$$m_2 = \frac{X_0 - X_1}{X_2 - X_1} = \text{Anteil von } k\,, \tag{1}$$

$$m_1 = 1 - m_2 = \frac{X_2 - X_0}{X_2 - X_1} = \text{Anteil von } l\,, \tag{2}$$

$$\frac{m_2}{1 - m_2} = \frac{X_0 - X_1}{X_2 - X_0}\,. \tag{3}$$

$X_0 - X_1$ ist der Abstand $X_1 x_0$ auf der Abszissenachse zwischen den Zusammensetzungen des Eutektikums X_1 und der Verbindung, und $X_2 - X_0$ der Abstand $X_2 X_0$ zwischen den Zusammensetzungen des Eutektikums X_2 und der Verbindung. Wir erhalten die Beziehung: Die Mengen der Teile, aus denen eine Gesamtmischung hergestellt wird, verhalten sich umgekehrt wie die Abstände der Zusammensetzungen dieser Teile von der Zusammensetzung der Gesamtmischung.

Das ist aber die *Hebelbeziehung*: ein im Aufpunkt X_0 gehaltener Hebel ist im Gleichgewicht, wenn die Gewichte in X_2 und in X_1 sich wie die Strecken $X_1 X_0$ und $X_0 X_2$ verhalten. Wenn man an Stelle der Gewichte in X_1 und X_2 die Mengen m_1 und m_2 der betreffenden Mischungen setzt, erhält man die für die Zusammensetzung der Gesamtmischung die durch die Lage des Aufpunktes X_0 dargestellte Zusammensetzung. Da die Gesamtmenge der Legierung gleich 1 ist, gibt m_1 den Mengenanteil des Teiles mit der Zusammensetzung X_1 an. Wie man aus Gl. (2) und Abb. 39 sieht, ist er gleich der von dem betreffenden Teil abgewandten Hebellänge $X_0 X_2$, dividiert durch die Gesamtlänge $X_1 X_2$. Das Entsprechende gilt für m_2.

Die durchgeführte Betrachtung ist rein geometrischen Charakters und hat lediglich zur Voraussetzung, daß die Zusammensetzung der Legierungen so dargestellt wird, daß die Gehalte an der zweiten Komponente B proportional dem Abstand vom linken Ende des Diagramms, wo die Komponente A liegt, sind. Es ist deshalb ganz gleichgültig, um welche Mischungen es sich im einzelnen handelt.

Es könnte sich also z. B. darum handeln, zu entscheiden, wieviel Schmelze S und wieviel Krystalle von A bei der Temperatur T, Abb. 41, genommen werden müssen, um eine Einheitsmenge von der Gesamtzusammensetzung X herzustellen; die Entscheidung gibt die Hebelbeziehung. Oder es kann sich um die schon früher behandelte Frage handeln, wie groß der Anteil des Eutektikums in dieser Legierung nach ihrer vollständigen

Erstarrung ist, oder auch darum, daß man aus zwei Mischungen bekannter Zusammensetzungen eine neue Mischung von vorgeschriebener Zusammensetzung herzustellen hat, wie z. B. in der Bijouterie. Hier kann die Aufgabe vorliegen, etwa aus einer früher verwendeten Legierung mit 60% Au und 40% Cu durch Herunterlegieren mit einer zufällig vorhandenen Legierung mit 20% Au und 80% Cu eine Legierung mit 33,3% Au herzustellen. In allen diesen Fällen bedient man sich der Hebelbeziehung. Auch wir werden ihr in der nachfolgenden Erörterung des öfteren begegnen.

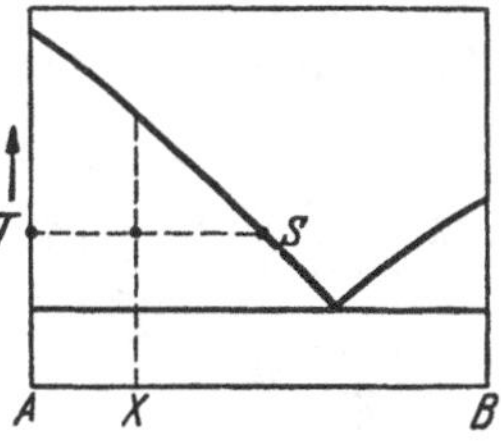

Abb. 41. Zur Hebelbeziehung.

In dem uns im Augenblick interessierenden Falle ergibt sich z. B. sofort für die Legierung X, Abb. 39, daß der Anteil des Eutektikums im Konzentrationsbereich zwischen l und m gleich ist.

$$m = \frac{X_0 - X}{X_0 - X_1}\,.$$

Da der Nenner und X_0 konstant sind, nimmt die Menge des Eutektikums mit abnehmendem Gehalt an B linear zu, wie wir bereits gezeigt haben. Ähnliches ergibt sich sofort für die anderen Konzentrationsteile des Diagramms.

Die eutektischen Haltezeiten müssen bei der Zusammensetzung der Verbindung, ebenso wie bei denjenigen der reinen Komponenten, Null

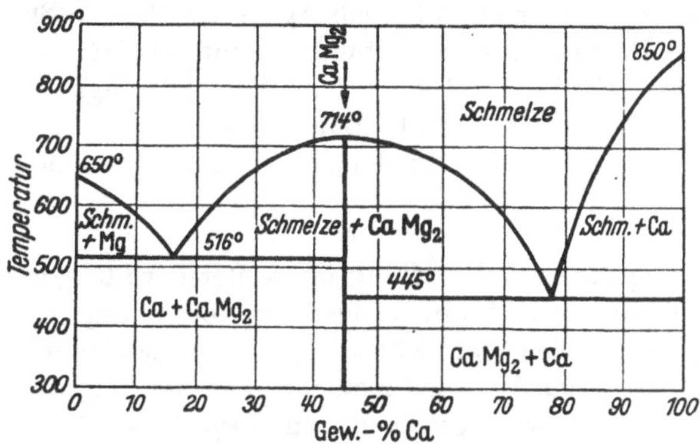

Abb. 42. Zustandsdiagramm der Calcium-Magnesium-Legierungen.

werden. Indem man sie aus den Abkühlungskurven für verschiedene Konzentrationen abgreift und auf Null extrapoliert, erhält man also zwei weitere Bestimmungsstücke für die Konzentration der Verbindung, aus der Haltezeit jedes der beiden Eutektika je eines. Auch diese Methode zeichnet sich durch geringe Genauigkeit aus und wird heute nur zur Gewinnung eines ersten Überblickes benutzt.

Das ist die klassische, von G. TAMMANN begründete *thermische Analyse* zur Bestimmung der Zusammensetzung von Verbindungen (*intermediären Krystallarten*). Ergänzt und bestätigt wird sie durch die mikroskopische Schliffuntersuchung. Bei der Zusammensetzung des Maximums *m* darf man nämlich im Schliff nur eine Krystallart sehen. Das ist, gegebenenfalls in Kombination mit einer röntgenometrischen Raumgitterbestimmung, heute die sicherste Methode zur Bestimmung der Zusammensetzung einer Verbindung.

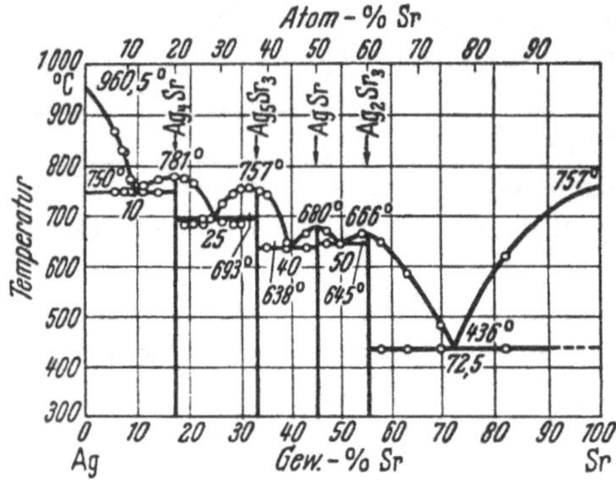

Abb. 43. Zustandsdiagramm der Silber-Strontium-Legierungen. (Aus M. HANSEN, Aufbau der Zweistofflegierungen.)

Systeme der besprochenen einfachen Art sind bei Metallen ziemlich selten. Abb. 42 zeigt als Beispiel das System Calcium-Magnesium. Die Legierungen des Magnesiums mit Blei und mit Antimon haben eine ähnliche Konstitution; die Verbindungen haben die Zusammensetzungen Mg_2Pb und Mg_3Sb_2. Meistens tritt dieser Aufbautypus in Kombinationen mit anderen auf. Abb. 43 zeigt als Beispiel den Aufbau der Legierungen des Silbers mit Strontium. Wie wir sehen, werden hier verschiedene intermediäre Krystallarten, nämlich Ag_4Sr, Ag_5Sr_3, AgSr und Ag_2Sr_3, gebildet. Die Erörterung des Zustandsdiagramms ist auch in diesem Falle sehr einfach. Es zerfällt in fünf Zustandsdiagramme einfacher mechanischer Mischungen mit Eutektika, deren Bestandteile die reinen Metalle und die verschiedenen Verbindungen sind.

3.

Für die bequemere Behandlung im weiteren wollen wir hier einige neue Bezeichnungen und eine allgemeine Beziehung einführen. Wir nennen die Gesamtheit der Körper in den verschiedenen Zuständen der Materie, etwa der Aggregatzustände oder der Krystallarten, deren Zustandsänderungen wir verfolgen, ein *körperliches System* oder einfach ein *System*. Ein System nennen wir *homogen*, wenn es in allen Punkten dieselben Eigenschaften besitzt. Das Wasser oder das Eis oder eine flüssige Legierung sind homogene Systeme. Besteht dahingegen das System aus mehreren homogenen Teilen, deren Eigenschaften zwar in sich einheitlich sind, aber sich von einem Teil zum anderen um endliche Beträge ändern, wie z. B. das System von Eis und Wasser oder von Wasser und Dampf, so ist das System *heterogen*. Die homogenen Teile des Systems nennen wir *Phasen*. Ist das ganze System homogen, so besteht es aus einer Phase, es ist *einphasig*; enthält es drei Phasen, etwa eine Schmelze und zwei Krystallarten, so ist es heterogen, und zwar *dreiphasig*, usw. Hierbei ist die räumliche Anordnung der Phasen ganz gleichgültig: eine Flüssigkeit bildet in einem System nur *eine* Phase, ganz gleichgültig, ob sie sich in *einem* Gefäß oder in mehreren befindet oder sich in Tropfen verteilt hat, wenn die Phasen sich nur miteinander berühren. Die beiden flüssigen Schichten einer Mischung von Wasser und Äther stellen dahingegen zwei Phasen dar, da ihre Eigenschaften verschieden sind, ganz gleichgültig, ob sie sich zu einer Emulsion verbunden haben oder durch eine ebene Fläche getrennt sind.

Wir wollen nun ein von W. GIBBS abgeleitetes sehr allgemeines Gesetz, die sog. *Phasenregel*, besprechen, die bei der Betrachtung schwierigerer Konstitutionsfälle sehr wichtig ist.

Für ein Mol eines idealen reinen Gases besteht nach dem Gasgesetz bekanntlich die Zustandsgleichung

$$pv = RT, \tag{1}$$

wo p der Druck, v das vom Mol eingenommene Volumen, R die Gaskonstante und T die absolute Temperatur ist. Das ist eine Gleichung mit drei veränderlichen Größen p, v und T. Dementsprechend können wir beim Gas bekanntlich zwei dieser Größen willkürlich und unabhängig voneinander verändern; die dritte ist dann durch die Gl. (1) bestimmt. Wir können z. B. das Gas bei einem beliebig gewählten, aber konstant gehaltenen Volumen erwärmen; dann stellt sich bei jeder Temperatur ein ganz bestimmter Druck ein. Während das Volumen und die Temperatur nach Belieben gewählt werden können, ist der Druck auf Grund von (1) dann eindeutig definiert. Oder wir erwärmen das Gas, während wir den Druck in einer beliebigen Weise ändern. Dann stellt sich automatisch bei jeder Kombination von Druck und Temperatur ein ganz bestimmtes Volumen ein. Wir sehen, die Wahl der unabhängig veränderlichen Größen ist uns überlassen; wesentlich ist, daß es ihrer nur zwei gibt. Das ist durchaus im Sinne der mathematischen Betrachtung, die besagt, daß auf Grund von (1) zwei unabhängige Veränderliche den Zustand des Gases bestimmen, während die dritte als ihre Funktion zu betrachten ist.

Die Zustandsgleichungen der meisten aus einem Stoff bestehenden Einphasen- (homogenen) Systeme, der realen Gase, der Flüssigkeiten und der Krystalle haben nicht die einfache Form der Gl. (1); alle ihre Zustandsgleichungen haben aber die Eigentümlichkeit, daß sie drei Veränderliche, den Druck, die Temperatur und das Volumen oder eine andere Eigenschaftsgröße miteinander verknüpfen; wir können sie deshalb allgemein in der Form

$$F(p, v, T) = 0 \tag{2}$$

schreiben. Hieraus folgt, daß man jeden einheitlichen homogenen Körper vorgegebener Zusammensetzung zwei unabhängigen Veränderungen, etwa des Druckes und der Temperatur, unterwerfen kann, womit dann auf Grund von (2) die Veränderung der dritten Größe, etwa des Volumens und damit der gesamte Zustand des Körpers eindeutig definiert ist.

Wir bezeichnen diesen Tatbestand, indem wir sagen, daß das homogene aus einem Stoff bestehende System *zwei Freiheitsgrade* hat. Das gilt z. B. für ein festes Metall oder für seine Schmelze.

Betrachten wir dahingegen ein aus einem Stoff bestehendes Zweiphasensystem, etwa das Eis im Gleichgewicht mit dem Wasser bei seinem Schmelzpunkt, so liegen die Verhältnisse anders. Bei Atmosphärendruck ist der Schmelzpunkt des Eises eindeutig bestimmt. Ändern wir dahingegen den Druck, so ändert sich auch der Schmelzpunkt, wenn auch wenig. Nachdem der Druck oder die Temperatur des Systems definiert ist, ist auch der gesamte Zustand der beteiligten Phasen auf Grund ihrer Zustandsgleichungen bestimmt.

Bei Anwesenheit von zwei Phasen eines einheitlichen Stoffes können wir also nur über eine Zustandsgröße frei verfügen. Die Zahl der *Freiheitsgrade* ist auf eins gesunken. Wir können uns leicht überlegen, daß diese Gesetzmäßigkeit für beliebige Zweiphasensysteme aus einem Stoff gilt. So ist der Druck des Wasserdampfes über dem flüssigen Wasser durch die Temperatur eindeutig bestimmt. Versuchen wir, den Dampfdruck ohne Temperaturänderung zu erhöhen oder zu erniedrigen, so kondensiert sich der ganze Dampf oder das ganze Wasser verdampft: ein Gleichgewicht mit zwei Phasen kann nicht mehr bestehen bleiben.

Wenn wir die Zahl der Freiheitsgrade mit f und die Zahl der Phasen mit p bezeichnen, so können wir die bisher betrachteten beiden Ergebnisse in eine Regel zusammenfassen:

$$f + p = 3. \tag{3}$$

Bei Gegenwart von einer Phase ($p = 1$, festes Metall) ist die Zahl der Freiheitsgrade $f = 2$, bei $p = 2$ (z. B. Schmelzpunkt) ist $f = 1$. Bei Gegenwart von drei Phasen ($p = 3$) bestehen gar keine Freiheitsgrade, ein solches System ist nur bei einer bestimmten Temperatur und bei einem bestimmten Druck existenzfähig (*Tripelpunkt*). Dann hat auch das Volumen einen bestimmten Wert. So ist z. B. das Wasser mit dem Eise unter dem Druck des Wasserdampfes nur bei einer bestimmten Temperatur existenzfähig.

Wir haben gesehen, daß bei einem System aus zwei Stoffen im allgemeinen an Stelle eines scharfen Schmelzpunktes (bei konstantem Druck) ein Schmelzintervall tritt. Das Auftreten dieses Intervalls im betrachteten Falle ist mit einer Änderung der Zusammensetzung einer der Phasen, nämlich der Schmelze, verbunden. Die Schmelze einer

Zink-Cadmium-Legierung kann mit Zinkkrystallen bei einem willkürlich gewählten Druck bei verschiedenen Temperaturen im Gleichgewicht stehen, hat aber dann allerdings auch ganz bestimmte verschiedene Zusammensetzungen. Trotz der Gegenwart von zwei Phasen, nämlich der Krystalle des einen Bestandteiles und der Schmelze, ist die Zahl der Freiheitsgrade des Systems noch zwei, wir können nämlich sowohl die Temperatur als auch den Druck in bestimmten Grenzen beliebig ändern, wodurch dann die Zusammensetzung der Schmelze bestimmt ist. An Stelle der Gl. (3) erhalten wir jetzt die Beziehung

$$f + p = 4. \tag{4}$$

Für beide Beziehungen können wir eine gemeinsame Form angeben

$$f + p = n + 2, \tag{5}$$

wenn wir mit n die Anzahl der Bestandteile des Systems bezeichnen.

Gl. (5) gilt ganz allgemein für heterogene Systeme mit beliebig vielen Bestandteilen im beweglichen Gleichgewicht. Sie bildet den Inhalt der *Phasenregel* von W. Gibbs. Unsere bisherigen Erörterungen dürfen natürlich nicht als eine Ableitung der Phasenregel gelten. Diese Ableitung läßt sich thermodynamisch streng durchführen. Wir können sie hier nicht geben. Es genügt festzustellen, daß die Phasenregel eine allgemeine Grundlage für die Betrachtung heterogener Gleichgewichte ist, an denen also mehrere Phasen teilnehmen.

Ist der Druck konstant, so sinkt die Zahl der Freiheitsgrade f um 1, da *eine* Veränderungsmöglichkeit des Systems damit entfällt. Wir erhalten für die Phasenregel *bei konstantem Druck* die Formel

$$f + p = n + 1, \tag{6}$$

die wir bei der Betrachtung der Legierungsgleichgewichte vorwiegend anwenden wollen, da wir hierbei bei konstantem Druck (Atmosphärendruck) arbeiten.

Im Zusammenhang mit unseren bisherigen Erörterungen kann die Phasenregel als überflüssige Formalistik erscheinen. Ihren wirklichen Wert erhält sie in komplizierteren Fällen, in denen die unmittelbare Anschauung noch keinen Überblick gibt, in erster Linie in Systemen mit drei und mehr Metallen ($n = 3$, 4); wir werden aber auch in einem binären System sofort einen Fall kennenlernen, wo man sich ihrer mit Nutzen bedienen kann.

In einem Zweistoffsystem besitzen die Gleichgewichte, an denen zwei Phasen teilnehmen, ganz allgemein zwei Freiheitsgrade, oder auf Grund von (6) bei konstantem Druck einen Freiheitsgrad. Beispiele hierfür sind Gleichgewichte zwischen Schmelze und den Krystallen, oder zwischen zwei Krystallphasen, etwa festem Zink und festem Cadmium. Auch hier können wir bei konstantem Druck nach Wunsch die Temperatur ändern, ohne daß eine Phase verschwindet oder eine neue hinzutritt.

Eine einzige Phase, z. B. eine Schmelze, hat nach Gl. (6) bei konstantem Druck zwei Freiheitsgrade. Wir können nämlich nicht nur die Temperatur in gewissen Grenzen ändern, sondern auch durchaus kontinuierlich die Zusammensetzung. Wir sehen an diesem Beispiel, daß auch diese die Bedeutung einer veränderlichen Zustandsgröße, eines Freiheitsgrades hat. Besteht das System dahingegen aus drei Phasen, wie eine Legierung im eutektischen Punkt, so besitzt das Gleichgewicht bei konstantem Druck keinen Freiheitsgrad mehr und wird *nonvariant* genannt. Ebenso bezeichnet man Systeme oder Gleichgewichte mit einem Freiheitsgrad als *univariant*, mit zwei Freiheitsgraden als *bivariant* usw.

Eine wesentliche Rolle spielt in der Phasenregel (5) die Zahl der Bestandteile n. Wir müssen diesen Begriff genauer definieren. Eine Legierung aus Zink und Cadmium hat zwei Bestandteile und gehorcht, wie wir gesehen haben, der Phasenregel. Das Wasser besteht auch aus zwei Bestandteilen, besitzt aber einen scharfen Schmelzpunkt; es benimmt sich wie ein Einstoffsystem. Das liegt daran, daß die beiden Bestandteile Wasserstoff und Sauerstoff im Wasser *nicht* voneinander *unabhängig* sind, daß die Menge Sauerstoff durch die Menge Wasserstoff eindeutig bestimmt ist, und umgekehrt. Um eine gewisse Menge Wasser zu bestimmen, genügt es, die Menge des Wasserstoffes oder des Sauerstoffes anzugeben. Die Menge des Wassers berechnet sich dann aus seiner stöchiometrischen Formel. Von solchen Bestandteilen ist in der Phasenregel nicht die Rede. n ist vielmehr die Zahl der *unabhängigen* Bestandteile, also solcher, deren Mengen einzeln für sich angegeben werden müssen, um eine Phase aufzubauen. Für eine aus Zink und Cadmium bestehende Schmelze genügt es nicht, die Menge des Zinks anzugeben; um ihre Zusammensetzung (und die einer bestimmten Menge Zink entsprechende Menge) zu definieren, muß auch die in ihr befindliche Menge Cadmium angegeben werden. Die Zahl der unabhängigen Bestandteile ist also diejenige, welche nötig ist, um die Phasen eines Systems aufzubauen, insbesondere, wenn sie in einer heterogenen Umsetzung aus anderen Phasen entstehen. Wenn wir ein Gemenge von Zink und einer cadmiumhaltigen Schmelze erhitzen, so löst sich Zink in steigender Menge in der Schmelze auf; die Zusammensetzung der Schmelze ist durch die Gesamtzusammensetzung des Systems nicht definiert.

In diesem Zusammenhang verstehen wir sofort, warum die Verbindung V in Abb. 39 sich auf Grund der Phasenregel wie ein Einstoffsystem verhält. Sie schmilzt zu einer Flüssigkeit derselben Zusammensetzung, wie sie die Krystalle hatten. Wenn wir also die Zusammensetzung der Krystalle kennen, so können wir ohne weiteres die Menge einer Schmelze angeben, wenn die Menge des in ihr enthaltenen Zinks oder Cadmiums bekannt ist. Die Menge des anderen Metalles bestimmt sich aus der chemischen Formel oder allgemeiner der Zusammensetzung der Krystallart genau so, wie es sonst bei einer chemischen Verbindung der Fall ist.

4.

Nach diesen allgemeinen Betrachtungen kehren wir zu einem System mit einer Verbindung zurück, betrachten aber jetzt den Fall, daß die krystallisierte Verbindung, bevor sie schmilzt, zerfällt, und zwar in eine Schmelze und in die Krystalle einer Komponente, etwa von B. Bei diesem Zerfallspunkt stehen also drei Phasen: die krystallisierte Verbindung, die Krystallart B und die Schmelze miteinander im Gleichgewicht. Hiernach folgt aus der Phasenregel ohne weitere Überlegung, daß das Gleichgewicht bei konstantem Druck ein nonvariantes ist. Also müssen die Temperatur und die Zusammensetzungen der Phasen konstant bleiben, solange alle Phasen anwesend sind. Bei der Abkühlung findet bei dieser Temperatur umgekehrt die Bildung der Verbindung aus der Schmelze und aus den Krystallen von B statt.

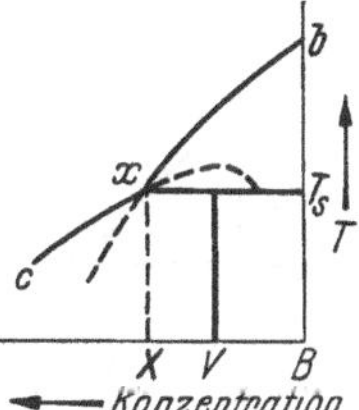

Abb. 44. Schmelzen einer Verbindung unter Zersetzung, Schema.

Wir können uns indessen sehr leicht auch anschaulich überlegen, daß der Zerfall der Verbindung bei konstanter Temperatur (T_s, Abb. 44) erfolgen muß. Da die Verbindung V in ein Gemenge der beiden Phasen: Krystalle von B und Schmelze X zerfällt, muß ihre Zusammensetzung, wie in Abb. 44 angegeben, zwischen B und X liegen. Bei höheren Temperaturen ist die Schmelze im Gleichgewicht mit den Krystallen von B. Die Kurve des Beginnes der Krystallisation von B wird also etwa die Gestalt bx haben. Bei tieferen Temperaturen ist die Schmelze dahingegen im Gleichgewicht mit der Verbindung V. Die Kurve des Beginnes der Krystallisation von V aus der Schmelze wird die Gestalt xc haben. In ihrem Schnittpunkt x, der somit bei der Zerfallstemperatur von V liegt, treffen sich die beiden Kurven, da hier ja beide Krystallarten V und B im Gleichgewicht mit der Schmelze stehen.

Da bx und xc nun die Sättigungskurven zweier verschiedener Stoffe sind, können sie in ihrem Verlauf nicht übereinstimmen. Die Kurve xc bildet daher nicht die unmittelbare Fortsetzung von bx, sondern die beiden Kurven schneiden sich, und zwar in *einem* Punkte x. Ein Gleichgewicht zwischen den drei Phasen V, B und Schmelze kann, mit anderen Worten, nur bei der Temperatur von x bestehen. Bei höherer Temperatur wäre, wie die Verlängerung von cx nach oben ergibt, die an V gesättigte Schmelze an B übersättigt; bei tieferen Temperaturen wäre umgekehrt die an V gesättigte Schmelze an B noch nicht gesättigt.

Wir wollen hier einen Umstand betonen, der bisher schon immer die Grundlage unserer Betrachtungen gewesen ist und der für ihr richtiges Verständnis wichtig ist. Unsere Diagramme sind Gleichgewichtsdiagramme. Wenn wir mit ihrer Hilfe Vorgänge betrachten, so nehmen wir immer an, daß die letzteren so langsam verlaufen, daß das Gleichgewicht während des ganzen Vorganges nicht gestört wird. Wenn z. B. eine Krystallart sich aus einer Schmelze ausscheidet, so ist diese Schmelze im Rahmen unserer Betrachtungen der Konstitutionslehre gerade an der Krystallart gesättigt. Der Vorgang der Krystallisation aus einer übersättigten Lösung, der natürlich in Wirklichkeit immer wieder vorkommt und dessen Gesetzmäßigkeit man in der *Kinetik* auch studiert, liegt außerhalb des Rahmens der Gleichgewichtslehre.

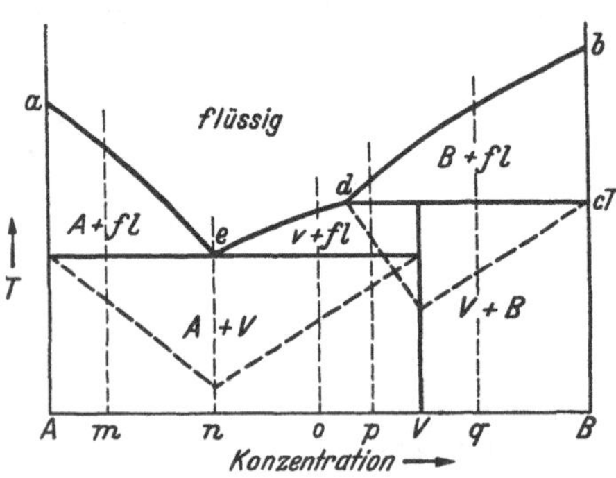

Abb. 45. Schema eines Zustandsdiagrammes mit einer unter Zersetzung schmelzenden Verbindung.

Der Schmelzvorgang (oder die Erstarrung) der Verbindung V erfolgt also bei konstanter Temperatur, bis die gesamte Verbindung geschmolzen oder richtiger in die Schmelze x und die Krystalle B zerfallen ist, oder bis umgekehrt bei der Krystallisation die gesamte Schmelze, die während der Umsetzung im nonvarianten System ebenfalls ihre unveränderte Zusammensetzung behält, zur Bildung der Verbindung durch Reaktion mit B verbraucht ist. Im Zustandsdiagramm Abb. 45 ist V wieder die Zusammensetzung der Verbindung; bei der Temperatur von dc zerfällt sie, wie bereits geschildert, in die gesättigte Schmelze d und den reinen Bestandteil B, oberhalb dieser Temperatur tritt die Verbindung überhaupt nicht auf, die Schmelze ist im Gleichgewicht mit der Krystallart B. Wir erhalten deshalb bei höheren Temperaturen die Kurve des Beginnes der Krystallisation von B (bd) genau in derselben Weise wie bei den bisher betrachteten Systemen. Sobald jedoch sich im Verlaufe der Erstarrung so viel an B ausgeschieden hat, daß die Restschmelze die Zusammensetzung des Punktes d und damit seine Temperatur erreicht hat, kann als zweite Krystallphase neben B auch die Verbindung V auftreten. Wir haben die Reaktion

$$B + \text{Schmelze } d \rightarrow V, \tag{1}$$

wobei der Pfeil die Richtung der Reaktion bei Wärmeabgabe (bei der Abkühlung) angibt. Der Unterschied zwischen dieser Reaktion, die wir eine *peritektische* nennen, und der oben betrachteten *eutektischen* Reaktion besteht darin, daß bei der eutektischen Reaktion die Schmelze in zwei Krystallarten zerfällt, z. B.

$$\text{Schmelze} \rightarrow V + B$$

oder

$$\text{Schmelze} \rightarrow A + B,$$

während bei einer peritektischen Reaktion dahingegen die *eine* Krystallart (B) durch Reaktion mit der Schmelze aufgezehrt wird und sich dabei eine *andere* Krystallart (V) bildet. Es hängt nun ganz von dem Mengenverhältnis der einzelnen Phasen ab, welche zuerst aufgezehrt wird. Liegt die Zusammensetzung der gesamten Legierung zwischen V und B, so wird bei der peritektischen Reaktion (1) offensichtlich zuerst die Schmelze d aufgebraucht werden, und die beiden Krystallarten B und V werden übrigbleiben. Die Erstarrung einer solchen Legierung ist also bei der peritektischen Temperatur abgeschlossen. Das System besteht nunmehr nach Verbrauch der Schmelze nur aus zwei Phasen, es hat also bei konstantem Druck wieder einen Freiheitsgrad: die Temperatur kann wieder sinken, während sie im Verlaufe der peritektischen Reaktion konstant gewesen ist.

Liegt die Zusammensetzung der Gesamtlegierung umgekehrt links von V, so wird die Krystallart B zuerst aufgezehrt, die Legierung besteht nunmehr aus der Schmelze d und der Verbindung V. Die Temperatur beginnt zu sinken, und die Zusammensetzung der Schmelze verschiebt sich längs einer Kurve de, während V aus der Schmelze krystallisiert.

Der weitere Verlauf der Erstarrung ist leicht zu übersehen. Bei der Krystallisation der Verbindung V reichert sich die Schmelze immer mehr an der Komponente A an, bis sie auch an ihr gesättigt ist. Wir erreichen ein Gleichgewicht, in dem die Schmelze an A und an V gesättigt ist. Hier zerfällt die Schmelze e in diese beiden Krystallarten; es findet also wieder eine *eutektische* Umsetzung statt. Die primäre Erstarrung von A aus A-reichen Legierungen längs ae bietet nichts Neues und erfordert keine gesonderte Betrachtung.

Das Diagramm ist jetzt vollständig, und wir können bei allen Feldern angeben, welchen Phasen der Legierungen sie entsprechen (Abb. 45).

5.

In Abb. **46** ist eine Reihe von Abkühlungskurven wiedergegeben, wie sie in den verschiedenen Teilen des Diagrammes beobachtet werden. Die gewählten Zusammensetzungen sind in Abb. 45 schwach gestrichelt angegeben. Die reinen Metalle A und B zeigen nur scharfe Erstarrungspunkte (Kurven A und B); im Konzentrationsgebiet B—V tritt eine primäre Ausscheidung von B und dann der Haltepunkt bei der nonvarianten peritektischen Umwandlung auf. Damit ist, wie wir gesehen haben, die Erstarrung abgeschlossen, und es sind keine weiteren thermischen Effekte auf der Abkühlungskurve zu erwarten (Kurve q). Links von der Zusammensetzung der Verbindung *V* bleibt, wie erörtert, bei der peritektischen Reaktion Schmelze übrig, die zuletzt eutektisch krystallisiert. Eine entsprechende Abkühlungskurve *p* zeigt deshalb zwei Haltepunkte, entsprechend einer peritektischen und einer eutektischen Reaktion. Bei

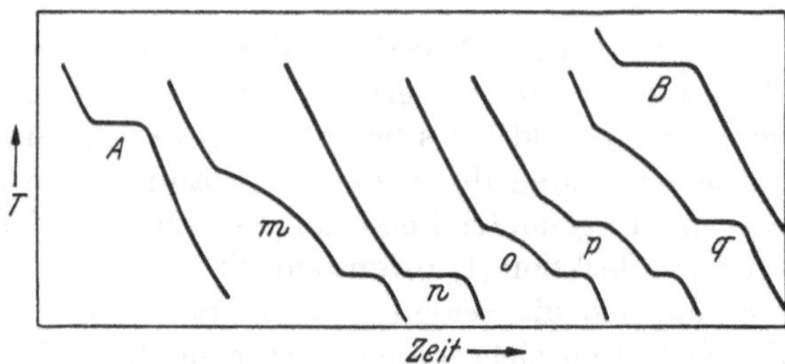

Abb. 46. Abkühlungskurven der im System Abb. 45 angegebenen Zusammensetzungen.

Legierungen zwischen den Punkten *d* und *e* (Kurve *o*) beginnt die Erstarrung unterhalb der peritektischen Temperatur. Wir beobachten nur die primäre Ausscheidung von *V* und dann den eutektischen Haltepunkt. Die Kurve *n* entspricht der Konzentration des reinen Eutektikums, auf der Kurve der Zusammensetzung *m* beobachten wir bereits zuerst eine primäre Ausscheidung von *A* und dann eine eutektische Krystallisation.

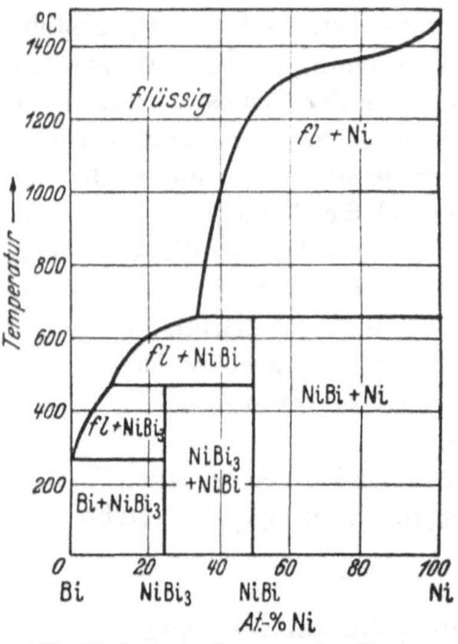

Abb. 47. Zustandsdiagramm der Wismut-Nickel-Legierungen.

Die den in den nonvarianten Punkten krystallisierenden Mengen proportionalen Haltezeiten sind in Abb. 45 stark gestrichelt wiedergegeben. Die Dauer des Haltepunktes bei der peritektischen Reaktion hat bei einer Legierung der Zusammensetzung der Verbindung *V* ein Maximum, wenn die Krystallisation ungestört verläuft (siehe weiter unten).

Besonders interessant sind bei diesem Erstarrungstypus die im Schliff beobachteten Gefüge. Wir erörtern sie am Beispiel der Wismut-Nickel-Legierungen, deren Zustandsdiagramm in Abb. 47 wiedergegeben ist. Wie man sieht, ist das ein etwas komplizierteres Diagramm, in dem zwei Krystallarten, denen wahrscheinlich die Zusammensetzungen Bi_3Ni und BiNi zukommen, durch die peritektischen Reaktionen

$$Ni + \text{Schmelze} \rightarrow NiBi$$

und

$$NiBi + \text{Schmelze} \rightarrow NiBi_3$$

entstehen. Ihre Erörterung verschiebt sich dadurch nicht grundsätzlich. Das wismutreiche Eutektikum fällt praktisch mit dem reinen Wismut zusammen. Abb. 48 zeigt das Gefüge einer Legierung mit 50 At.-% Ni, die nach dem Zustandsdiagramm nur Krystalle der Verbindung NiBi aufweisen sollte. In Wirklichkeit sieht man hellgeätzte, primäre, dendritisch angeordnete Krystalle des Nickels, umgeben von der grauen Masse der NiBi-Krystalle, zwischen denen sich schwarzgeätzte Gebiete der Krystallart $NiBi_3$ befinden. Dieses Gefüge enthält im Widerspruch mit der Phasenregel eine Krystallart zuviel und entspricht deshalb nicht einem Gleichgewicht. Es entsteht dadurch, daß die bei der Reaktion der primären Nickelkrystalle mit der Schmelze entstehenden NiBi-Krystalle sich als Säume um die Nickelkrystalle anlagern und eine weitere Berührung zwischen dem Nickel und der Schmelze verhindern. Die peritektische Reaktion kann deshalb nicht bis zum Ende ablaufen, aus der Bi-reicheren Schmelze krystallisiert weiterhin zunächst primär NiBi und dann peritektisch $NiBi_3$. Ein solches Gefüge nennt man ein *Umhüllungsgefüge.*

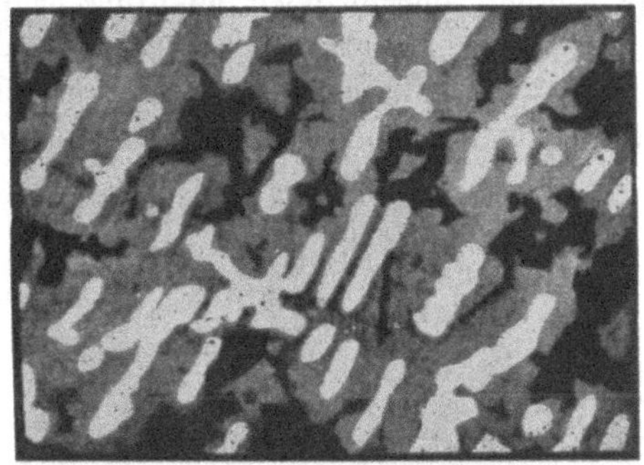

Abb. 48. Umhüllungen in einer Ni-Bi-Legierung mit 50 At.-% Ni. Vergr. 120 ×. (Aus GUERTLER, Metallographie.)

Auch bei der peritektischen Bildung von $NiBi_3$ kommt es zu ähnlichen Störungen, wie man das für eine Legierung mit 25 At.-% Ni, die der Zusammensetzung $NiBi_3$ entspricht, in Abb. 49 sieht. In dieser Legierung krystallisiert primär NiBi, wie man aus dem Zustandsdiagramm Abb. 47 sieht. Auf dem Schliffbild findet man dementsprechend primäre graue Krystalle, die von breiten schwarzen Säumen von $NiBi_3$ umgeben sind. Diese Säume verhindern die Berührung der Schmelze mit den NiBi-Krystallen, die peritektische Reaktion stockt, und die Krystallisation findet ihren Abschluß in den weißen Ausscheidungen der wismutreichen Krystalle.

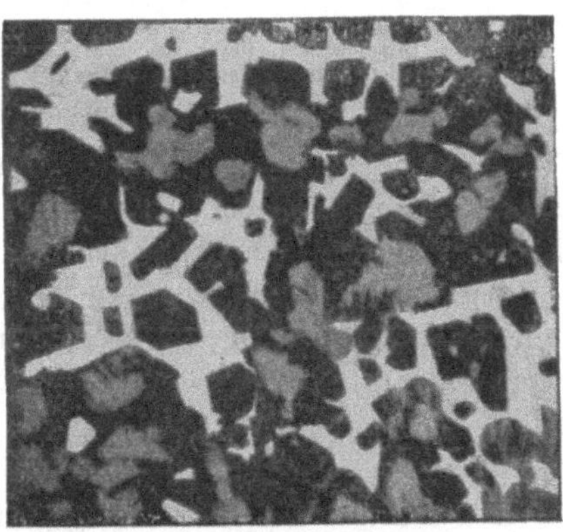

Abb. 49. Umhüllungen in einer Ni-Bi-Legierung mit 25 At.-% Ni. (Aus GUERTLER, Metallographie.)

Solche Störungen der zweiten peritektischen Reaktion können auch beim Abschluß der Krystallisation der zuerst betrachteten Legierung mit 50 At.-% Ni auftreten. Dann nimmt man im Schliffbild in kleinen Mengen noch wismutreichen Krystalle wahr, und insgesamt besteht die Legierung aus 4 Krystallarten.

Die Umhüllungen können durch nachträgliche Erhitzung im festen Zustande weitgehend beseitigt werden, wenn die Reaktionspartner der peritektischen Reaktion durch die Umhüllung diffundieren können.

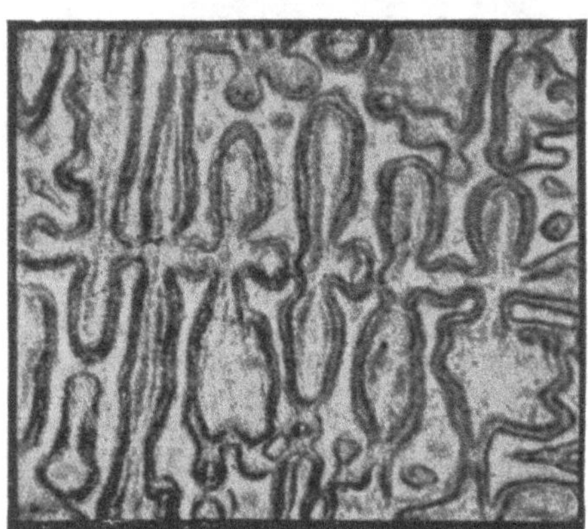

Abb. 50. Umhüllungen in einer Cu-Si-Legierung mit 4,9% Si. Vergr. 60×. (Aus GUERTLER, Metallographie.)

Die Zusammensetzung der Verbindung ist bei einer peritektischen Bildung nur schwer zu bestimmen. Grundsätzlich könnte man sie aus dem Maximum der peritektischen Haltezeit auf der Abkühlungskurve bei der Verbindung und aus der Extrapolation der eutektischen Haltezeit auf Null ermitteln. Die soeben besprochenen Umhüllungen machen hier aber ernste Schwierigkeiten, da einerseits das Eutektikum bereits rechts von der Zusammensetzung der Verbindung auftreten kann, und da andererseits im Zusammenhang damit die Menge der bei der peritektischen Reaktion sich bildenden Verbindung in einer unübersichtlichen Weise verringert ist.

Auch der eben betrachtete Konstitutionsfall kommt in reiner Gestalt nur selten vor. Abb. 50 zeigt eine besonders typische Umhüllungsstruktur am Beispiel einer Legierung des Kupfers mit 4,9% Silicium.

6.

Die technische Bedeutung der in dieser Vorlesung betrachteten Systeme ist gering. Das wollen wir an ein paar Beispielen verständlich machen. Wir haben die Verbindung Mg_2Pb durch Zusammenschmelzen der Bestandteile im Wasserstoffstrom hergestellt. Es ist ein bläulicher Stoff, der vielleicht mehr wie ein Erz oder wie ein Sulfid als wie ein Metall aussieht. In der Tat ist diese Verbindung auch außerordentlich spröde, ja sogar so mürbe, daß sie sich leicht im Mörser zerreiben läßt. Wir machen hier die auffallende Beobachtung, daß eine Verbindung zweier Metalle oft in viel geringerem Maße metallische Eigenschaften aufweist als ihre beiden metallischen Bestandteile. Diese Verbindung hat außerdem auch sehr unangenehme chemische Eigenschaften. Wir legen ein Stück davon in Wasser von gewöhnlicher Temperatur.. Wie man an der langsamen Gasentwicklung sieht, beginnt sofort ihre Reaktion mit Wasser nach der Gleichung

$$Mg_2Pb + 4\,H_2O = 2\,H_2 + 2\,Mg(OH)_2 + Pb\,.$$

Nach einigen Stunden ist das Stück zu einem erheblichen Teil zu Pulver verfallen.

Ein anderes Beispiel einer spröden Legierung bildet die Verbindung $CuAl_2$. Wenn wir auf eine Stange dieser Verbindung einen Schlag mit einem Hammer ausüben, zerbricht sie sofort.

Ausgesprochene intermetallische Verbindungen sind vielfach nur beschränkt metallisch und haben sehr ungünstige mechanische Eigenschaften, wenn die Metalle keine Mischkrystalle zu bilden vermögen (Vorlesung V). Die technische Bedeutung der intermetallischen Verbindungen ist deshalb nur gering, und die einfachen Legierungen der erörterten Art werden nur wenig technisch verwendet.

V. Aufbaulehre der Legierungen. Mischkrystallbildung. Beschränkte Mischbarkeit in der Schmelze.

1.

Wir haben bisher den einfachsten Fall betrachtet, daß nämlich beim Zusatz eines zweiten Metalles *B* zum Metall *A* sich aus der Schmelze zunächst nach wie vor das erste Metall *A* in reiner Form abscheidet. Das ist jedoch keineswegs selbstverständlich. Auch das krystallisierende Metall kann fremde Atome in sein Raumgitter aufnehmen. Es entsteht dabei das, was VAN'T HOFF eine *feste Lösung* nannte oder was wir heute einen *Mischkrystall* nennen (vgl. II, S. 17). Der wesentliche Unterschied zwischen den bisher betrachteten Verbindungen und einem Mischkrystall besteht darin, daß die Zusammensetzung des letzteren sich stetig ändern kann, genau wie bei gewöhnlichen Lösungen, während der klassischen chemischen Verbindung eine bestimmte Zusammensetzung zukommt. (Wir haben S. 18 gesehen, daß in den metallischen Systemen Übergänge zwischen Verbindungen und Mischkrystallen auftreten.) Die erste Frage, die wir uns vorzulegen haben, ist die nach der Beeinflussung der Gleichgewichtstemperatur zwischen Schmelze und Krystall durch Zusatz einer zweiten Komponente bei Bildung von Mischkrystallen, also nach der Temperatur des Beginnes und des Endes der Erstarrung einer Legierung.

In Erweiterung unserer Betrachtungen auf S. 26 können wir hierzu eine allgemeine Überlegung anstellen. Nehmen wir an (Abb. 51), daß die Temperatur, bei der sich aus den Schmelzen Krystalle auszuscheiden beginnen, mit steigendem Zusatz eines zweiten Metalles steigt.

Der Punkt b auf der Kurve abc gibt dann die Temperatur an, bei der eine Schmelze von der Zusammensetzung X zu krystallisieren beginnt; er gibt also auch die Zusammensetzung der bei der Temperatur von b an den Krystallen gesättigten Schmelze an. Oberhalb der Kurve abc sind die Legierungen flüssig, erst unterhalb dieser Temperatur muß die Legierung neben der Schmelze Krystalle enthalten. Hieraus ergibt sich sofort, daß der aus der Schmelze b sich ausscheidende Krystall mehr vom zweiten zugesetzten Metall enthalten muß als die Schmelze b. Würde das nicht der Fall sein, läge also die Zusammensetzung des mit der Schmelze b im Gleichgewicht befindlichen Mischkrystalles etwa bei n, so würden wir uns in Widersprüche verwickeln. Der Punkt n kann gar keinen krystallisierten Zustand angeben, da ja oberhalb der Kurve abc die ganze Legierung flüssig ist.

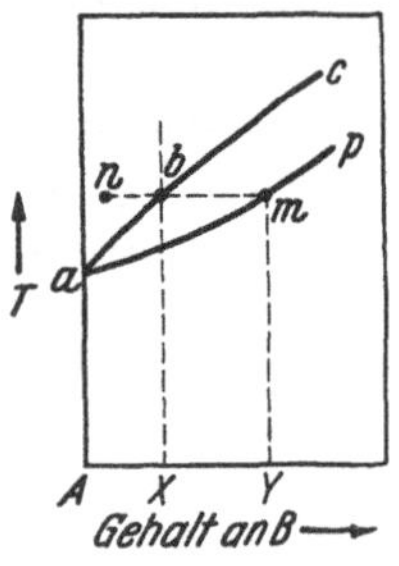

Abb. 51. Zur Beeinflussung des Schmelzpunktes eines Metalles durch Zusätze.

Nehmen wir dahingegen an, daß die Krystalle, die mit der Schmelze im Gleichgewicht sind, *mehr* an B entsprechend dem Punkte m als die Schmelze enthalten, so läßt sich die Krystallisation unschwer verfolgen. Durch Abscheidung der Krystalle sinkt jetzt der Gehalt der Schmelze an B und damit auch ihre Gleichgewichtstemperatur mit den Krystallen; die Krystallisation kann mit sinkender Temperatur fortschreiten. Wir sehen also: die Temperatur des Beginnes der Krystallisation wird durch Zusatz eines zweiten Metalles zur Schmelze eines reinen Metalles dann und nur dann erhöht, wenn die Mischkrystalle, die sich aus der Schmelze ausscheiden, der Schmelze gegenüber am zweiten Metall *angereichert* sind.

Umgekehrt sieht man sofort ein, daß, wenn die Temperatur des Beginnes der Erstarrung durch den Zusatz eines zweiten Metalles erniedrigt wird, die sich ausscheidenden Krystalle *weniger* von diesem Zusatz in fester Lösung enthalten müssen als die Schmelze.

Ähnliche Betrachtungen gelten auch für die Krystallisation anderer Phasen im inneren Teil des Zustandsdiagrammes und für ihre Beeinflussung durch den Überschuß der einen oder der anderen Komponente.

Würden die Schmelzen dieselben Zusammensetzungen wie die Mischkrystalle haben, so würde der Schmelzpunkt eines Metalles durch den Zusatz gar nicht beeinflußt werden. Solche Fälle sind nicht bekannt.

Es ist selbstverständlich, daß einer bestimmten Zusammensetzung des Mischkrystalles auch eine bestimmte Zusammensetzung der Schmelze, mit der er im Gleichgewicht ist, entsprechen muß, und umgekehrt. Zwischen der Schmelze und den Krystallen bildet sich nämlich ein *Verteilungsgleichgewicht* der Bestandteile aus, genau ebenso, wie zwischen den beiden Flüssigkeitsschichten, die entstehen, wenn man Wasser und Äther zusammengibt, ein Verteilungsgleichgewicht besteht. Die wäßrige Schicht enthält eine bestimmte Menge Äther, und die ätherische Schicht enthält neben Äther eine ganz bestimmte Menge Wasser. Mit der Schmelze *b* ist bei der in Frage kommenden Temperatur ein ganz bestimmter Mischkrystall, etwa mit der Zusammensetzung *m* (Abb. 51), im Gleichgewicht. Da die Zusammensetzung der Mischkrystalle sich stetig ändern kann, erhalten wir durch Verbindung von *m* mit dem Schmelzpunkt des reinen Metalles eine Kurve *amp*, die die Temperaturen und Zusammensetzungen der *Mischkrystalle* angibt, die mit der Schmelze gerade im Gleichgewicht sind, während *ac* umgekehrt die Temperaturen und Zusammensetzungen der *Schmelzen* angibt, die mit den Mischkrystallen im Gleichgewicht stehen. Würde sich in den Mischkrystallen nicht während der Erstarrung ein Ausgleich der Konzentration vollziehen, so würde man bei der Erstarrung der betrachteten Legierung einen Krystall mit einer kontinuierlichen Folge voneinander abweichender Konzentrationen erhalten, die nicht einem Gleichgewichtszustand entsprechen. In Wirklichkeit gleicht sich die Konzentration in Mischkrystallen durch Diffusion aus (vgl. S. 57). Um die Zusammensetzung des Mischkrystalles zu finden, der etwa mit der Schmelze *b* im Gleichgewicht ist, braucht man durch sie nur eine Isotherme *bm* (Abb. 51) zu legen. Der gesuchte Mischkrystall der Kurve *amp* muß auf dieser Isotherme liegen, da er ja im Gleichgewicht dieselbe Temperatur wie die Schmelze *b* hat.

Eine isotherme Gerade wie *bm*, die die Darstellungspunkte der beiden im Gleichgewicht befindlichen verschiedenen Phasen verbindet, wird allgemein *Konode* genannt.

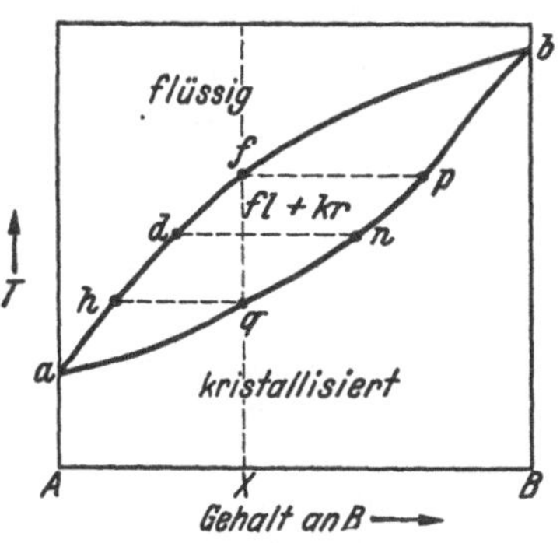

Abb. 52. Schema einer lückenlosen Mischkrystallreihe.

2.

Wenn die Metalle in der Schmelze ebenso wie im Krystallzustand in allen Zusammensetzungen mischbar sind, erhält man für das betreffende Legierungspaar auf Grund der durchgeführten Betrachtungen ein Zustandsdiagramm Abb. 52. Oberhalb der Kurve *afb* sind die Legierungen flüssig, unterhalb der Kurve *aqpb* sind sie fest und bestehen aus Mischkrystallen. Zwischen den beiden Kurven liegt ein Gebiet, in dem die Legierungen aus Gemengen von Schmelze und von Krystallen, also aus zwei Phasen bestehen. Alle Legierungen zwischen zwei beliebigen bei derselben Temperatur liegenden Punkten, etwa *d* und *n*, bestehen bei der Temperatur dieser Punkte aus Schmelze und Krystallen der Zusammensetzungen der Punkte *d* und *n*. Da hier zwei Phasen vorliegen, besteht in einem binären System nur noch ein Freiheitsgrad (bei konstantem Druck). Haben wir die Temperatur frei gewählt, so sind die Zusammensetzungen der beiden Phasen bestimmt und können sich nicht ändern, solange sie beide nebeneinander vorhanden sind.

Die Kurve *ahdfb*, welche die Zusammensetzungen der Schmelzen angibt, die bei verschiedenen Temperaturen mit Krystallen im Gleichgewicht stehen, wird die *Liquidus*-Kurve oder die *Kurve des Beginnes der Krystallisation* genannt; die Kurve *aqnpb*, die die Zusammensetzungen der mit der Schmelze im Gleichgewicht befindlichen Mischkrystalle angibt, bezeichnet man als die *Solidus*-Kurve oder die *Kurve des Endes der Krystallisation*.

Wie spielt sich in einem solchen System die Erstarrung ab? Wir haben bisher des öfteren von der Änderung der Zusammensetzung der Schmelze während der Erstarrung gesprochen und sie als gegeben hingenommen, ohne den Vorgang, durch den diese Änderung sich vollzieht, näher zu betrachten. Durch Ausscheidung von Krystallen einer Zusammensetzung, die von derjenigen der Schmelze abweicht, reichert sich die Schmelze in der unmittelbaren Berührung mit den Krystallen an dem einen oder dem anderen Bestandteil an; die Zusammensetzung gleicht sich dann in der gesamten Schmelze durch *Diffusion* und durch *Konvektion*, also durch Strömung aus. Diese Vorgänge können in einer Flüssigkeit genügend schnell stattfinden, um normalerweise jederzeit die Herstellung des Gleichgewichtes mit den Krystallen annähernd zu ermöglichen. Die Möglichkeit, im Mischkrystall die Zusammensetzung kontinuierlich zu ändern, hat nun zur Voraussetzung, daß auch im Mischkrystall Diffusion stattfinden kann, indem ein Bestandteil von Stellen höherer Konzentration zu solchen niedrigerer Konzentration wandert. Für Konvektionsströmungen ist dahingegen im festen Zustand kein Platz.

Bei der Erstarrung von Mischkrystallen haben wir also neben den Konzentrationsänderungen der Schmelze auch solche der sich ausscheidenden Krystalle ins Auge zu fassen.

Auf Grund dieser Bemerkung wird der Erstarrungsvorgang nach Abb. 52 sofort verständlich. Wir betrachten die Schmelze X. Beim Punkt f erreicht sie bei der Abkühlung die Sättigungskonzentration, es scheidet sich aus ihr eine äußerst geringe Menge von Krystallen der Zusammensetzung p aus. Hierdurch reichert sich die Schmelze an dem Bestandteil A an, die Sättigungsgrenze der Schmelze rückt zu tieferer Temperatur, und es scheiden sich nunmehr Krystalle aus, die mit der Schmelze bei dieser neuen Temperatur im Gleichgewicht sind. Diese Krystalle scheiden sich wie ein Saum um die bereits ausgeschiedenen Krystalle p herum aus. Zwischen beiden findet ein Ausgleich der Konzentration durch Diffusion statt, bis mit weiterer Aufnahme der Schmelze die gesamten Krystalle die nunmehr geänderte Sättigungskonzentration auf der Kurve *apb* erreichen usw. Während der Erstarrung wandert auf diese Weise die Zusammensetzung der Schmelze längs der Kurve *fdh* und die der Krystalle längs *pnq*. Im Punkte *q* haben die Krystalle die Zusammensetzung der Gesamtlegierung erreicht. Deshalb ist hier die gesamte Legierung erstarrt. Kurz bevor die Krystalle die Zusammensetzung *q* erreicht haben, wird von diesen Krystallen der letzte Tropfen der Schmelze, die beinahe die Zusammensetzung *h* hat, aufgesaugt.

Über das Ende der Krystallisation von Mischkrystallen wird des öfteren gesagt, daß hierbei der letzte Tropfen der Schmelze *h* zu einem Mischkrystall der Zusammensetzung *q* erstarrt. Eine solche Formulierung ist offensichtlich unkorrekt, und der unbefangene Leser fragt sich mit Recht, wie der Tropfen einer Schmelze *restlos* zu einem Krystall von

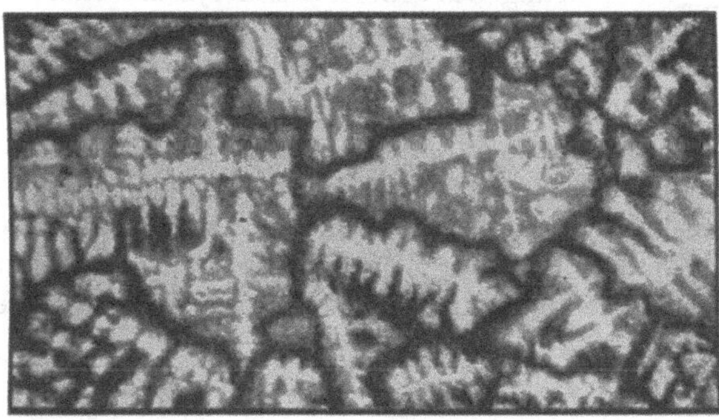

Abb. 53. Zonenmischkrystalle im System Cu-Ni. Vergr. 50×. (Aus W. Guertler, Metallographie.)

einer abweichenden Zusammensetzung erstarren kann. In Wirklichkeit wird er von dem erstarrten Teil der Legierung im festen Zustande *resorbiert*, wie oben ausgeführt worden ist.

Während die Diffusion in Schmelzen, unterstützt durch die Konvektion, schnell erfolgt, findet sie im festen Zustande nur langsam statt und bleibt deshalb während der Erstarrung in der Regel zurück. Das zuerst ausgeschiedene A-ärmere Innere der Krystalle findet nicht die Zeit, um seine Zusammensetzung mit den später sich ausscheidenden A-reicheren Säumen völlig auszugleichen. Es muß bemerkt werden, daß die Diffusion mit sinkender Temperatur schnell langsamer wird, so daß sie, wenn sie nicht im Verlaufe der Erstarrung zu Ende gegangen ist, sich während der weiteren Abkühlung nur in geringem Maße vollzieht und bei Zimmertemperatur zum Stillstand kommt. Wir können zeigen, daß die Diffusion bereits bei der Erstarrung unvollständig stattfindet, indem wir in Mischkrystallen dieses vom Inneren nach dem Rande verlaufende Konzentrationsgefälle nach schnellerer Krystallisation feststellen. Das ist das typische Bild der *Zonenkrystalle*, wie sie in Abb. 53

dargestellt sind, und wie sie bei einer nicht zu langsamen Erstarrung von Mischkrystallen sich immer ausbilden. Infolge der verschiedenen Zusammensetzung der verschiedenen Zonen sind diese vom Ätzmittel verschieden dunkel gefärbt worden.

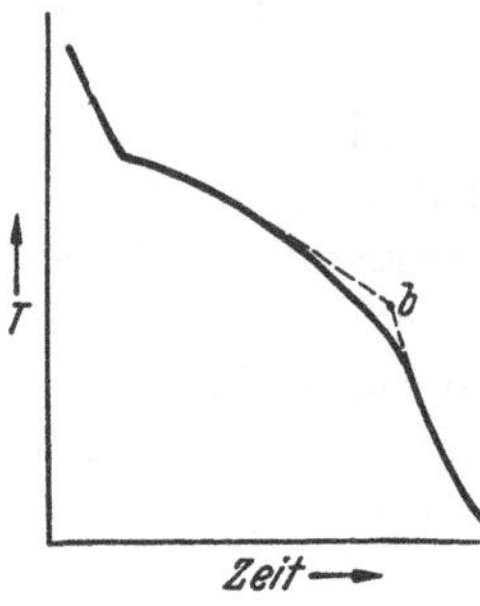

Abb. 54. Erstarrungskurve eines Mischkrystalles.

Wie sieht eine Abkühlungskurve eines homogen erstarrenden Mischkrystalles aus? Wir haben gesehen, daß die Erstarrung in einem Intervall erfolgt, ähnlich wie bei der primären Krystallisation etwa des Zinks aus den Zink-Cadmium-Schmelzen. Jedoch geht sie in einer ganz anderen Weise zu Ende, ohne einen Haltepunkt, für den hier gar keine Veranlassung vorliegt. Die Erstarrungskurven der Mischkrystalle haben deshalb die in Abb. 54 schematisch dargestellte Form, mit einem wegen verschiedener Fehlerquellen in der Regel verwischten Ende der Erstarrung bei *b*.

Während die Erstarrungstemperaturen in Abb. 52 durch Zusatz der Komponente *B* zur Komponente *A* erhöht werden, werden sie, wie ersichtlich, umgekehrt durch Zusatz von *A* zu *B* erniedrigt. Das Diagramm Abb. 52 stellt deshalb, von der Komponente *B* ausgehend, zugleich den Fall einer Mischkrystallbildung mit sinkenden Temperaturen dar.

3.

Damit, daß bei Mischkrystallbildung der Erstarrungsbeginn durch Zusatz eines zweiten Bestandteils sowohl zu niedrigeren als auch zu höheren Temperaturen verschoben werden kann, hängt zusammen, daß

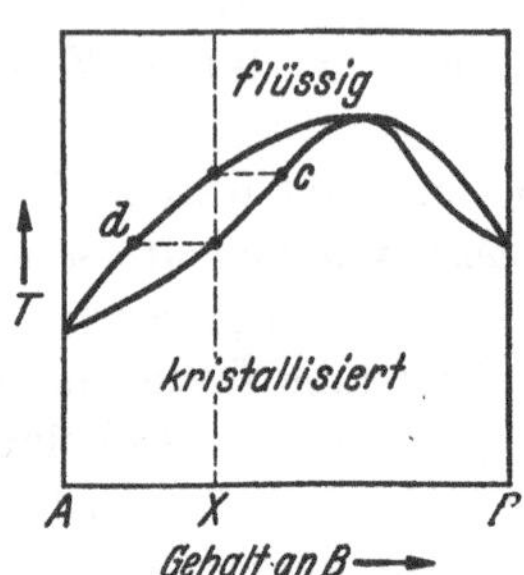

Abb. 55. Diagramm einer Mischkrystallreihe mit einem Maximum.

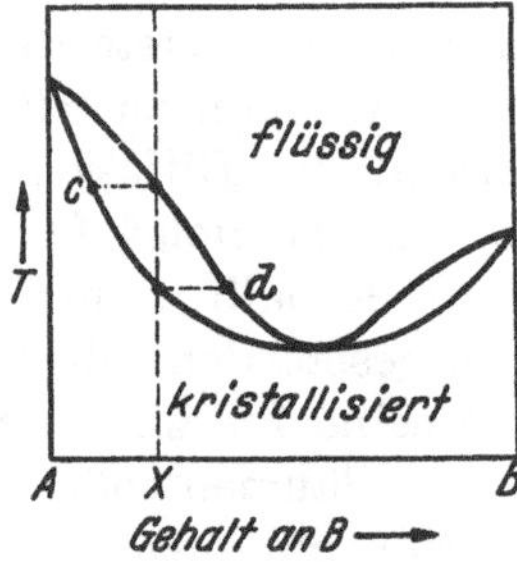

Abb. 56. Diagramm einer Mischkrystallreihe mit einem Minimum.

es neben dem einfachsten Typus des Erstarrungsdiagrammes einer Reihe von Mischkrystallen, wie es Abb. 52 wiedergibt, auch kompliziertere Kombinationsfälle mit Maxima oder Minima geben kann, und tatsächlich mit Minima gibt. Solche Erstarrungsdiagramme sind schematisch in den

Abb. 55 u. 56 wiedergegeben. Im Maximum oder Minimum muß die Zusammensetzung der Schmelze dieselbe sein wie die der sich ausscheidenden Krystalle. Man überzeugt sich hiervon leicht in derselben Weise, in welcher wir die Frage des Anstiegs oder Absinkens der Kurve des Beginnes der Krystallisation, ausgehend von einem reinen Bestandteil, erörtert haben, indem die entgegengesetzte Annahme zu Widersprüchen führt. Eine Folge davon, daß die Krystalle dieselbe Zusammensetzung haben wie die Schmelze, ist, daß die Mischung von der Zusammensetzung des Maximums bzw. Minimums bei *konstanter Temperatur* erstarrt. Da nämlich bei der Krystallisation sich die Zusammensetzung weder der Schmelze noch der Krystalle ändern kann, besteht auch keine Veranlassung für die Entstehung eines Erstarrungs-Intervalles.

Bei allen vom Maximum oder Minimum abweichenden Konzentrationen erfolgt die Erstarrung solcher Legierungen dahingegen genau so, wie wir es soeben für Mischkrystalle erörtert haben. Für jede Legierung X können wir aus dem Zustandsdiagramm sofort die Temperatur des Beginnes und des Endes der Erstarrung sowie die Zusammensetzung des zuerst ausgeschiedenen Krystalles c und der zuletzt erstarrenden Restschmelze d angeben. Man sieht im Falle des Maximums Abb. 55, daß c näher an der Konzentration des Maximums liegt als die gesamte Legierung, ohne jedoch das Maximum zu erreichen, und daß im Verlaufe der Erstarrung die Zusammensetzung sowohl der Schmelze als auch der Krystalle sich immer mehr von der Zusammensetzung des Maximums entfernt. Man ersieht schon hieraus, daß die Existenz des Maximums die Krystallisation nicht beeinflussen kann, mit Ausnahme der Legierung, deren Zusammensetzung gerade dem Maximum entspricht. Im Falle eines Minimums Abb. 56 liegt umgekehrt die Zusammensetzung der ersten sich bildenden Krystalle c weiter von der Zusammensetzung des Minimums ab als die Konzentration der Gesamtlegierung, während die Zusammensetzungen sowohl der Schmelzen als auch die der Krystalle sich im Verlaufe der Erstarrung der Zusammensetzung des Minimums nähern, ohne es jedoch zu erreichen, wie aus der Lage des Punktes d folgt. Auch in diesem Falle erfolgt deshalb die Erstarrung aller Legierungen nach dem ungestörten, oben erörterten Schema der Mischkrystalle, während nur die Legierung von der Zusammensetzung des Minimums wie ein Einstoffsystem bei konstanter Temperatur erstarrt. Grundsätzlich können auch Maxima und Minima in einem Zustandsdiagramm gleichzeitig auftreten.

In Tab. 5 sind einige binäre Legierungen aufgeführt, die nach vollendeter Erstarrung aus ununterbrochenen Mischkrystallreihen bestehen. Bei tieferen Temperaturen erleiden diese Legierungen allerdings zum Teil Änderungen ihrer Konstitution durch Reaktionen im festen Zustand.

Tabelle 5. *Verzeichnis der wichtigsten binären Legierungen, die aus ununterbrochenen Mischkrystallreihen bestehen.*

System	Schmelzpunkt der Komponenten		Zusammensetzung und Temperatur des Minimums der Schmelzkurve	
Ag—Au	Ag: 960°	Au: 1063°		
Ag—Pd	Ag: 960°	Pd: ~1550°		
As—Sb	As: 817°	Sb: 630°	87% Sb	605°
Au—Cu	Au: 1063°	Cu: 1083°	18% Cu	884°
Au—Ni	Au: 1063°	Ni: 1452°	~17% Ni	950°
Au—Pd	Au: 1063°	Pd: ~1550°		
Au—Pt	Au: 1063°	Pt: 1773°		
Bi—Sb	Bi: 271°	Sb: 630°		
Cr—Fe	Cr: 1830°	Fe: 1528°	~80% Fe	~1500°
Co—Ni	Co: 1490°	Ni: 1452°		
Co—Pt	Co: 1490°	Pt: 1773°		
Cu—Ni	Cu: 1083°	Ni: 1452°		
Cu—Pd	Cu: 1083°	Pd: ~1550°		
Cu—Pt	Cu: 1083°	Pt: 1773°		
Fe—Pd	Fe: 1528°	Pd: ~1550°	65% Pd	~1305°
Fe—Pt	Fe: 1528°	Pt: 1773°		
In—Pb	In: 155°	Pb: 327°		
Ir—Pt	Ir: ~2340°	Pt: 1773°		
K—Rb	K: 63°	Rb: 39°	81,5% Rb	32,8°
Ni—Pd	Ni: 1452°	Pd: ~1550°	60% Pd	1237°
Ni—Pt	Ni: 1452°	Pt: 1773°		
Se—Te	Se: 217°	Te: ~340°		

4.

In vielen Fällen können sich Mischkrystalle jedoch nicht in allen Zusammensetzungen bilden. Die Mischbarkeit der Metalle ist im Krystallzustand viel geringer als in der Schmelze. Das ist durchaus verständlich, da sich im Krystallzustand beide Bestandteile zur Mischkrystallbildung in dasselbe Raumgitter einordnen müssen, was eine zusätzliche Bedingung gegenüber den Verwandtschaftsbeziehungen, die die Mischbarkeit im flüssigen Zustande bestimmen, bedeutet. Eine notwendige, aber noch nicht ausreichende Bedingung für die Bildung einer ununterbrochenen Mischkrystallreihe ist, daß beide Bestandteile in einem und demselben Raumgitter krystallisieren (vgl. II, S. 13).

Wir können den Erstarrungsvorgang einer Legierung bei beschränkter Mischbarkeit im Krystallzustand ohne Bildung von Verbindungen leicht überblicken. Wir nehmen an, daß der Schmelzpunkt des Metalles A durch Zusatz einer zweiten Komponente herabgesetzt wird, daß die Zusammensetzung der Mischkrystalle aber wegen ihres beschränkten Aufnahmevermögens für B stark von der mit diesen im Gleichgewicht befindlichen Schmelze abweicht. Mit fortschreitender Erstarrung einer Legierung etwa von der Zusammensetzung X, Abb. 57, reichert sich die Schmelze deshalb immer stärker an dem zweiten Bestandteil B an, bis sie an einer zweiten B-reicheren Krystallart gesättigt ist. Das muß unbedingt eintreten, wenn die Fortsetzung dc der *Sättigungsgrenze* ad des Mischkrystalles α [1] für den Bestandteil B so verläuft, daß sie auch bei tieferen Temperaturen nicht die Zusammensetzungen der Gesamtschmelze X erreichen würde, wie das in Abb. 57 schematisch durch die gestrichelte Kurve dc angedeutet ist. Es muß also eine Zusammensetzung der Schmelze im Punkte e erreicht werden, bei der sie gleichzeitig an zwei Krystallarten gesättigt ist. Während die Zusammensetzung der ersten Krystallart bei d liegt, nehmen wir an, daß der Gehalt der zweiten an B denjenigen der Schmelze e übersteigt [2]. Die zweite Krystallart liegt also im Punkt f rechts von e. Die Schmelze e zerfällt bei konstanter Temperatur in die beiden Krystallarten d und f; alle drei Phasen behalten während dieser Reaktion ihre Zusammensetzung. Die Reaktion verläuft also bei Wärmeentziehung nach dem Schema

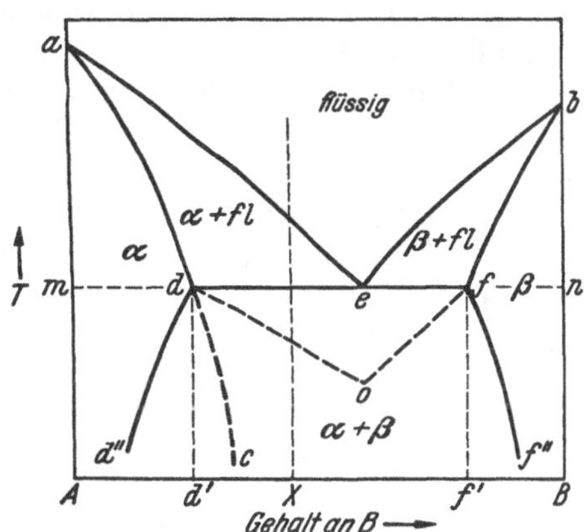

Abb. 57. Schema eines Zustandsdiagrammes bei beschränkter Mischkrystallbildung mit eutektischer Reaktion.

$$e \to d + f$$

und geht erst zu Ende, sobald die gesamte Schmelze e aufgezehrt worden ist. Das ist also eine *eutektische* Reaktion, die den Erstarrungsvorgang abschließt, und für sie können die Betrachtungen der zwei vorhergehenden Vorlesungen wiederholt werden (vgl. z. B. S. 48).

Da die Krystalle f mehr an B enthalten als die Schmelze e, müssen die Temperaturen des Beginnes der Erstarrung (und auch ihres Endes) auf Grund der Erörterung am Eingang dieser Vorlesung, vom reinen Bestandteil B ausgehend, von b aus zu e und f sinken, was ja auch für die Konstruktion eines eutektischen Haltepunktes bei e erforderlich ist. Die Erstarrung der verschiedenen Legierungen findet also im betrachteten System wie folgt statt. Alle Legierungen der Zusammensetzungen von A bis d' einerseits und der Zusammensetzungen von B bis f' andererseits erstarren genau, wie wenn eine unbeschränkte Mischbarkeit im

[1] Man pflegt zusammenhängende Mischkrystallgebiete mit griechischen Buchstaben zu bezeichnen.

[2] Wir werden auf S. 63 usw. sehen, daß auch die entgegengesetzte Annahme möglich ist.

Krystallzustand bestehen würde. Denn bei diesen Legierungen ist ja die Erstarrung abgeschlossen, ehe die Schmelze die Zusammensetzung und Temperatur des eutektischen Punktes *e* erreicht hat, wie man sich sofort überzeugen kann. Sie bestehen also im Krystallzustand aus nur je *einer* Krystallart, sie sind homogen. Anders steht es mit den Legierungen der dazwischenliegenden Konzentrationen *d'* bis *f'*. Bei allen diesen Legierungen wird die Krystallisation der primären *A*-reichen oder *B*-reichen Mischkrystalle, je nach der Zusammensetzung der Legierung, dadurch abgebrochen, daß die Schmelze den Punkt *e* erreicht und die Krystallisation des eutektischen Gemenges einsetzt. Diese Legierungen bestehen also im Krystallzustand aus *zwei* Krystallarten, nämlich aus den an *A* und den an *B* reichen Mischkrystallen.

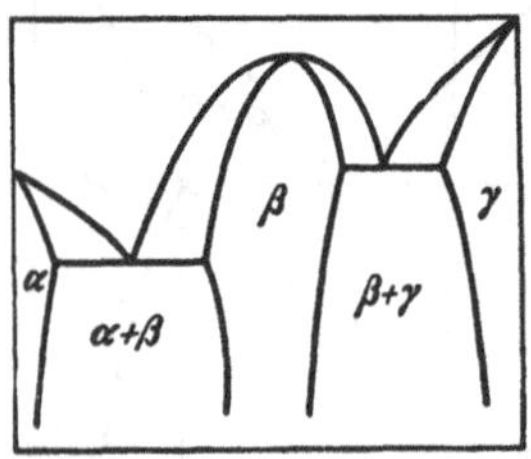

Abb. 58. Schema von Mischkrystallgebieten an den Komponenten und im Innern des Zustandsdiagrammes.

Begrenzte Mischkrystallgebiete können nicht nur an den Rändern eines Zustandsdiagrammes, sondern auch im Innern bei ***intermediären Krystallarten*** auftreten. Hierunter verstehen wir, wie in II, S. 20 ausgeführt, in Erweiterung des Begriffes einer intermetallischen Verbindung alle Krystallarten, die beide Komponenten enthalten und von diesen durch *Mischungslücken* getrennt sind. Es ist vielfach zweifelhaft, ob man ein solches Homogenitätsgebiet einer intermediärem Krystallart überhaupt einer chemischen Verbindung der Bestandteile zuordnen darf. In Abb. 58 ist als Beispiel schematisch ein Zustandsdiagramm mit drei Mischkrystallgebieten, nämlich zweien α und γ, im Anschluß an die beiden Komponenten und einem intermediären β in der Umgebung einer Verbindung wiedergegeben.

In den betrachteten Diagrammen treten zwei oder drei Arten von Mischkrystallen auf, die an *A*, an *V* und an B reichen. In komplizierteren Diagrammen sind oft noch mehr Homogenitätsgebiete, also Mischkrystallgebiete vorhanden, die voneinander durch ***Mischungslücken*** getrennt sind. In den Legierungen der Zusammensetzungen von *d* bis *e*, Abb. 57, liegen z. B. primäre α-Mischkrystalle vor und daneben ein α- und β-Eutektikum; im Konzentrationsgebiet *ef* liegen umgekehrt primäre β-Krystalle neben dem Eutektikum vor. Die Gefüge des Gebietes *d-e-f* sind deshalb denjenigen einer einfachen eutektischen Mischung (s. Vorlesung III) durchaus ähnlich. Die eutektischen Haltezeiten steigen von *d* bis *e* von Null bis zu einem Höchstwert linear an, um von *e* bis *f* wieder auf Null abzufallen, wie das in Abb. 57 durch die gebrochene Linie *dof* angegeben ist.

Die Gefüge der Legierungen dieser Konstitution unterscheiden sich von denjenigen der in der III. Vorlesung erörterten einfachen mechanischen Mischung nur dadurch, daß es Konzentrationsgebiete *md* und *nf* gibt, in denen kein Eutektikum auftritt und die Legierungen nur eine Art von Krystallen (gegebenenfalls mit Zonenbildung, vgl. S. 57) aufweisen.

5.

Wir haben bei Erörterung dieses Konstitutionsfalles angenommen, daß, wenn die Schmelze die Zusammensetzung von *e* erreicht hat, die zweite sich ausscheidende Krystallart *f* rechts von *e* liegt, also reicher an *B* ist. Das ist durchaus nicht notwendig (Abb. 59); die zweite Krystallart, die jetzt zur Ausscheidung gelangt, kann auch eine Zusammensetzung *p* zwischen *d* und *e* haben. Da wir hier wieder ein System mit drei Phasen haben, ist es nonvariant. Eine eutektische Reaktion

$$e \rightleftarrows p + d$$

ist aber nicht möglich, da *e* mehr an *B* als *p* und *d* enthält. Die nonvariante Reaktion muß dahingegen in einer Bildung oder in einem Zerfall von *p* bestehen:

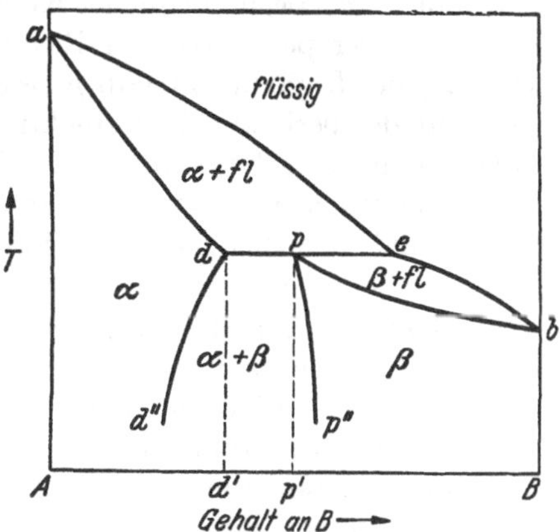

Abb. 59. Schema eines Zustandsdiagrammes mit beschränkter Mischkrystallbildung und peritektischer Reaktion.

$$d + e \rightleftarrows p. \qquad (1)$$

Wie wir sehen, handelt es sich hier um eine *peritektische* Reaktion, wie sie bei einer Verbindung, die sich vor Erreichung ihres Schmelzpunktes zersetzt, bereits in der vorhergehenden Vorlesung betrachtet worden ist. Bei Wärmeentziehung vom System findet die Reaktion von links nach rechts, bei Erhitzung von rechts nach links statt.

Da auch die zweite Krystallart *p* weniger an *B* enthält als die mit ihr im Gleichgewicht befindliche Schmelze *e*, müssen die Temperaturen des Beginnes der Krystallisation dieser Krystallart (dasselbe gilt für das Ende ihrer Krystallisation) mit zunehmendem Gehalt der Legierungen an *B*, wie eingangs dieser Vorlesung erörtert, *sinken*. Wir erhalten auf diese Weise ein Zustandsdiagramm, wie es Abb. 59 zeigt, das in sich widerspruchsfrei ist und das die zweite Variante bei beschränkter Mischkrystallbildung darstellt.

Wenn die Zusammensetzung der Legierung links von *p* liegt, wird bei der peritektischen Reaktion (1) von den drei beteiligten Phasen zuerst die Schmelze verbraucht, die Erstarrung geht mit der peritektischen Reaktion zu Ende. Wenn die Zusammensetzung zwischen *p* und *e* liegt, wird hierbei zuerst die Krystallart *d* (die α-Krystalle) verbraucht. Es verbleibt die Schmelze *e* neben den Krystallen *p*, die weiter wie ein univariantes System in einem Temperatur-Intervall krystallisiert, und zwar nach den Erstarrungsgesetzen homogener Mischkrystalle.

Das Diagramm Abb. 59 zerfällt somit in vier Teile. Die Legierungen der Zusammensetzungen *a* bis *d* erstarren zu homogenen Mischkrystallen ohne Störungen durch die peritektische Reaktion, ebenso wie die Legierungen der Konzentrationen *b* bis *e*. Die Erstarrung der Legierungen des Gebietes *dp* beginnt mit der Krystallisation der Mischkrystalle α und endet mit der peritektischen Reaktion zwischen *d*, *p* und *e*. Die Erstarrung der Legierungen von *p* bis *e* beginnt in derselben Weise, findet aber mit der peritektischen Reaktion noch nicht ihr Ende. Nach einer Aufzehrung der α-Krystalle findet hier die weitere Krystallisation zu einem homogenen β-Krystall statt. Nur die Legierungen zwischen *d* und *p* sind demnach nach der Erstarrung heterogen.

Auch bei dieser peritektischen Reaktion sind dieselben Störungen durch Umhüllungen der aufgezehrten Krystallart zu erwarten wie bei der peritektischen Bildung einer Verbindung (Vorlesung IV). Ein wesentlicher Unterschied besteht jedoch darin, daß in den Mischkrystallen die Möglichkeit eines Konzentrationsgefälles und damit eines Ausgleichs der Konzentration durch Diffusion besteht. Falls der restlose Ablauf der peritektischen Reaktion dadurch verhindert wird, daß die primär ausgeschiedene Krystallart durch Säume von β der Zusammensetzung *p* umhüllt wird, krystallisiert weiter der Krystall β aus der Schmelze *e*, wobei seine Zusammensetzung sich längs der Kurve *pb* ändert, während die Zusammensetzungen der Schmelze sich längs der Kurve *eb* ändern. Nach vollendeter Erstarrung wird also der β-Mischkrystall nicht die Zusammensetzung *p* haben, sondern an *B* mehr angereichert sein und mit dem α-Krystall gar nicht im Gleichgewicht sein können. An der Berührungsstelle mit α wird er die Gleichgewichtskonzentration *p* durch Aufnahme von *A* erreichen, durch Diffusion von *B* wird die Konzentration an *B* an der Grenze immer wieder erhöht und immer wieder durch Reaktion mit den α-Krystallen auf *p* herabgedrückt werden, bis die ganzen β-Krystalle restlos die Gleichgewichtskonzentration *p* erreicht haben. Im Gegensatz zum Fall einer peritektisch gebildeten Verbindung ohne Mischkrystallbildung kann also hier der Gleichgewichtszustand verhältnismäßig leicht erreicht werden, allerdings nur, wenn der Diffusion bei genügend hoher Temperatur durch längere Erhitzung genügend Zeit gelassen wird.

Auch im eutektischen Fall der Abb. 57 treten Störungen infolge langsamer Diffusion in den Mischkrystallen auf. Sie wirken sich in dem vorzeitigen Auftreten des Eutektikums auch in den Konzentrationsgebieten *Ad'* und *Bf'* aus, wie leicht zu sehen ist.

6.

Würden die Zusammensetzungen der Mischkrystalle α und β, die miteinander im Gleichgewicht sind, von der Temperatur unabhängig sein, so würde man für sie in den Diagrammen Abb. 57 und 59 die gestrichelten senkrechten Linien dd', pp' und ff' erhalten. Hierzu besteht jedoch phasentheoretisch gar keine Notwendigkeit. Es liegt ein System mit zwei Phasen α und β vor, das bei konstantem Druck einen Freiheitsgrad hat. Das bedeutet, daß bei vorgegebener Temperatur die Zusammensetzungen beider Krystallarten eindeutig bestimmt sind, nicht aber, daß sie von der Temperatur unabhängig sein müssen. In der Regel besteht in der Tat eine starke Temperaturabhängigkeit der Sättigungsgrenzen von Mischkrystallen; meistens nimmt das Aufnahmevermögen einer Krystallart für einen zweiten Bestandteil mit sinkender Temperatur ab, etwa längs der Kurven dd'', pp'' und ff''. Diese Tatsache ist des öfteren von der größten technischen Bedeutung und ist die Grundlage für die sog. *Aushärtung* von Legierungen, die insbesondere bei den *Leichtmetallen außerordentlich wichtig ist.* Die damit zusammenhängenden Vorgänge im festen Zustand und die sich aus ihnen ergebende thermische Behandlung (*Aushärtung*) werden wir in Kap. VIII erörtern.

7.

Bisher haben wir Metallpaare besprochen, deren Bestandteile im flüssigen Zustand in allen Verhältnissen miteinander mischbar sind. Das ist durchaus nicht immer der Fall. Genau wie es andere Flüssigkeiten gibt, die sich nicht oder nur in beschränktem Maße miteinander mischen, wie Wasser und Äther, oder Wasser und Benzol, gibt es auch nur beschränkt mischbare Metalle. Ein Diagramm für die Schmelzen eines Metallpaares dieser Art ist schematisch in Abb. 60 wiedergegeben. Bei Konzentrationen innerhalb der Kurve abc zerfallen die flüssigen Legierungen in zwei Schichten, deren Zusammensetzungen auf den Schnittpunkten der in Frage kommenden Isothermen (Konoden), z. B. mn, mit der Kurve abc liegen.

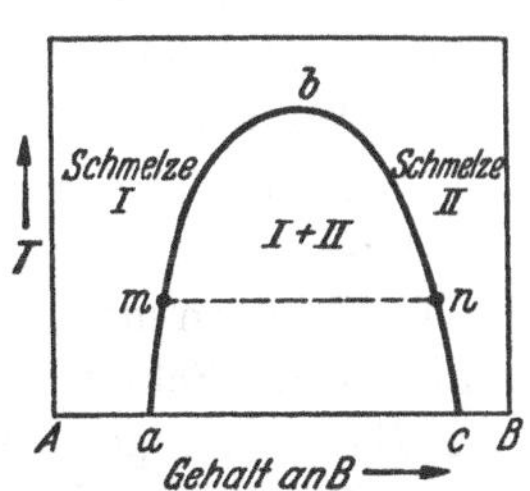

Abb. 60. Mischungslücke im flüssigen Zustand.

Eine solche Entmischungskurve findet ihr oberes Ende in dem *kritischen Punkt* b, der einem kritischen Punkt Gas-Flüssigkeit durchaus analog ist. Im Punkte b werden beide Schichten identisch.

Wir betrachten nur den einfachsten Fall, daß die Metalle im Krystallzustand miteinander ein mechanisches Gemenge bilden. Durch Zusatz von A zu B wird die Temperatur des Beginnes der Krystallisation erniedrigt (Abb. 61, Kurve bc). Im Punkte c ist die diesem Punkte entsprechende Schmelze zugleich mit den Krystallen von B und mit einer zweiten Schmelze *d* gesättigt. Da drei Phasen (bei konstantem Druck) anwesend sind, besteht nach der Phasenregel (S. 44) ein nonvariantes Gleichgewicht. Die Reaktion

$$c \rightarrow d + B$$

vollzieht sich bei konstanter Temperatur und ohne daß die Zusammensetzungen der beteiligten Phasen sich ändern würden, bis die Schmelze *c* aufgebraucht ist. Es handelt sich hier um ein Analogon zur eutektischen Reaktion mit dem Unterschied, daß das eine der Reaktionsprodukte, nämlich *d*, nicht fest, sondern wieder flüssig ist (*distektische* Reaktion).

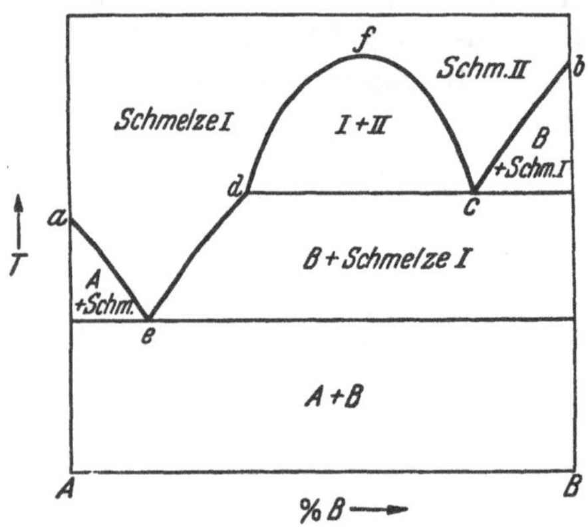

Abb. 61. Schema eines Zustandsdiagrammes mit einer Mischungslücke im flüssigen Zustand.

Nachdem die Schmelze *c* aufgebraucht worden ist, bleiben zwei Phasen, die Schmelze *d* und die Krystalle *B*, miteinander im Gleichgewicht. Die Temperatur kann jetzt wieder sinken, und die primäre Krystallisation von *B* nimmt ihren Fortgang, jetzt aber aus der *A*-reichen Schmelze *I* links von der Mischungslücke *dfc*, längs der Kurve *de*. Nachdem in *e* die Sättigung der Schmelze auch an den Krystallen von *A* erreicht ist, findet die Erstarrung ihren Abschluß in einer eutektischen Krystallisation.

Es ist leicht einzusehen, daß die eutektische Schmelze *e*, die zuletzt zur Erstarrung gelangt, außerhalb der Mischungslücke *dfc* im flüssigen Zustand liegen muß. In der Tat, stellen wir uns vor, daß es anders wäre, und daß die Schmelze *d*, die mit der Schmelze *c* und mit den Krystallen von *B* im Gleichgewicht ist, zugleich mit den Krystallen von *A* im Gleichgewicht wäre, so daß sich aus den Schmelzen *c* und *d* gleichzeitig die Krystallisation beider Metalle vollziehen würde (Abb. 62). Wir hätten dann bei fixiertem Druck vier Phasen miteinander im Gleichgewicht, nämlich die beiden Schmelzen *c* und *d* und die beiden Krystallarten *A* und *B*, was nach der Phasenregel unmöglich ist. Hieraus folgt, daß die Temperatur, bei der neben *B* auch *A* aus der Schmelze (eutektisch) zu krystallisieren beginnt, nicht derjenigen des Punktes *c* entsprechen kann. Hieraus folgt aber eindeutig das Diagramm Abb. 61.

Es gibt Fälle, in denen die Mischbarkeit der beiden Schmelzen bei den Erstarrungstemperaturen bereits praktisch auf Null gesunken ist. Dann liegen die beiden Metallschmelzen unbeeinflußt nebeneinander und krystallisieren jede bei ihrem Schmelzpunkt (Abb. 63) unabhängig von ihrem Mengenverhältnis. Ein solcher Fall liegt z. B. bei dem Metallpaar Blei—Eisen vor und ergibt übrigens die formale Erklärung dafür, daß man Blei ohne größere Gefahr der Verunreinigung in eisernen Gefäßen schmelzen kann. Man muß sich jedoch darüber klar sein, daß es sich hierbei um weiter nichts als um einen Grenzfall des Diagrammes Abb. 61 handelt, bei dem die Punkte *d* und *c* ganz nahe an die Zusammensetzungen der reinen Komponenten gerückt sind, so daß die Temperatur von *c* praktisch mit dem Schmelzpunkt *b* der Komponente *B* und die Temperatur von *d* praktisch mit dem Schmelzpunkt *a* der Komponente *A* zusammenfällt. Der Punkt *d* kann die Konzentration der reinen Komponente *A* theoretisch nie ganz, sondern nur annähernd erreichen.

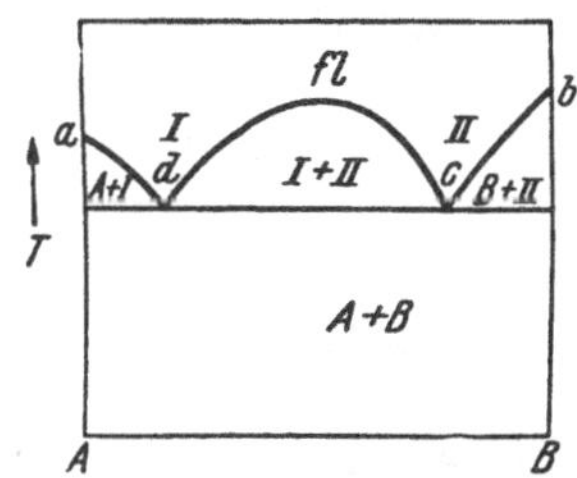

Abb. 62. Ein unmöglicher Diagrammtypus.

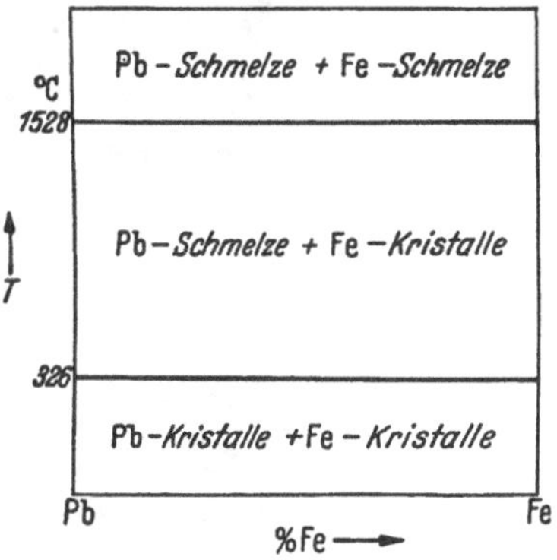

°C
1528
326
Pb - *Schmelze* + Fe -*Schmelze*
Pb - *Schmelze* + Fe -*Kristalle*
Pb -*Kristalle* + Fe - *Kristalle*
T
Pb
Fe
% Fe ⟶

Abb. 63. Zustandsdiagramm Blei—Eisen.

Man war lange der Ansicht, daß Metallpaare mit Mischungslücken im flüssigen Zustand gar keine technische Bedeutung haben können. Das Fehlen der Mischbarkeit im flüssigen Zustande wurde als Zeichen der Unmöglichkeit, überhaupt eine Legierung herzustellen, betrachtet. Das ist zweifellos richtig, wenn sich die beiden flüssigen Metalle in zwei Schichten trennen. Wenn es dahingegen gelingt, die Bildung dieser zwei Schichten zu vermeiden, also eine Emulsion der beiden Metalle herzustellen, kann ihre Bedeutung erheblich sein. In den letzten Jahrzehnten hat man erkannt, daß Legierungen, die aus Emulsionen erstarren, die wichtige Eigenschaft haben, bei der Bearbeitung auf der Drehbank usw. einen sehr kurzen Span zu bilden. Ein solcher Span erleichtert die Bearbeitung ganz außerordentlich, besonders in automatisch arbeitenden Maschinen, und ist deshalb die Hauptanforderung an sog. *Automatenlegierungen* (Automatenstahl, Automatenmessing, Automatenaluminium usw.). Abb. 64 und 65 zeigen an einem Beispiel den Gegensatz zwischen einem kurzen Span, wie er verlangt wird, und einem langen Span, wie er für die Bearbeitung im Automaten unbrauchbar ist.

Von diesem Grundsatz ausgehend, ist es in der letzten Zeit gelungen, Automatenlegierungen auf der Basis des Aluminiums, des Zinks, des Magnesiums usw. zu entwickeln. Auch die lange bekannten Automaten-

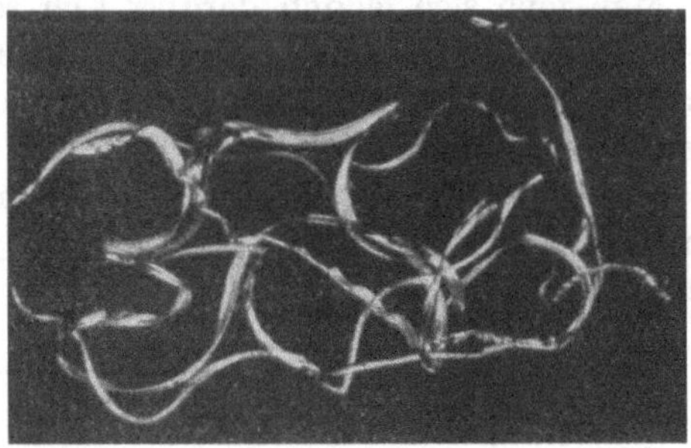

Abb. 64. Ein langer Span einer Zinklegierung mit 4% Cu. (Aus A. BURKHARDT, Technologie der Zinklegierungen.)

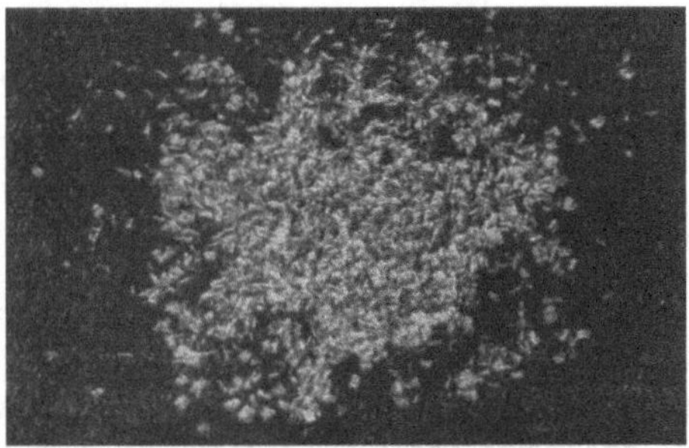

Abb. 65. Ein kurzer Span des „Automatenzinks", hergestellt durch Zusatz von Blei und Wismut zur Legierung Abb. 64. (Aus A. BURKHARDT, Technologie der Zinklegierungen.)

messinge und Automatenstähle sind nach demselben Grundsatz aufgebaut, wohl ohne daß man sich bei ihrer Entwicklung dessen bewußt gewesen wäre. Die ersteren enthalten einige Prozente Blei, die zweiten Mangansulfid in Emulsion.

VI. Der Vorgang der Krystallisation.

1.

Bei der Erörterung des Zustandsdiagrammes haben wir uns eingehend mit den Gleichgewichten zwischen Schmelze und den entstehenden Krystallen befaßt. Wir haben aber den Vorgang der Krystallisation selbst nicht eingehender besprochen. Das soll jetzt geschehen.

Bei der Krystallbildung aus einer Schmelze handelt es sich immer um zwei Vorgänge, nämlich um die Entstehung der Krystalle (*Keimbildung*) und ihr Wachstum bis zur gegenseitigen Berührung. Die Keimbildung ist ein Vorgang, der oft stark verzögert auftritt und dann eine Unterkühlung der Schmelze bedingt. Bei der Besprechung der Aluminium-SiliciumLegierungen haben wir hierauf hingewiesen (S. 35). Die Krystallisation setzt meistens bei tieferen Temperaturen ein, als sie das Zustandsdiagramm angibt. Dahingegen verläuft das Krystallwachstum weniger gestört, so daß man bei seiner Erörterung von einer Abweichung des Gleichgewichtes Krystall—Schmelze meistens absehen kann.

Abb. 66 zeigt das Gefüge einer aus homogenen Mischkrystallen bestehenden Legierung von Eisen mit 4% Silicium beim Vergießen in technischem Maßstab in eine metallische Form (*Kokille*). Man sieht,

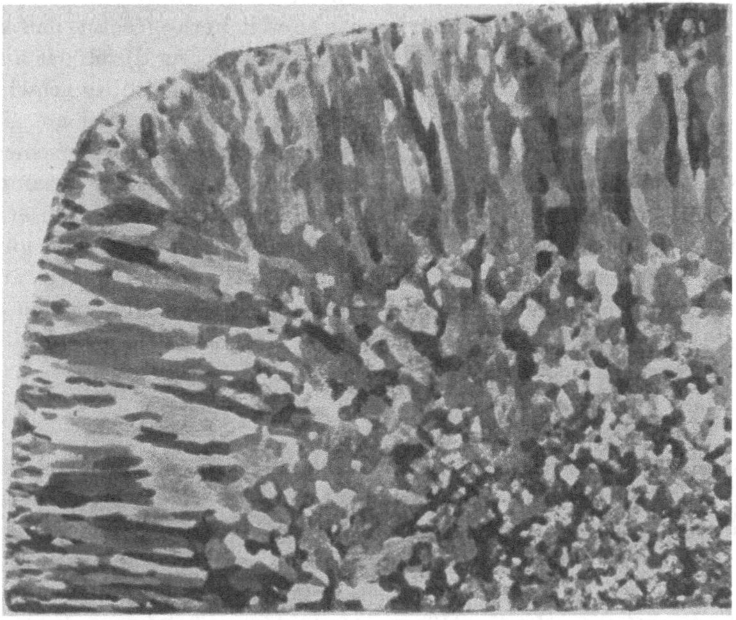

Abb. 66. Krystallgefüge eines Gußblockes aus Eisen mit 4% Si (Transformatorenstahl). (Nach OBERHOFFER III). $V=1$.

daß an der Berührungsfläche mit der Kokille links und oben im Gußstück zuerst eine schmale feinkrystalline Zone entsteht. An diese schließt sich eine Teilzone säulenförmiger Krystallite an, deren Längsachsen in Richtung des Wärmeabflusses liegen, und schließlich wird diese Zone unvermittelt durch ein Gebiet feinerer Krystalle (in der Abb. 66 Mitte und rechts unten) abgelöst.

Dieses Gesamtgefüge ist für sehr viele Gußstücke der Technik charakteristisch, und es handelt sich darum, es mit Hilfe der zwei Vorgänge, der Keimbildung und des Krystallwachstums, zu verstehen.

Die Röntgenanalyse lehrt, daß die Orientierung der Krystallite in der zuerst genannten äußeren Schicht völlig regellos ist. Das ist im Einklang mit der Annahme, daß hier unter dem Einfluß der Abschreckwirkung der Kokille eine Unterkühlung der Schmelze auftritt und damit eine lebhafte Keimbildung einsetzt. In der Tat ist es nicht anzunehmen, daß bei der Entstehung eines Krystalles in der Schmelze seine Orientierung irgendwie vorgegeben ist.

Ganz anders liegen die Verhältnisse bei der Zone der säulenförmigen Krystalle. Sie haben alle eine gemeinsame Orientierung zur Richtung des Wärmeabflusses, und zwar liegt z. B. bei kubischen Metallen die Würfelkante in Richtung des Wärmeabflusses und des Krystallwachstums.

Die Entstehung dieser Zone ist leicht verständlich. Die Wärmeabfuhr vom Metall zur Kokille ist hier bereits so weit herabgesetzt, daß keine erneute Keimbildung stattfindet und die Erstarrung durch das lineare Krystallwachstum allein bewirkt wird. Die Krystallisationsgeschwindigkeit hängt nun allgemein von der Richtung im Krystall ab, sie ist also in der feinkörnigen äußeren Zone der Keimbildung für verschiedene Krystalle ganz verschieden. Die Krystalle, die in diesem Zusammenhang zur Richtung der Wärmeabfuhr und somit zur Krystallisationsrichtung ungünstig liegen, werden von ihren Nachbarn, die eine günstigere Orientierung haben, überholt, und es entsteht somit das säulenförmige Gefüge, in dem die Krystallite alle so ausgerichtet sind, daß ihrer Wachstumsrichtung die maximale Krystallisationsgeschwindigkeit entspricht.

2.

Diese Zone der säulenförmigen Krystalle wird, anscheinend unvermittelt, durch die dritte, feinkörnigere Zone abgelöst. Die Krystallite weisen hier wie in der ersten Zone keine bevorzugte Orientierung auf. Der letzte Umstand sowie der unmittelbare Augenschein zeigt, daß hier die Krystallisation von neuen Keimen ausgegangen ist. Das ist insofern auffällig, als die Wärmeabfuhr hier zunächst weiterhin geringer als in der Zone der säulenförmigen Krystalle ist. Bei der Krystallisation dieser Zone muß also eine gewisse Unterkühlung bestanden haben.

Die Erklärung liegt wahrscheinlich im folgenden: Wir haben bisher bei der Erstarrung von Mischkrystallen die Zonenbildung als Folge der Langsamkeit der Diffusionsvorgänge erörtert, jedoch stillschweigend angenommen, daß in der Schmelze der Konzentrationsausgleich bei der Erstarrung so schnell erfolgt, daß ihre Konzentration jeweils praktisch auf der Liquiduslinie liegt (vgl. jedoch S. 56). Das ist zweifellos nur eine Näherung. Wenn aus einer Schmelze der Metalle A und B ein Krystallit erstarrt, dessen Gehalt an *A* größer als derjenige der Legierung ist, so muß sich die Schmelze in Berührung mit den Krystallen zunächst an *B* anreichern. Der Konzentrationsausgleich mit der Hauptmasse der Schmelze ist bei der Erstarrung eines technischen Bruchstückes offenbar nicht vollständig, und die Krystalle stehen an ihrer Front de facto in Berührung mit einer an *B* angereicherten Schmelze. Die Liquiduslinie liegt hier bei tieferen Temperaturen als bei der Gesamtlegierung, und es besteht durchaus die Möglichkeit, daß die Hauptmasse der Schmelze, die noch die Zusammensetzung der Gesamtlegierung hat, bei genügendem Wärmeausgleich unterkühlt ist.

Eine Unterkühlung als Hauptvoraussetzung der Keimbildung ist also gegeben.

3.

Es scheint, daß die Vorgänge in Wirklichkeit noch etwas komplizierter sind, indem die an den bereits erstarrten Krystallen vorbeifließende Schmelze kleine Stücke der Krystallspitzen abreißt und in das Innere der Schmelze als Keime verschleppt, wo dann dank der bereits bestehenden Unterkühlung ihr weiteres Wachsen stattfinden kann. Es ist also, strenggenommen, nicht notwendig, in der dritten Zone eine erneute spontane Keimbildung anzunehmen. Es genügt vielmehr die Annahme, daß bereits vorhandene Keime in die Zone eingeführt werden.

Das Bestreben der Technik geht dahin, die Ausdehnung der technisch ungünstigen Zone der säulenförmigen Krystalle herabzusetzen, ja sie ganz zu vermeiden. Eine der hierzu getroffenen wichtigen Maßnahmen besteht z. B. beim Aluminium und seinen Legierungen im Zusatz kleiner Mengen von Titan, das die Keimbildung stark fördert. Anscheinend handelt es sich darum, daß das Titan mit dem im Aluminium nie ganz fehlenden Kohlenstoff Titancarbid bildet, das sich ausscheidet und als Keim für die Krystallisation des Aluminiums wirkt.

Wir sehen, wie das Erstarrungsgefüge unter dem steuernden Einfluß der hierbei entwickelten Krystallisationswärme zustande kommt.

4.

Die Wärme und Konzentrations-Stauung in der Schmelze wirkt sich nicht nur bei der Erstarrung eines Gußstückes im großen aus, sie beeinflußt vielmehr entscheidend auch die Formen der sich ausscheidenden primären Krystalle. Schon O. Lehmann hat darauf hingewiesen, daß die Verarmung der Schmelze in Berührung mit dem sich ausscheidenden Krystall an einer Krystallebene größer sein muß als an einer in mehreren Richtungen von der Schmelze umgebenden Krystallkante oder Krystallspitze. Die Krystallisation erfolgt hier wesentlich schneller als an der Kristallebene. Das führt zur Ausbildung von Krystallskeletten (Dendriten). Ein solcher ist schematisch in der Abb. 67 wiedergegeben. Wird ein solcher Dendrit durch die Ebene des Schliffes geschnitten, so sieht man in ihm Schnitte der einzelnen Dendritenäste in einer mehr oder weniger regelmäßigen Anordnung. Diese Anordnung ist ein Beweis für ihre Zugehörigkeit zu einem größeren dendritischen Krystall, was auf den ersten Blick nicht sichtbar ist, wie das z. B. Abb. 36 zeigt. In manchen Fällen tritt die dendritische Krystallisation im Schliff ganz offensichtlich hervor, wie das Abb. 31 zeigt.

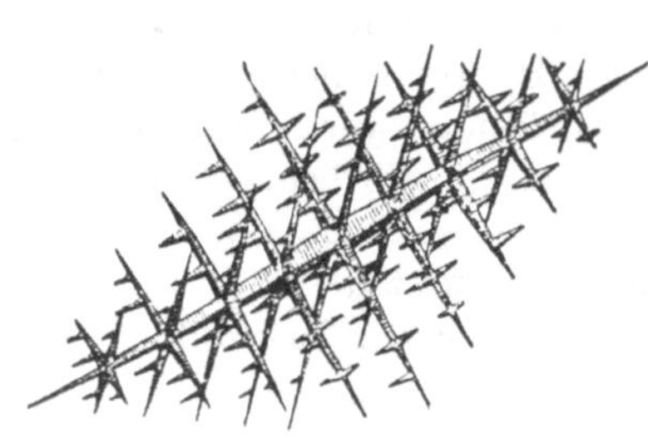

Abb. 67.
Schema eines Dendriten.

Die dendritische Ausbildung eines Krystalles kann nur stattfinden, wenn der Krystall frei in der Schmelze wächst. Mit anderen Worten ist die Dendritenbildung ein sicherer Beweis dafür, daß es sich um eine primäre Krystallisation handelt.

Die dendritenförmige Ausbildung der primären Krystalle stellt bei den metallischen Schmelzen die Regel dar. Kompakte Krystallbildung kommt nur selten vor.

5.

Bisher haben wir bei der Krystallisation ihre Wechselwirkung mit der wichtigsten Eigenschaftsänderung bei der Erstarrung, nämlich mit der hierbei abgegebenen Krystallisationswärme, geschildert. Eine andere, technisch wichtige Eigenschaftsänderung besteht in der Erstarrungskontraktion. Bei den allermeisten Metallen ist das Volumen der Krystalle kleiner als das der Schmelze. Das führt dazu, daß bei der Erstarrung, etwa in einer stehenden Kokille, wobei die Wärme nach unten und nach den Seiten abfließt und die Erstarrung somit in den entsprechenden Richtungen fortschreitet, Schmelze in die Zwischenräume der entstehenden Krystalle nachfließen muß. Es bildet sich hierbei ein *Lunker* aus, wie er nach Abb. 68 dargestellt ist. Eine derartige Lunkerbildung ist technisch ungünstig,da der obere Teil des Gußstückes abgeschnitten werden muß. Es liegt deshalb im Interesse der Technik, die Lunkertiefe zu verringern oder die Lunkerbildung möglichst zu vermeiden. Das kann z. B. durch Steuerung des Erstarrungsvorganges und die Krystallisationsrichtung geschehen, z. B. schon durch Aufheizung des oberen Teiles, wodurch die Krystallisationsrichtung von oben nach unten auf Kosten der seitlichen verstärkt wird. Auf die zahlreichen Methoden, die in diesen Zusammenhängen vor allen Dingen beim Aluminium und seinen Legierungen Anwendung finden, kann hier nicht eingegangen werden.

In Abb. 68 steht der Lunker in Verbindung mit der Außenwelt. Es handelt sich um einen *offenen Lunker*. Noch viel ungünstiger als ein solcher ist ein fadenförmiger Lunker, der etwa in der Achse des Gußstückes sich tief bis nach unten erstrecken kann. Nach außen hin ist er oft nicht sichtbar, wenn das Nachgießen der Schmelze im Verlaufe der Krystallisation durch zu weit fortgeschrittene Erstarrung oberhalb des Lunkers unterbunden wird. In früheren Jahrzehnten hatte man kaum Mittel, einen solchen geschlossenen Lunker nachzuweisen. Heute zeigt die Durchstrahlung mit Röntgenstrahlen Hohlräume im Innern des metallischen Körpers auf. Abgesehen von den groben Lunkern, hat die Erstarrungskontraktion zur Folge, daß auch zwischen den verästelten Dendriten sogenannte Mikrolunker entstehen, wenn das Nachfließen der Schmelze nicht ausreichend ist. Praktisch wird es kaum einen Fall geben, in dem solche Mikrolunker ganz fehlen. Das ist einer der Gründe, auf die die herabgesetzten Festigkeitseigenschaften des gegossenen gegenüber eines plastisch verformten Materials zurückzuführen sind.

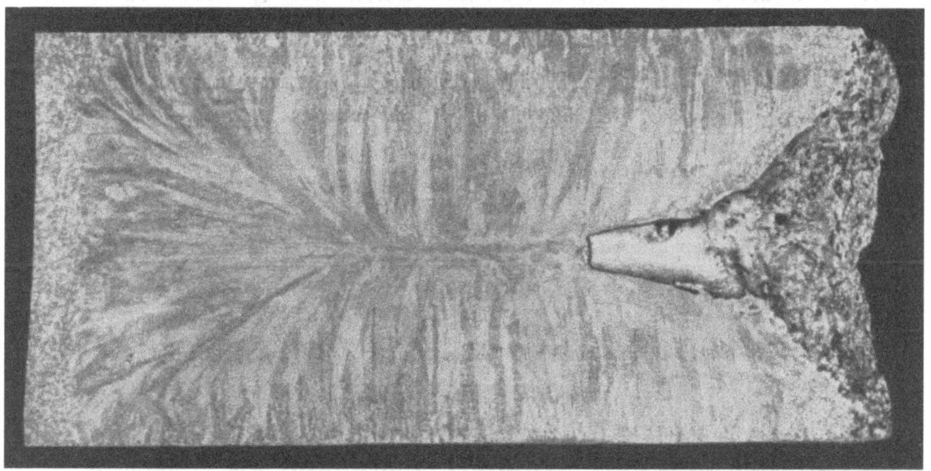

Abb. 68. Lunkerausbildung in einem in eine Steinkokille vergossenen Zinkblock. (Nach BAUER und ZUNCKER).

6.

Eine Folge der Konzentrationsunterschiede zwischen dem erstarrendem Krystall und der Schmelze ist die Erscheinung der makroskopischen Seigerung, wie sie im Zusammenhang mit dem räumlichen Fortschreiten der Erstarrung auftritt. Sie äußert sich darin, daß verschiedene Teile des Gußstückes Abweichungen von der mittleren Zusammensetzung der Gesamtlegierung aufweisen. Meistens handelt es sich hierbei um die sogenannte umgekehrte Blockseigerung. Die am Rande in der Berührung mit der Kokille liegenden, zuerst krystallisierenden Teile des Gußstückes weisen in der Regel entgegen der elementaren Erwartung eine Anreicherung der zuletzt krystallisierenden Teile der Schmelze (umgekehrte Blockseigerung) auf. Wenn die Restschmelze, wie das vielfach der Fall ist, bei der Krystallisation ein spröderes Material ergibt als die Gesamtlegierung, kann die umgekehrte Seigerung zur Rißbildung an der Oberfläche und anderen Schwierigkeiten führen. Auf ihre Erklärung und auf die Maßnahmen ihrer technischen Bekämpfung kann hier nicht eingegangen werden. Es sei nur darauf hingewiesen, daß auch hier die Steuerung der Krystallisationsrichtung und damit der Richtung des Wärmeabflusses am wichtigsten ist.

VII. Vorgänge im festen Zustande. Aufbau der Eisen-Kohlenstoff-, der Zink-Kupfer-Legierungen und der Zink-Aluminium-Legierungen als Beispiele.

1.

Wir haben bereits in der ersten Vorlesung am Beispiel der Zink-Aluminium-Legierungen gesehen[1], daß Reaktionen in metallischen Systemen sich nicht auf die Ausscheidung von Krystallarten aus der Schmelze oder auf Umsetzungen mit der Schmelze beschränken, sondern auch im festen Zustande ohne jede Beteiligung einer Schmelze möglich sind. Als eine solche Reaktion kann ja bereits eine Ausscheidung einer zweiten Krystallart aus einem gesättigten Mischkrystall bei Temperaturerniedrigung im Falle der Erniedrigung der Sättigungsgrenze, die in der vorigen Vorlesung kurz erörtert worden ist, angesehen werden. Die

[1] Eine kurze Besprechung des Aufbaus der Zn-Al-Legierungen findet sich am Ende dieser Vorlesung S. 88.

Reaktionen im Krystallzustand sind nicht selten und haben die größte technische Bedeutung. Diesen wollen wir uns jetzt zuwenden.

Wir erhitzen einen dickeren Stahldraht mit Strom auf helle Weißglut und schalten dann den Strom aus, so daß der Draht sich schnell abkühlt; zu unserem Erstaunen nehmen wir wahr, daß nach Abkühlung bis auf dunkle Rotglut der Draht sich von selbst erneut beinahe bis Gelbglut erhitzt, um sich dann endgültig abzukühlen. Im Verlaufe der Abkühlung hat im Draht eine Wärmeentwicklung infolge einer Reaktion stattgefunden, und zwar handelt es sich hierbei um die Umwandlung der oberhalb 906° beständigen sog. γ-Modifikation des Eisens in die unterhalb dieser Temperatur beständige α-Modifikation und ihre Begleiterscheinungen. Bei der schnellen Abkühlung hat die Umwandlung nicht bei der Gleichgewichtstemperatur eingesetzt, sondern ist erst nach einer erheblichen Unterkühlung eingetreten, wobei sie die beobachtete Temperaturerhöhung des Drahtes hervorgerufen hat.

Die γ-α-Umwandlung des Eisens ist die wichtigste Reaktion im Krystallzustand bei den Metallen, vor allen Dingen im Zusammenhang mit den von ihr bestimmten Vorgängen in den Legierungen des Eisens, auf die wir im folgenden zu sprechen kommen werden. Oberhalb 906° zeigt das γ-Eisen die Atomanordnung des flächenzentrierten kubischen Raumgitters (Abb. 2b), bei der nicht nur die Ecken des Elementarwürfels, sondern auch seine Seiten in der Flächenmitte je ein Atom enthalten; die unterhalb 906° beständige α-Form krystallisiert dahingegen im raumzentrierten kubischen Raumgitter, bei dem außer den Ecken des Elementarwürfels sich in seinem räumlichen Zentrum ein Atom befindet (Abb. 2a). Die Dichte und alle anderen Eigenschaften unterscheiden sich bei den beiden Formen des Eisens um endliche Beträge. Es handelt sich dabei also um zwei verschiedene *Phasen*, und bei 906° besteht zwischen beiden ein Zweiphasen-Gleichgewicht mit einem Freiheitsgrad oder bei konstantem Druck ohne Freiheitsgrad. Genauso, wie ein Metall bei konstantem Druck einen bestimmten Schmelzpunkt hat, besitzt das Eisen auch einen bestimmten γ-α-Umwandlungspunkt, in dem (bei konstantem Druck) die Umwandlung sich bei konstanter Temperatur von Anfang bis zu Ende vollzieht.

Ähnliche Umwandlungen zeigen einige andere Metalle, von denen das bekannteste das Zinn ist, bei dem bei Abkühlung unterhalb von 13,2° C die graue pulverige Modifikation die beständigere ist. Diese Umwandlung ist die Ursache der bei tiefer Temperatur des öfteren beobachteten Zerfallserscheinungen an Zinngegenständen, die man als *Zinnpest* bezeichnet.

Da es sich bei der Umwandlung der Metalle um Bildung einer neuen Phase aus einer vorhandenen handelt, besteht zwischen einer solchen Umwandlung und dem Schmelzpunkt im Sinne der Lehre von den heterogenen Gleichgewichten und also auch von den Zustandsdiagrammen gar kein Unterschied. Wenn gewisse Voraussetzungen über Bildung von Mischkrystallen (oder das Fehlen von solchen) gemacht sind, können wir leicht die entsprechenden Zustandsdiagramme ableiten. Wir wollen hier nur zwei Beispiele erörtern, zunächst das in Abb. 69 wiedergegebene.

Wir nehmen an, daß die Metalle A und B sich im flüssigen Zustande in allen Verhältnissen mischen und zu einer ununterbrochenen Reihe von Mischkrystallen γ erstarren. Bei den Temperaturen T_A und T_B

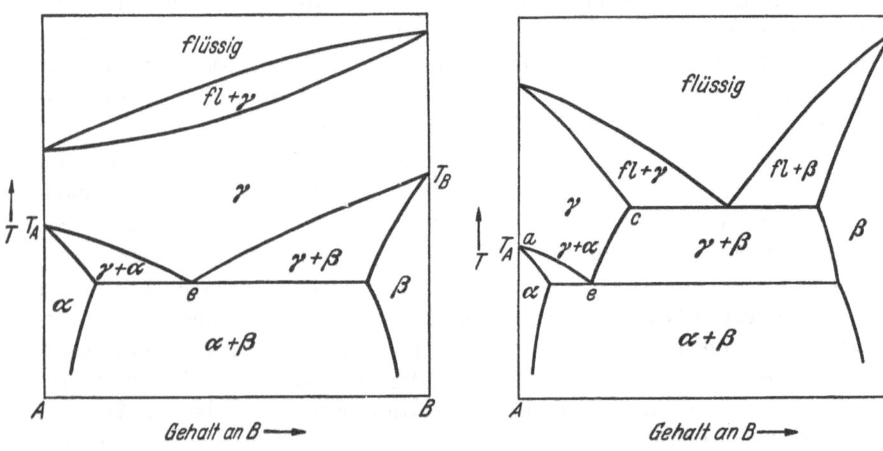

Abb. 69. Beispiel einer Umwandlung im Krystallzustand.

Abb. 70. Beispiel einer Umwandlung im Krystallzustand.

erleiden die beiden Metalle jedoch Umwandlungen; bei tieferer Temperatur wird das Metall A in der Form α und das Metall B in der Form β beständig. Diese beiden Krystallarten sollen miteinander nur in ganz beschränktem Umfang Mischkrystalle bilden.

Die Umwandlung bei den Legierungen verläuft in diesem Falle genau nach demselben Schema wie die Erstarrung eines mechanischen Gemenges (Vorles. III und V), mit dem einzigen Unterschied, daß an Stelle der flüssigen Lösungen die Mischkrystalle γ treten. Der Ablauf der Umwandlung wird dadurch beeinflußt, daß in den festen γ-Krystallen in einem der Schmelze gegenüber wesentlich verstärkten Maße Verzögerungserscheinungen auftreten können. Abgesehen von diesem Unterschied, könnten wir für den Verlauf der Umwandlungen die Betrachtungen der III. und V. Vorlesung wörtlich wiederholen. Ihre eingehendere Erörterung erübrigt sich deshalb.

In Abb. 70 ist ein anderer möglicher Fall wiedergegeben, in dem die Erstarrung aus der Schmelze zur Bildung von zwei Arten von Mischkrystallen γ und β mit beschränkter Mischbarkeit führt. Der Bestandteil A erleidet bei der Temperatur T_A eine Umwandlung in eine α-Form. Durch Zusatz des zweiten Bestandteiles B wird die Umwandlungstemperatur erniedrigt, bis die Kurve des Beginnes der Umwandlung ae die Sättigungskurve ce der γ-Mischkrystalle schneidet. Im Punkt e ist der Mischkrystall γ zugleich an α und an β gesättigt, es findet hier also bei konstantem Druck bei der Abkühlung eine nonvariante Reaktion

$$\gamma \rightarrow \alpha + \beta \qquad (1)$$

statt. Der Punkt e ist hier ebenso wie in Abb. 69 einem eutektischen Punkt beim Ende der Erstarrung durchaus analog. Er wird ein *eutektoider* Punkt genannt. Das Gefüge ist dem eutektischen sehr ähnlich, nur meistens feiner. Es ist in Abb. 71 am Beispiel der Eisen-Kohlenstoff-Legierungen, auf die wir anschließend zu sprechen kommen werden, wiedergegeben.

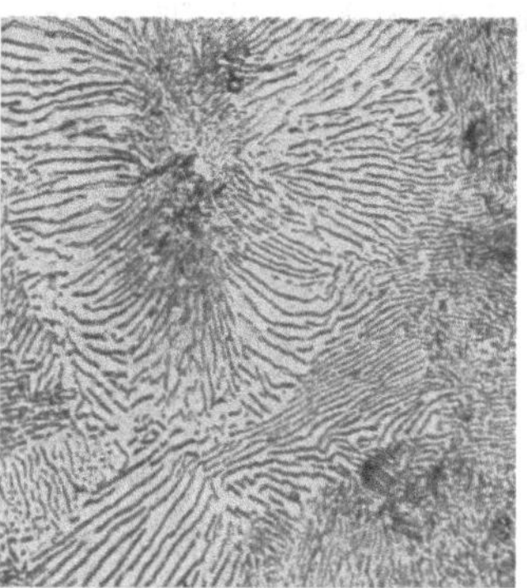

Abb. 71. Gefüge eines Eutektoids (*Perlit*). Vergr. 100×. (Aus P. OBERHOFFER, Das technische Eisen.)

Neben diesen eutektoiden Umsetzungen können im Krystallzustand auch den peritektischen analoge *peritektoide* auftreten, wie überhaupt jedes mit einer Schmelze mögliche Gleichgewicht auch im Krystallzustande unter Beteiligung von Mischkrystallen vorkommen kann.

2.

Wir haben die wichtigsten Typen von Zustandsdiagrammen binärer Legierungen kennengelernt. Es ist des öfteren erwähnt worden, daß in Wirklichkeit meistens Kombinationen dieser Typen auftreten. Wir wollen solche Kombinationen zunächst nur an zwei technisch wichtigen Beispielen, den Eisen-Kohlenstoff-Legierungen, die die Grundlage aller Stähle darstellen, und an Kupfer-Zink-Legierungen, aus denen das bekannte Messing besteht, erörtern. Wir fangen mit dem wichtigsten der metallischen Werkstoffe, dem Stahl, an (Abb. 72).

Wir tragen den Kohlenstoffgehalt im Diagramm in Gewichtsprozenten nach rechts auf, so daß die Zusammensetzung des reinen Eisens sich an der linken Seite des Diagrammes befindet. Sein Schmelzpunkt liegt bei 1539° (A). Außer dem schon vorher im Versuch gezeigten Umwandlungspunkt bei 906° (G) hat das Eisen noch einen zweiten bei 1401° (N). Die aus der Schmelze zunächst krystallisierende Modifikation, die oberhalb von dieser Temperatur beständig ist, wird δ genannt. Zwischen 1401°

und 906° ist die Modifikation γ, unterhalb 906° α beständig. Die Umwandlungen vollziehen sich beim reinen Eisen, wie erörtert, alle bei konstanter Temperatur. α ist, wie bereits erwähnt, kubisch raumzentriert, γ kubisch flächenzentriert und δ wieder kubisch raumzentriert. Alles spricht dafür, daß es sich bei der Modifikation δ um nichts weiter

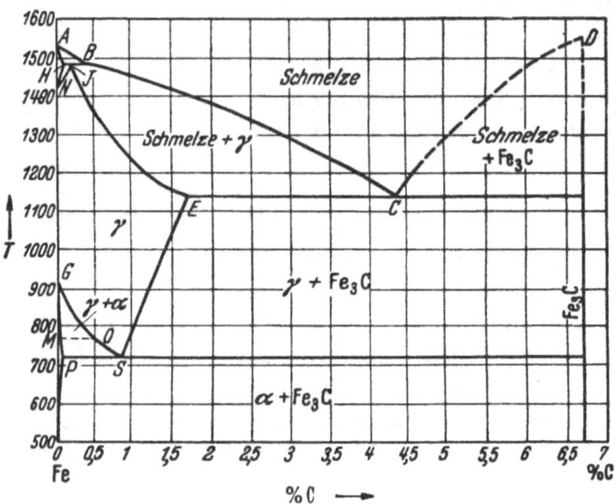

Abb. 72. Zustandsdiagramm der Eisen-Kohlenstoff-Legierungen (Zementitsystem).

als die Wiederbildung der Phase α bei hoher Temperatur handelt, die nach einer Lücke wieder als die beständigste Phase auftritt. Auf diese sehr eigenartigen Verhältnisse können wir hier nicht näher eingehen.

Durch Zusatz von Kohlenstoff zur Schmelze sinkt die Temperatur des Beginnes der Krystallisation. Also müssen die aus der Schmelze sich ausscheidenden, kohlenstoffhaltigen δ-Mischkrystalle *weniger* Kohlenstoff enthalten als die Schmelze, ganz im Sinne unserer früheren Überlegungen. Deshalb liegt die Soliduslinie AH links von der Liquiduslinie AB.

Bei Erreichung der Horizontalen HIB wird die Krystallisation der δ-Krystalle durch das Dazwischentreten einer peritektischen Reaktion

$$\text{Schmelze } B + \delta\text{-Krystalle } H \rightarrow \gamma\text{-Krystalle } I \tag{1}$$

unterbrochen, wobei, wie man sieht, peritektisch ein kohlenstoffhaltiger γ-Mischkrystall entsteht, der eine feste Lösung von Kohlenstoff im γ-Eisen (sog. *Austenit*) darstellt. Da er sich bei I *peritektisch* bildet, muß seine Zusammensetzung zwischen derjenigen der Schmelze B und des Mischkrystalles H liegen. Er enthält also mehr Kohlenstoff als der mit ihm im Gleichgewicht befindliche δ-Krystall H. Folglich muß also die Temperatur der δ-γ-Umwandlung des Eisens durch Zusatz von Kohlenstoff erhöht werden, wie das tatsächlich die Kurven NH und NI zeigen. Die erste gibt die Temperaturen und die Zusammensetzungen der δ-Krystalle an, die an γ gesättigt sind, die zweite die Temperaturen und Zusammensetzungen der γ-Krystalle, die ihrerseits mit den δ-Krystallen im Gleichgewicht stehen. Wir sehen, daß die Gestalt des Zustandsdiagrammes im Gebiete der δ-γ-Umwandlung im Einklang mit den von uns für die Schmelzen erörterten Prinzipien steht.

Nach vollendeter Reaktion (1) bestehen die Legierungen, je nach ihrer Zusammensetzung, aus δ- und γ-Mischkrystallen oder aus γ-Krystallen und Schmelzen. Das erstere gilt, wenn der Kohlenstoffgehalt geringer als bei I ist, das zweite, wenn er den bei I übersteigt. Bei weiterer Abkühlung findet im letzteren Fall eine Fortsetzung der Krystallisation von γ, aber jetzt aus der Schmelze statt, und zwar gibt BC als Liquiduskurve die Temperaturen und Zusammensetzungen der an γ gesättigten Schmelzen und IE die Temperaturen und Zusammensetzungen der mit der Schmelze im Gleichgewicht stehenden γ-Krystalle an.

Bei Legierungen zwischen den Zusammensetzungen von A und B beginnt die Krystallisation, wie wir gesehen haben, durch Ausscheidung von δ. Bei Zusammensetzungen links von H findet sie hiermit auch ihren Abschluß. Die Legierungen wandeln sich bei weiterer Abkühlung im *festen* Zustand um, indem der δ-Mischkrystall bei Erreichung der Kurve NH einen Mischkrystall γ ausscheidet. Im weiteren Verlauf der Umwandlung sinken die Temperaturen und die Kohlenstoffgehalte der δ- und γ-Krystalle längs der Kurven HN und IN, wobei der Konzentrationsausgleich in *beiden* Phasen durch Diffusion erfolgt, bis die Zusammensetzung des γ-Krystalles gleich der Zusammensetzung der ganzen Legierung geworden ist. Dann ist die Umwandlung abgeschlossen, die Legierung besteht aus homogenen γ-Krystallen.

Die Erstarrung der Legierungen der Zusammensetzungen zwischen H und B beginnt in derselben Weise; bei diesen Legierungen wird jedoch vor Ende der Erstarrung die peritektische Temperatur der Linie HIB erreicht. Für die Legierungen von H bis I findet die Erstarrung hier, wie erwähnt, ihren Abschluß. In den Legierungen von I bis B wird die Krystallart δ aufgezehrt, ehe die Schmelze verbraucht ist, und die Erstarrung geht, wie oben erwähnt, weiter und zu Ende, indem γ aus der Schmelze krystallisiert. Bei Legierungen, die rechts von B liegen, findet überhaupt keine Krystallisation von δ statt. Es entsteht hier direkt aus der Schmelze der γ-Mischkrystall der Zusammensetzungen der Soliduskurve IE im Gleichgewicht mit den entsprechenden Schmelzen der Liquiduslinie BC.

Auch der γ-Mischkrystall kann nicht unbegrenzte Mengen an Kohlenstoff aufnehmen. Sobald die Schmelze die Temperatur und Zusammensetzung des Punktes C erreicht hat, ist sie zugleich an γ und der Verbindung Fe_3C (Zementit, Punkt D) gesättigt. Als Abschluß der Krystallisation findet hier eine eutektische Reaktion:

$$\text{Schmelze } C \rightarrow \gamma\text{-Krystalle} + \text{Krystalle } Fe_3C \tag{2}$$

statt.

Wie man sieht, bestehen die Legierungen links von E nach vollendeter Erstarrung nur aus γ-Mischkrystallen, diejenigen zwischen E und C enthalten dahingegen außer primären γ-Krystallen noch das Eutektikum $\gamma + Fe_3C$ (den sog. *Ledeburit*).

Wir haben uns jedoch schon viel zu lange mit der Krystallisation der Eisen-Kohlenstoff-Legierungen aus der Schmelze und mit dem δ-Gebiet befaßt, das zwar ein erhebliches theoretisches, aber nur ein geringeres technisches Interesse hat. Die Gefügebildung des kohlenstoffhaltigen Eisens, also des Stahles, ist nämlich mit seiner Erstarrung noch keineswegs abgeschlossen, sondern erhält seine endgültige Gestalt erst nach dem Durchlaufen der γ-α-Umwandlung, mit der wir uns noch gar nicht beschäftigt haben und die die Basis beinahe der *ganzen technischen Stahlbehandlung* ist.

Die Umwandlungstemperatur γ-α wird beim Eisen, im Gegensatz zur Umwandlung δ-γ, durch Zusatz von Kohlenstoff erniedrigt, und zwar liegt hier in großer Annäherung der einfache Fall vor, daß die α-Krystalle (*Ferrit*) beinahe keinen (0,02%) Kohlenstoff aufzunehmen vermögen, im Gegensatz zu den γ-Krystallen, die im Punkte E maximal 1,7 % C enthalten. Da sich aus den eisenreichen γ-Krystallen somit praktisch das reine α-Eisen ausscheidet, *muß* die Kurve GS, die die Temperaturen und Zusammensetzungen der mit α gesättigten γ-Mischkrystalle angibt, mit steigendem Kohlenstoffgehalt zu tieferen Temperaturen verlaufen. Die Ausscheidung von α vollzieht sich hier, wie oben erörtert, in einem Temperaturintervall, während die γ-Mischkrystalle sich immer mehr an Kohlenstoff anreichern. Bei Erreichung des Punktes S mit 0,9 % C ist der γ-Krystall auch an Zementit Fe_3C gesättigt, und es findet die *eutektoide* Reaktion statt:

$$\gamma\text{-Krystalle } S \rightarrow \alpha\text{-Krystalle} + Fe_3C\,.$$

Hierbei entsteht das schöne lamellare Gefüge, das wir in Abb. 71 gezeigt haben und das man *Perlit* nennt; er ist ein wesentlicher Bestandteil der Gefüge vieler technischer Stähle.

Bei der Abkühlung bis auf 769°, die Temperatur des Punktes M, wird das bei höheren Temperaturen nicht magnetische Eisen ferromagnetisch. Innerhalb des engen Bereiches der α-Mischkrystalle wird die Temperatur der magnetischen Umwandlung (der *Curiepunkt*) durch

Kohlenstoffzusatz nicht wesentlich beeinflußt. Der Curiepunkt, also die Temperatur des Verlustes des Ferromagnetismus, wird nicht als eine Phasenumwandlung betrachtet. Der Verlust des Ferromagnetismus bei der Erhitzung und seine Wiederkehr bei der Abkühlung bis unterhalb 769° erfolgen grundsätzlich nicht sprunghaft, sondern kontinuierlich. Es handelt sich also nur um die Änderung einer Eigenschaft einer homogenen Phase (des *Ferrits*), die beim Curiepunkt besonders schnell verläuft, was beim normalen Experiment eine praktisch scharfe Temperaturlage dieses Punktes ergibt. Diese Temperatur darf aber nicht als Gleichgewichtstemperatur zweier Phasen betrachtet werden, wie das die Voraussetzung einer wahren Phasenumwandlung wäre. Diesem Umstand entspricht die Tatsache, daß der Curiepunkt auch im Mischkrystall praktisch scharf bleibt, wie im reinen Eisen, und nicht durch ein Intervall ersetzt wird. Die Lehre von den heterogenen Gleichgewichten und die Phasenlehre finden im vorliegenden Fall keine Anwendung, da es beim Curiepunkt sich gar nicht um ein heterogenes Gleichgewicht handelt. Die „ferromagnetische Umwandlung" gehört deshalb eigentlich gar nicht in das Zustandsdiagramm und soll hier nicht weiter erörtert werden.

Die Kurve SE ist weiter nichts als die Sättigungskurve des γ-Mischkrystalls an Kohlenstoff im Gleichgewicht mit dem Zementit Fe_3C. Sie hat dieselbe Bedeutung, wie z. B. die Kurven dd'' und ff'' in Abb. 57, Vorlesung V.

Der Verlauf der Kurve CD des Beginnes der primären Krystallisation des Zementits Fe_3C aus der Schmelze ist nur zu einem kleineren Teil untersucht worden. Sie verläuft außerordentlich steil zu höheren Temperaturen. Es ist ganz unsicher und sogar unwahrscheinlich, daß die Verbindung Fe_3C ohne Zersetzung schmilzt und also ein offenes Maximum bildet. Vermutlich wird sie unter Zersetzung und Bildung von Graphit, also Ausscheidung der reinen Kohlenstoffkomponente und einer Schmelze auf der Kurve CD schmelzen. Dieser Teil des Zustandsdiagrammes ist wenig untersucht und hat wieder nur geringere technische Bedeutung.

In den nachfolgenden Bildern werden einige Gefüge von Eisen-Kohlenstoff-Legierungen wiedergegeben. Man wird feststellen, daß sie — wenigstens im Rahmen dieser Erörterung — praktisch nur durch die Umwandlungsvorgänge γ-α und nicht mehr durch die Erstarrung bestimmt sind. Im Gleichgewicht ist das Erstarrungsgefüge ja bei C-Gehalten bis zu 1,7% (Punkt E) auch restlos ausgelöscht.

Abb. 73 zeigt das reine α-Eisen. Man nennt diesen Gefügebestandteil *Ferrit*. Er besteht aus einheitlichen Polyedern, die die einzelnen Krystallite des Eisens sind. Sie sind jedoch nicht aus dem Schmelzfluß gewachsen, sondern erst bei 906° durch *Umkrystallisation* des γ-Eisens entstanden.

Ein Stahl mit 0,26% C, Abb. 74, besteht nach geeigneter Ätzung aus zwei Bestandteilen, den primären hellen Krystallen und einem sie umgebenden später entstandenen dunklen Bestandteil. Wie eine Beobachtung bei stärkerer Vergrößerung lehrt, handelt es sich bei diesem dunklen Bestandteil um das Eutektoid Perlit (das schon in Abb. 71 dargestellt worden ist), eine Feststellung, die im Einklang mit dem Zustandsdiagramm steht. Die Menge des Perlits nimmt zu mit zunehmendem Kohlenstoffgehalt, vgl. Abb. 75 von Fe mit 0,53% C. Bei 0,9% C ist die Zusammensetzung des Punktes *S* erreicht, der Stahl besteht aus reinem Perlit, wie es die Abb. 71 uns gezeigt hat. Wenn der Perlit bei einer ungestörten Abkühlung aus dem γ-Felde entsteht, hat er die typische, in Abb. 71 wiedergegebene streifige Struktur. In dieser Ausbildungsform wird er *streifiger* oder *lamellarer* Perlit genannt, im Gegensatz zum *körnigen* Perlit, der ebenfalls ein fein verteiltes Gemenge von Ferrit und Zementit darstellt, aber unter ganz anderen Bedingungen entsteht

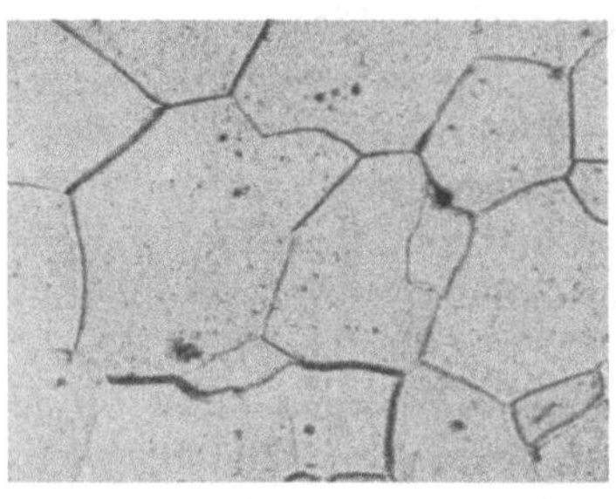

Abb. 73. Gefüge des α-Eisens (des Ferrits). Vergr. 200×. (Aus P. OBERHOFFER, Das technische Eisen.)

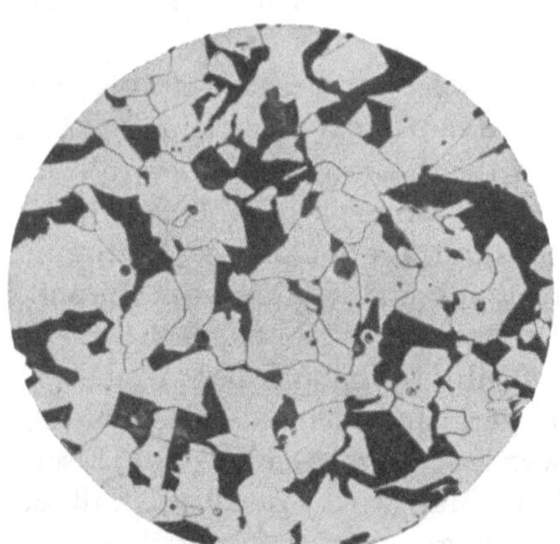

Abb. 74. Gefüge eines Stahles mit 0,26% C (Ferrit und Perlit). Vergr. 100×. (Aus P. OBERHOFFER, Das technische Eisen.)

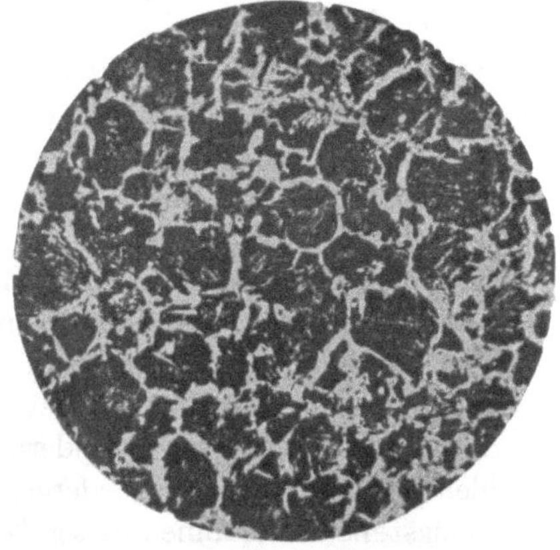

Abb. 75. Gefüge eines Stahles mit 0,53% C (Ferritnetz und Perlit). Vergr. 100×. (Aus P. OBERHOFFER, Das technische Eisen.)

(vgl. S. 95). Ein solcher Stahl heißt dementsprechend *eutektoider Stahl*, während die Stähle mit geringeren Kohlenstoffgehalten *untereutektoide Stähle* und mit höheren *übereutektoide Stähle* genannt werden. Bei weiterer Erhöhung des Kohlenstoffgehaltes finden wir im Gefüge, wie es das Zustandsdiagramm verlangt, primäre Krystalle des Zementits Fe_3C, der sich während der Abkühlung des Stahles längs der Kurve *SE* ausgeschieden hat, und dazwischen den bei geringer Vergrößerung als dunkle Masse erscheinenden Perlit. Das Gefügebild ähnelt demjenigen der Abb. 75 mit dem Unterschied, daß das helle Netz nicht aus Ferrit, sondern aus Zementit besteht. Stähle mit mehr als 1,7% C, entsprechend dem Punkte *E*, werden nicht hergestellt. Bei höheren C-Gehalten befindet man sich im Gebiet des *Gußeisens.*

3.

Es ist mit allem Nachdruck zu betonen, daß die technischen Stähle außer Eisen und Kohlenstoff *immer* noch andere Zusätze, wie Mn, Si, P, S und zuweilen Ni, Cr, Mo, V, um nur einige zu nennen, enthalten. Die Erstarrungs- und Umwandlungsvorgänge in solchen Stählen verlaufen bis zu einem gewissen Grade abweichend von denjenigen in reinen Eisen-Kohlenstoff-Legierungen. Man darf deshalb nicht vergessen, daß die Anwendung des Eisen-Kohlenstoff-Diagramms auf technische Stähle mit Vorsicht zu erfolgen hat; so hängt z. B. die Konzentration des Perlitpunktes *S* in nicht unerheblichem Maße von dem Gehalt an weiteren Zusätzen ab, sie wird in der Regel zu niedrigeren Kohlenstoffgehalten verschoben. Man braucht sich also nicht zu wundern, daß z. B. ein technischer Stahl mit höherem Mangangehalt bereits bei 0,7% C ein reines Perlitgefüge zeigt. Damit wird auch die thermische Behandlung der Stähle, die wir in Kap. VIII erörtern, oft entscheidend beeinflußt.

Die sowohl grundsätzliche als auch technische Bedeutung des Eisen-Kohlenstoff-Diagramms wird dadurch nicht berührt. Um eine kompliziertere Erscheinung zu erörtern und zu verstehen, ist es zuerst notwendig, ihre einfachen Grundlagen zu beherrschen. Die Kenntnis und Beherrschung des Eisen-Kohlenstoff-Diagramms ist eine völlig unentbehrliche Grundlage für jede Behandlung von Fragen der praktischen Stahltechnik.

4.

Zahlreiche Beobachtungen beweisen, daß der Zementit Fe_3C keine beständige Krystallart darstellt, sondern bei genügend langer Erhitzung im festen Zustand auf genügend hohe Temperaturen in den reinen Kohlenstoff in Gestalt des Graphits und in eine entsprechende eisenreiche Krystallart, meistens γ-Eisen (Austenit), zerfällt. Sein Auftreten im Zustandsdiagramm verdankt der Zementit lediglich seiner leichten Keimbildung und Krystallisation und der außerordentlichen Krystallisationsträgheit des Graphits, infolge deren der letztere im Stahl normalerweise gar nicht auftritt. Strenggenommen, handelt es sich bei dem bisher betrachteten Eisen-Kohlenstoff-Diagramm jedoch um ein unbeständiges (*metastabiles*) System im Gegensatz zu dem anderen *stabilen* Graphitsystem. Indem man diese beiden Diagramme übereinander aufträgt, erhält man das bekannte *Doppeldiagramm* der Eisen-Kohlenstoff-Legierungen. Wir haben darauf verzichtet, in Abb. 72 auch das

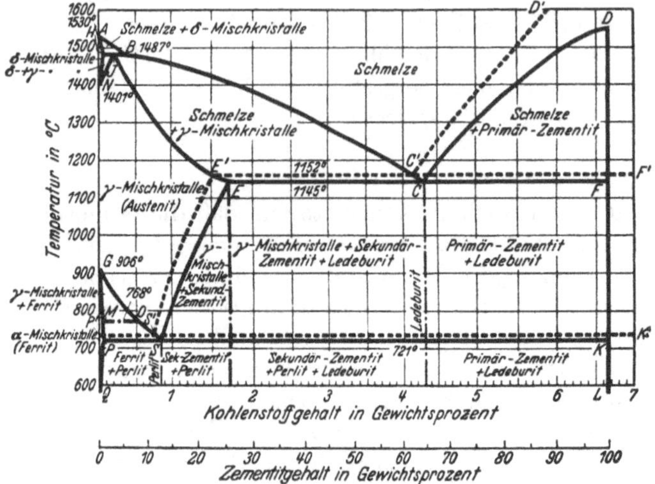

Abb. 76. Doppeldiagramm der Eisen-Kohlenstoff-Legierungen (die Schmelztemperatur des Eisens ist auf 1530° abgerundet worden).

Graphitdiagramm zu bringen, um die Erörterung nicht zu erschweren. Das Doppeldiagramm in der üblichen Form ist in Abb. 76 wiedergegeben. Wir wollen es nicht eingehender erörtern, bemerken jedoch nur, daß die Gleichgewichtslinien des Graphitdiagramms gestrichelt dargestellt sind und in ihrer Lage grundsätzlich der Bedingung genügen, daß der Graphit dem Zementit gegenüber die beständigere Krystallart darstellt.

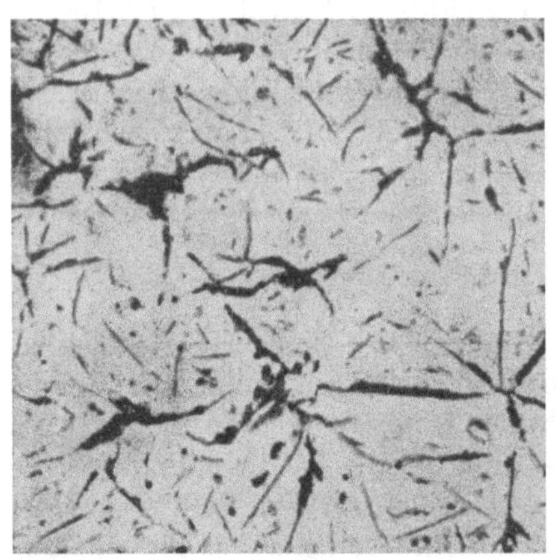

Abb. 77. Graues Gußeisen, ungeätzt. Vergr. 75×. (Aus E. Preuss, Die praktische Nutzanwendung der Prüfung mit Hilfe des Mikroskops.)

Der Graphit und der Zementit können nicht in *einem* Zustandsdiagramm nebeneinander auftreten, da sie miteinander nicht im Gleichgewicht sein können.

Die Krystallisation des Graphits hängt sehr stark von Zusätzen zum Eisen ab. Durch Silicium wird sie stark gefördert, durch Mangan erschwert. Während das Auftreten des Graphits in den Stählen verhindert werden muß, beruht die Herstellung des *Graugusses* auf der Krystallisation der Legierung im

Graphitsystem. Abb. 77 gibt das typische Gefüge von grauem Gußeisen wieder; die dunklen gekrümmten Streifen sind die Graphitkrystalle. Wenn sich in Gußeisen bei schneller Erstarrung an Stelle von Graphit der harte Zementit ausscheidet, entsteht *weißes Gußeisen,* das außerordentlich hart und spröde ist. Durch Erhitzung auf hohe Temperaturen (etwa 1000°) wird ein Zerfall des Zementits und eine Ausscheidung von Graphit bewirkt. Es entsteht der weiche *Temperguß*.

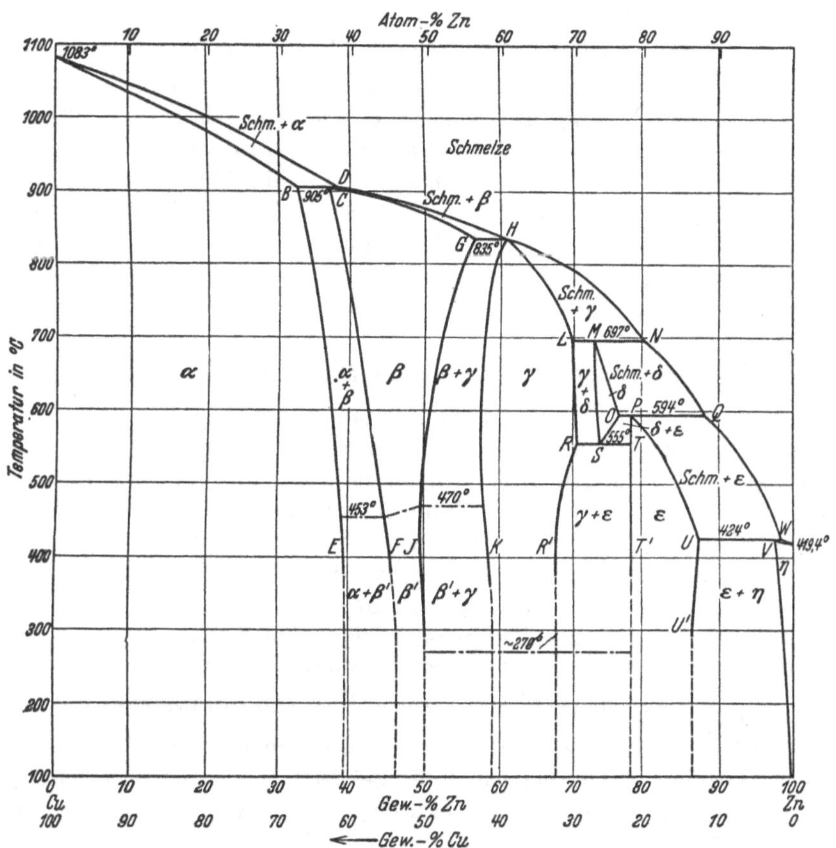

Abb. 78. Zustandsdiagramm der Cu-Zn-Legierungen.

5.

Das Zustandsdiagramm der Kupfer-Zink-Legierungen ist in Abb. 78 wiedergegeben. Wie man sieht, umfaßt es eine große Reihe von Mischkrystallarten α, β, γ, δ, ε und η mit dazwischenliegenden Mischungslücken, also mechanischen Gemengen der angrenzenden homogenen Phasen. Diese Krystallarten entstehen aus dem Schmelzfluß in einer

Reihe von peritektischen Reaktionen und bieten somit ein Beispiel für den in Vorlesung V erörterten Konstitutionsfall.

Der Schmelzpunkt des Kupfers, der bei 1083° liegt, wird durch Zusatz von Zink erniedrigt. Bis zum Punkte B bei etwa 33% Zink bilden sich die kupferreichen α-Mischkrystalle, die, wie man sieht, ärmer sind an Zink als die zugehörigen Schmelzen, wie das dem Absinken der Schmelztemperaturen mit zunehmendem Zinkgehalt entspricht. Bei 905°, der Temperatur der isothermen Linie BCD, findet eine peritektische Reaktion statt:

$$\alpha\text{-Mischkrystalle } B + \text{Schmelze } D \rightarrow \beta\text{-Mischkrystalle } C.$$

Während die Legierungen der Konzentrationen bis zum Punkte B nach vollendeter Erstarrung im Gleichgewicht nur aus α-Mischkrystallen bestehen, bestehen die Legierungen der Konzentrationen zwischen B und C aus einem Gemenge von α und von β (vgl. Abb. 7). Bei höheren Zinkgehalten findet die Krystallisation der β-Mischkrystalle unmittelbar aus der Schmelze statt, und die Legierungen von C bis G bestehen nach der Erstarrung nur aus homogenen β-Mischkrystallen. Bei 835°, der Temperatur der isothermen Geraden GH, findet wieder eine peritektische Reaktion statt:

$$\beta\text{-Mischkrystalle } G + \text{Schmelze } H \rightarrow \gamma\text{-Mischkrystalle } H.$$

Hierbei ist zu bemerken, daß die Zusammensetzung H der γ-Krystalle theoretisch etwas links von der Zusammensetzung der an der peritektischen Umsetzung teilnehmenden Schmelze liegen muß, wenn die beiden Zusammensetzungen auch im Rahmen der nicht sehr großen experimentellen Genauigkeit scheinbar miteinander zusammenfallen, wie das im Zustandsdiagramm dargestellt worden ist.

Bis zum Punkte N scheiden sich nun γ-Mischkrystalle primär aus der Schmelze aus. Bei der Temperatur der isothermen Geraden LMN findet eine peritektische Bildung der δ-Krystalle statt:

$$\gamma\text{-Mischkrystalle } L + \text{Schmelze } N \rightarrow \delta\text{-Mischkrystalle } M.$$

Bei höheren Zinkkonzentrationen scheiden sich aus der Schmelze unmittelbar die δ-Mischkrystalle ab, bis bei der Temperatur der isothermen Geraden OPQ wieder die peritektische Bildung von ε-Mischkrystallen erfolgt:

$$\delta\text{-Mischkrystalle } O + \text{Schmelze } Q \rightarrow \varepsilon\text{-Mischkrystalle } P.$$

Bei höheren Zinkgehalten krystallisieren aus der Schmelze primär die ε-Krystalle, bis bei der Temperatur der isothermen Geraden UVW erneut eine peritektische Umsetzung eintritt:

$$\varepsilon\text{-Mischkrystalle } U + \text{Schmelze } W \rightarrow \eta\text{-Mischkrystalle } V.$$

Die η-Mischkrystalle erstrecken sich bis zum reinen Zink. Die Schmelztemperatur des letzteren wird also durch Zusatz von Kupfer *erhöht*.

Es erübrigt sich, hier die peritektischen Umsetzungen im einzelnen zu schildern, da sie dem grundsätzlichen, in Vorlesung V geschilderten Verlauf gegenüber nichts Neues bieten. Es ergeben sich jedoch im festen Zustand bei tieferen Temperaturen noch einige Eigentümlichkeiten, auf die kurz eingegangen werden muß.

Die Mischkrystalle δ sind nur in einem begrenzten Temperaturgebiet beständig und zerfallen bei der Temperatur der isothermen Geraden RST *euteklotid* in γ- und in ε-Krystalle:

$$\delta \rightarrow \gamma + \varepsilon .$$

Bei tieferen Temperaturen tritt die δ-Phase deshalb gar nicht auf.

Das Zustandsgebiet der α-Mischkrystalle *erweitert* sich nach tieferen Temperaturen hin, was einen verhältnismäßig seltenen Fall darstellt. (Nach neueren Untersuchungen scheint es unterhalb von 500° sich wieder zu verengen, was in den hier betrachteten Zusammenhängen ohne Bedeutung ist.) Das Zustandsgebiet der β-Mischkrystalle *verengt* sich dahingegen mit sinkender Temperatur nach beiden Seiten hin erheblich. Der eigenartige Verlauf des heterogenen Gebietes $\alpha + \beta$ hat zur Folge, daß Legierungen der an C und D nahe liegenden Zusammensetzungen zuerst nach der Erstarrung aus der Schmelze, wie oben angegeben, aus homogenen β-Mischkrystallen bestehen, mit sinkender Temperatur in steigenden Mengen neben β- auch α-Krystalle enthalten und schließlich bei etwa 500° im Gleichgewicht nur aus homogenen α-Krystallen aufgebaut sind.

Wir haben auf diesen Punkt hingewiesen, weil er eine größere technische Bedeutung hat. Die α-Krystalle, aus denen das sog. α-Messing besteht, sind bei tieferen Temperaturen geschmeidig, die Gemenge von α und β (die $\alpha + \beta$-Messinge) sind verhältnismäßig spröde. Für plastische Verformungen bei gewöhnlicher oder wenig erhöhter Temperatur, wie Drahtziehen, Blechwalzen usw., ist es also erwünscht, ein möglichst reines α-Gefüge zu haben. Eine Legierung mit 63% Cu und 37% Zn, das sog. 63er Messing, ein typischer Vertreter einer solchen Gattung, muß deshalb zur Erzielung einer homogenen Struktur bei möglichst tiefen Temperaturen geglüht werden, möglichst in der Nähe von 500°. Glüht man es dagegen, etwa nach dem Walzen, in dem Wunsch, es wieder weich zu erhalten (vgl. Vorlesung XI, S. 126), bei zu hohen Temperaturen aus, so bewirkt man dadurch eine teilweise Bildung von β-Krystallen, und das Messing wird spröder.

Bei hohen Temperaturen sind umgekehrt die β-Krystalle (das β-Messing) besonders leicht verformbar. Eine besonders beliebte Zusammensetzung ist 58% Cu, 42% Zn. Bei gewöhnlicher Temperatur besteht dieses Messing aus α- und aus β-Krystallen ($\alpha + \beta$-Messing). Um es gut bearbeiten zu können, muß man daher die Verarbeitungstemperatur, etwa beim Warmpressen von Stangen, über etwa 750° erhöhen, wenn man günstige Ergebnisse erzielen will. Nach der nachträglichen Abkühlung auf Zimmertemperatur hat eine solche Preßstange die Struktur der Abb. 7. Das Messing besteht hier aus α- und β-Krystallen, die jedoch in einer für das hochwertige technische Produkt charakteristischen Weise plattenförmig ausgebildet sind. Im Schnitt mit der Ebene des Schliffbildes ergeben sich die in Abb. 7 sichtbaren Platten.

Bei gewöhnlicher, also bei der Gebrauchstemperatur sind die β-Krystalle spröde. Es ist daher erwünscht, im $\alpha + \beta$-Messing größere Mengen von α zu haben. Etwaige spätere Glühungen haben also wieder bei nicht zu hohen Temperaturen zu erfolgen.

Das Gebiet der technisch verwendeten Kupfer-Zink-Legierungen erstreckt sich an der Kupferseite bis etwa 57% Cu und 43% Zn, es umfaßt also nur die α- und die β-Phase. Die weiteren Krystallarten des Diagramms sind sehr spröde und ohne technische Bedeutung. Lediglich die zinkreichen η-Krystalle, meistens neben der nächsten Krystallart ε, haben wieder technische Bedeutung als Basis der zinkreichen Legierungen, wie sie insbesondere in der letzten Zeit Verwendung gefunden haben. Die ε-Krystalle sind spröde, die η-Krystalle verhältnismäßig geschmeidig. Die zinkreichen Legierungen dürfen deshalb, wenn sie gut verformbar sein sollen, nicht wesentlich über 4 bis 5% Cu enthalten.

Auf weitere in Abb. 78 durch gestrichelte Linien angedeutete Umwandlungen im festen Zustande soll hier nicht eingegangen werden.

Das Diagramm der Kupfer-Zink-Legierungen ist ein gutes Beispiel für die außerordentliche Kompliziertheit der Konstitution vieler Legierungen. Die Zahl der auftretenden Phasen ist sehr groß, ihre Zustandsgebiete sehr unübersichtlich. Es ist verständlich, daß ihre theoretische Deutung im chemischen Sinne außerordentlich schwierig ist.

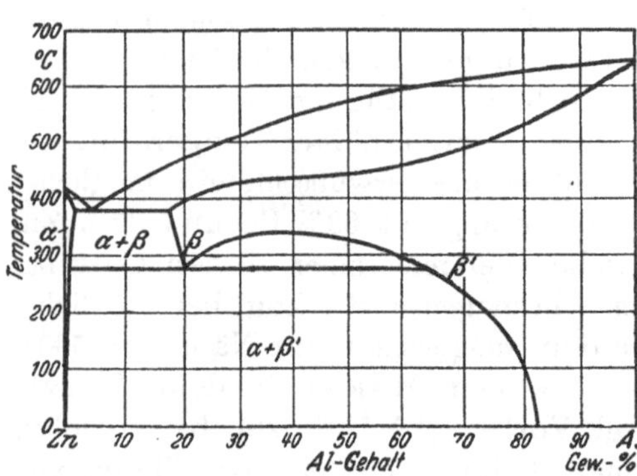

Abb. 79. Zustandsdiagramm der Zink-Aluminium-Legierungen.
(Aus A. BURKHARDT, Technologie des Zinks.)

6.

Als letztes Beispiel wollen wir das Zustandsdiagramm der Zn-Al-Legierungen besprechen (Abb. 79). Diese Legierungen erstarren als 2 Mischkrystallarten α und β. Die β-Mischkrystalle erstrecken sich, vom Aluminium ausgehend, bis über 80% Zn. Ihre untere Existenzgrenze hat eine eigenartige Gestalt. Vom Punkte β ausgehend, steigt sie zu höheren Temperaturen, durchläuft ein flaches Temperaturmaximum und sinkt wieder im Gebiete der β'-Krystalle. Das Maximum bei etwa 40% Al ist dem kritischen Punkt Abb. 60 analog und wird auch als solcher bezeichnet. Der einzige Unterschied besteht darin, daß es sich dort nicht um krystalline Mischungen handelt. Bei tieferen Temperaturen zerfallen die Legierungen innerhalb der Mischungslücke in ein Gemenge von 2 Krystallarten, die wir mit β und β' bezeichnen[1]. Eine Folge des geschilderten Verlaufes der Grenzlinie ist die Ausbildung eines eutektoiden Punktes bei β, wo β in α und in einen aluminiumreicheren Mischkrystall β' zerfällt:

$$\beta \rightarrow \alpha + \beta'.$$

Hier treten die β- und β'-Krystalle als verschiedene Phasen auf, trotzdem sie bei höheren Temperaturen ineinander übergehen. Das letztere ist nur möglich, da sie beide in demselben Raumgitter, kubisch flächenzentriert, krystallisieren. Sie haben lediglich voneinander abweichende Atomabstände (Gitterkonstanten), die im kritischen Punkt miteinander identisch werden.

Dieser eutektoide Zerfall des β-Krystalles läßt sich durch Abschrecken in Eiswasser unterbinden und setzt dann bei gewöhnlicher Temperatur ein. Er ist die Ursache der starken Wärmeentwicklung, die in der 1. Vorlesung, S. 2, gezeigt worden ist.

VIII. Thermische Behandlung.

1.

Die Konstitutionsänderungen im Krystallzustande, wie sie im vorangehenden Kapitel besprochen worden sind, bilden die Vorausssetzung für die *Wärmebehandlung des Stahles.* Indem man die Reaktionen im festen Zustande unter geeigneten Bedingungen durchführt, kann man das Gefüge und damit auch die Eigenschaften des Stahls, oft entscheidend, beeinflussen. Besonders wichtig ist es, daß die Umwandlungen in den Eisen-Kohlenstoff-Legierungen, entsprechend dem Umstande, daß sie sich im festen Zustande vollziehen, verhältnismäßig langsam verlaufen. Man hat deshalb vielfach die Möglichkeit, sie weit abseits vom Gleichgewicht durchzuführen. Erst dieser Umstand ergibt die erstaunliche Beeinflußbarkeit des Stahles durch thermische Behandlung, die auf Grund des verhältnismäßig einfachen Zustandsdiagramms Abb. 72, S. 78, allein nicht zu verstehen wäre.

Schon die genauere Betrachtung der Abb. 75 zeigt eine Anomalie. Dieser Stahl enthält 0,53% C, er besteht aus Ferrit mit etwa 0,02% und

[1] Die Buchstaben β und β' bezeichnen in Abb. 79 sowohl die Mischkrystallphasen als auch die Schnittpunkte der eutektoiden Linien mit den Begrenzungslinien der Mischkrystallgebiete.

aus dem dunklen Perlit mit 0,9% C; auf Grund der Hebelbeziehung (S. 40) müßte er deshalb

$$\frac{0{,}53 - 0{,}02}{0{,}9 - 0{,}02} = \frac{0{,}51}{0{,}88} = 58\% \text{ Perlit}$$

enthalten. Ein Blick auf die Abb. 75 lehrt dahingegen, und eine Ausmessung der Flächen bestätigt das, daß der Anteil des Perlits, im Widerspruch mit der Hebelbeziehung, bedeutend größer ist. Wie ist das zu verstehen?

Während der Ausscheidung des α-Eisens aus den γ-Krystallen bei diesem Stahl ändert sich die Zusammensetzung der letzteren längs der Kurve *GOS*, Abb. 72, und zwar zunächst in unmittelbarer Berührung mit bereits gebildeten α-Krystalliten. Während der Umwandlung muß ein Konzentrationsausgleich dieser Zonen mit den übrigen γ-Krystallen erfolgen. Dieser Konzentrationsausgleich durch Diffusion erfolgt nur langsam. Da auch die α-Keimbildung innerhalb der γ-Krystalle verzögert erfolgt (vgl. über Verzögerung bei der Keimbildung, die sinngemäß auch für den vorliegenden Fall gilt, Kap. XI ,S. 129), behalten diese Zonen mehr Eisen, als dem Gleichgewicht entspricht. In diesem Zustand wird der Stahl unter die eutektoide Gerade *PS* unterkühlt, und es findet nun in einer falschen, links vom Punkt *S* liegenden Zusammensetzung *abseits* vom Gleichgewicht eine gleichzeitige Krystallisation von Ferrit und von Zementit statt, die ein vom normalen Perlitgefüge kaum abweichendes Bild ergibt. Das Ergebnis ist, daß der Stahl nach der Abkühlung weniger α-Fe in Form von primär ausgeschiedenem Ferrit und mehr streifigen Perlit enthält, als dem Gleichgewicht entspricht. Der Perlit enthält mehr an α-Eisen als im Gleichgewicht beim Punkt *S*, die *Ferrit*-Streifen sind in ihm unnatürlich verdickt. Man nennt ihn deshalb wohl auch *Ferroperlit.*

Die Menge des Perlits nimmt deshalb bis zu einem gewissen Grade mit steigender Abkühlungsgeschwindigkeit zu.

Da der Perlit infolge der Gegenwart des sehr harten Zementits fester, aber auch spröder als der Ferrit ist, ergibt sich daraus bereits die Abhängigkeit der Festigkeitseigenschaften eines Stahles von der Geschwindigkeit, mit der bei der Abkühlung das Umwandlungsintervall durchlaufen wird.

In derselben Richtung wirkt noch ein Faktor, nämlich die Abhängigkeit der Krystallgröße von der Abkühlungsgeschwindigkeit. Abb. 80 und 74 zeigen die Gefüge eines Stahles mit 0,25% C, die erste nach der Abkühlung des Stückes an der Luft während des Umwandlungsintervalls, die zweite nach der sehr viel langsameren Abkühlung desselben Stahles im Ofen. In beiden Fällen besteht der Stahl aus dem hellen Ferrit und dem dunklen Perlit, wie das auf Grund des Zustandsdiagramms Abb. 72 zu erwarten war. Im Falle der Ofenabkühlung sind jedoch die Krystallite des Ferrits ungleich größer als im Falle der Luftabkühlung. Das erklärt sich daraus, daß bei der langsamen Abkühlung die Ferritkrystalle in Ruhe haben wachsen können, während bei der schnelleren Abkühlung infolge der oben besprochenen Verzögerung der Diffusion im γ-Gebiete, in dem noch kein α-Eisen entstanden ist, eine gewisse Unterkühlung und Übersättigung an Eisen eintritt, so daß in den γ-Krystallen immer neue α-Krystalle zur Abscheidung gelangen.

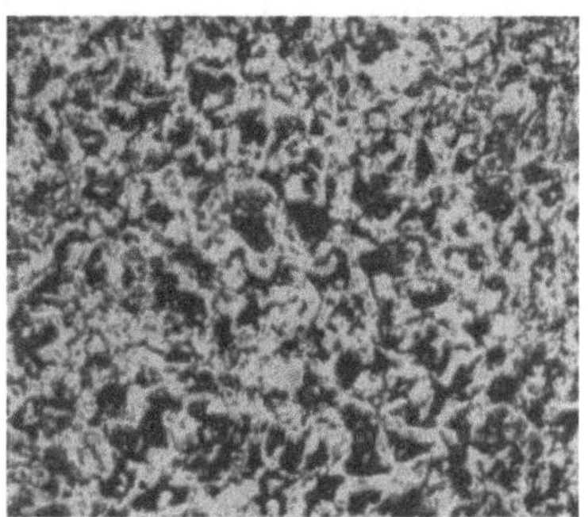

Abb. 80. Stahl mit 0,25% C nach Luftabkühlung. Vergr. 200×. (Aus P. OBERHOFFER, Das technische Eisen.)

Auch die Lamellen des Perlits sind im Falle der schnelleren Abkühlung ungleich feiner als im Falle der langsameren und lassen sich im ersteren Falle vielfach unter dem Mikroskop nicht mehr auflösen (*Sorbit*, vgl. S. 95).

Die genannten Unterschiede lassen es verständlich erscheinen, daß der Stahlwerker eine Glühung oberhalb des Umwandlungsintervalls mit nachfolgender Ofenabkühlung als eine ganz andere Operation betrachtet als die Glühung mit nachfolgender Luftabkühlung. Sie dienen ganz verschiedenen Zwecken. Die Glühung mit Ofenkühlung hat den Zweck, den Stahl möglichst weich und plastisch für die weitere Verarbeitung, z. B. durch Kaltwalzen oder Drahtziehen, zu machen. Die Glühung mit Luftabkühlung heißt *Normalisieren* und hat den Zweck, dem Stahl für die unmittelbare Verwendung günstige Festigkeitseigenschaften zu erteilen. In der überwiegenden Mehrzahl der Fälle findet der *Baustahl* etwa für Brücken, Baukonstruktionen oder für Schienen Verwendung im normalisierten Zustand. Die Normalisierung ist deshalb dem Umfang der Anwendung nach wohl die wichtigste thermische Stahlbehandlung.

2.

Ungleich interessanter werden jedoch die Verhältnisse, wenn man die Abkühlungsgeschwindigkeit noch mehr steigert, nämlich, wenn man den Stahl abschreckt, etwa in Wasser.

Es ist bisher niemals gelungen, die Krystallisation eines flüssigen Metalles durch eine selbst noch so scharfe Abschreckbehandlung zu unterdrücken. Dahingegen gelingt es, die γ-α-Umwandlung im Stahl durch Abschrecken zu unterdrücken, allerdings erst, wenn dem Stahl größere Mengen von Legierungselementen zugesetzt sind, die diese Umwandlung verzögern, vor allen Dingen Ni, Cr oder Mn. Man erhält dann den γ-Mischkrystall (den *Austenit*) im unterkühlten Zustand bei gewöhnlicher Temperatur (Abb. 81). Der Stahl besteht nur aus einer Art von homogenen Krystalliten, ebenso wie etwa das reine Eisen, Abb. 73, aus Ferrit besteht. Die Helligkeitsunterschiede in Abb. 81 sind, im Gegensatz zur Abb. 73, dadurch entstanden, daß im ersteren Falle eine Kornfelderätzung, im zweiten eine Korngrenzenätzung vorgenommen wurde (vgl. S. 6). Die beiden Gefüge unterscheiden sich sehr typisch dadurch, daß die Krystallite des Austenits von Balken mit regelmäßiger Begrenzung durchzogen sind (Zwillinge, vgl S. 131, bei Besprechung der Rekrystallisation), die im Ferrit völlig fehlen. Das ist ein Merkmal, an dem der Fachmann sofort das γ-Gefüge eines Stahles erkennt.

Abb. 81. Reiner Austenit. Stahl mit 1,94% C und 2,24% Mn, von 1050° abgeschreckt. (Aus P. OBERHOFFER, Das technische Eisen.)

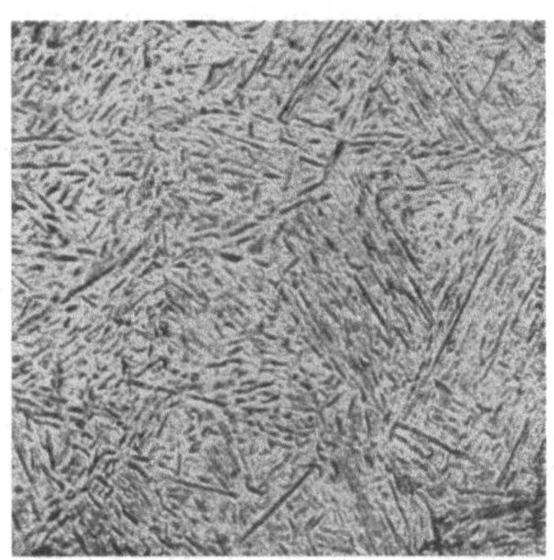

Abb. 82. Mikrogefüge des gehärteten Stahls (Martensit). Vergr. 200×. (Aus E. HOUDREMONT, Sonderstahlkunde.)

Ist die Abschreckgeschwindigkeit geringer gewesen (etwa in Öl statt in Wasser), oder hat der Stahl keine die Umwandlungen verzögernden Zusätze enthalten, so bleibt die Perlitbildung noch aus, und man erhält ein ganz anderes Gefüge (Abb. 82), das aus feinen Platten besteht und das man *Martensit* nennt. Die angewandte hohe Abkühlungsgeschwindigkeit ist nur zur Unterdrückung der Perlitbildung erforderlich. Die Martensitbildung erfolgt dann bei tieferer Temperatur schlagartig und unabhängig von der Abkühlungsgeschwindigkeit. Der Martensit ist außerordentlich hart und spröde und ist das Kennzeichen aller gewöhnlichen, durch Ablöschen in Wasser erhaltenen Stähle. Welches ist aber seine Natur?

Die Beantwortung dieser Frage hat jahrzehntelang die größten Schwierigkeiten gemacht und ist endgültig nur mit Hilfe der Röntgenanalyse gelungen. Der Martensit hat die raumzentrierte Struktur des α-Eisens. Das nadelförmige Gefüge tritt, wie man weiß, immer dann auf, wenn eine Umwandlung sehr schnell durchlaufen wird. Diese Bedingung ist ja im vorliegenden Falle erfüllt. Durch verfeinerte Methoden ist es gelungen, die Umwandlung an Hand der Wärmetönung während der Abschreckung zu verfolgen; man hat gefunden, daß die martensitische

Umwandlung sich in der Regel in der Gegend von 300 bis 100° C vollzieht. Bei einer so niedrigen Temperatur findet im Eisen die Diffusion des Kohlenstoffes nur sehr langsam statt. Es ist also gänzlich ausgeschlossen, daß hierbei eine Entmischung, wie sie bei der Perlitbildung stattfindet, zustande kommen soll. Der Kohlenstoff muß im Martensit demnach in derselben atomaren Verteilung, wie im γ-Mischkrystall vor der Abkühlung, vorliegen: Der Martensit ist weiter nichts als ein an Kohlenstoff ganz enorm übersättigter Ferrit. Wie groß diese Übersättigung sein kann, ergibt sich aus dem Umstande, daß der Ferrit im Punkt P des Zustandsdiagramms (Abb. 72) im Gleichgewicht maximal 0,02% C enthält, während der Martensit bis 1,5 und 1,6% C aufweisen kann. Der Kohlenstoff ist hier in das α-Raumgitter des Ferrits gewissermaßen gewaltsam eingeklemmt.

Hieraus ergibt sich eine sehr starke Verspannung des Raumgitters, die eine eigenartige tetragonale Verzerrung mit sich bringt („*tetragonaler Martensit*"), indem der Elementarwürfel (Abb. 2a) in einer Richtung etwas (bis etwa um 7%) gelängt wird.

Abb. 83. Weißer tetragonaler Martensit und Restaustenit (dunkel) nach Abschrecken eines Stahles in Wasser von 1050°. Vergr. 500×. (Aus E. HOUDREMONT, Sonderstahlkunde.)

Eine Folge des Zwangszustandes, in dem sich der Martensit befindet, und der starken Verzerrung des Raumgitters des α-Eisens ist die hohe Härte und Sprödigkeit des Martensits. Aus seinen Entstehungsbedingungen folgt bereits, daß ein schnell abgekühltes Gefüge neben dem Martensit auch noch unzersetzten Austenit enthalten kann. Das ist offenbar eine beinahe ausnahmslose Regel: in einem durch Abschrecken gehärteten Stahl findet sich immer noch eine gewisse kleinere Menge *Rest-Austenit* (insbesondere bei höherem C-Gehalt). Abb. 83 zeigt das Gefüge eines Stahles, bei dem durch Überhitzung *vor dem Abschrecken* eine spätere sehr grobe Ausbildung des Martensits erzwungen worden ist. Nach der Ätzung mit Pikrinsäure bleiben die Martensitnadeln hell, der dazwischenliegende Austenit wird schneller angegriffen als der Martensit und erscheint deshalb dunkel.

3.

Da der Martensit extrem übersättigt ist, muß er sehr wenig stabil sein. In der Tat genügt schon eine ganz geringe Erhöhung der Beweglichkeit der C-Atome, also eine Erhitzung während einiger Stunden auf 100 bis 150°, um Veränderungen im Martensit herbeizuführen. Zunächst zeigt der Röntgenversuch, daß die tetragonale Verzerrung nach und nach verschwindet, man findet wieder vorwiegend das normale kubische Raumgitter des α-Eisens („*kubischer Martensit*"). Fernerhin ätzt sich der Martensit jetzt schneller an als der Rest-Austenit, der sich viel langsamer in α-Eisen + Zementit umwandelt (vgl. Abb. 84). Hieraus wird geschlossen, daß der Kohlenstoff sich, wenigstens zum Teil, in Form von feinsten Karbidpartikelchen aus dem Martensit ausgeschieden hat, so daß der kubische Martensit in Wirklichkeit heterogen ist. Er ist etwas weniger spröde als der tetragonale Martensit. Man pflegt deshalb vielfach den abgeschreckten Stahl auf kubischen Martensit anzulassen.

Abb. 84. Kubischer Martensit (dunkel) und Restaustenit (hell) nach Abschrecken eines Stahles von 1050° und Anlassen bei 150°. (Aus E. HOUDREMONT, Sonderstahlkunde.)

Der Umstand, daß der kubische Martensit im wesentlichen die Härteeigenschaften des tetragonalen Martensits behalten hat, ist wohl zum Teil auf die extreme Dispersität des ausgeschiedenen Kohlenstoffs zurückzuführen, vgl. die Ausführungen über Aushärtung am Ende dieses Kapitels.

Die hohe Dispersität der im kubischen Martensit enthaltenen Karbidpartikelchen bedingt eine sehr große Berührungsfläche zwischen diesen und dem Ferrit. Deshalb ist diese Gefügeform auch noch nicht stabil. Bei fortschreitender Erhitzung ballen sich die Karbidteilchen zu zunehmend gröberen Aggregaten zusammen, wodurch einige hoch bedeutsame Zwischenzustände mit hervorragenden technischen Eigenschaften entstehen.

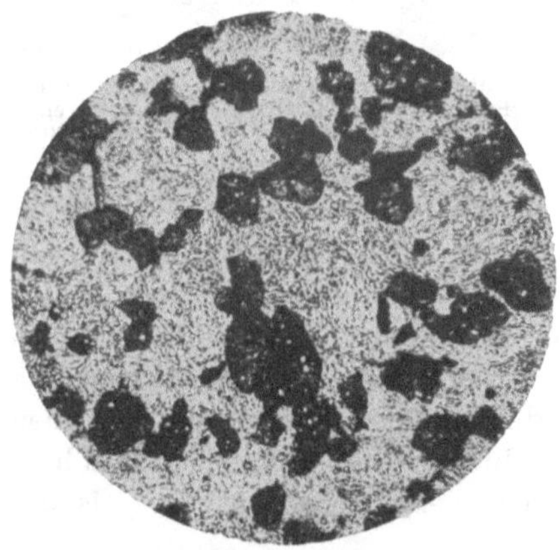

Abb. 85. Martensit und Troostit. Vergr. 300×. (Aus P. OBERHOFFER, Das technische Eisen.)

Wenn man einen abgeschreckten Stahl auf 300 bis 350° erhitzt, verliert sich die nadelförmige Struktur des Martensits. Es entsteht neben den Restteilen des Martensits ein undeutliches Gefüge, das sich dunkel ätzt (Abb. 85). Diesen Strukturbestandteil nennt man *Troostit*. Es unterliegt keinem Zweifel, daß es sich hierbei um weiter nichts handelt als um ein Gemenge von Ferrit und Zementit, genau ebenso wie im Perlit, jedoch mit dem Unterschied, daß die Teilchen noch für eine mikroskopische Auflösung zu fein sind.

Erhitzt man den Stahl auf höhere Temperaturen bis unterhalb der Linie *PS* (Abb. 72), so werden die Zementitpartikelchen allmählich immer gröber und rücken in das Gebiet der mikroskopischen Sichtbarkeit. Es entsteht eingebettet in Ferrit der *körnige Zementit*, so benannt wegen seiner abgerundeten Ausbildungsformen (Abb. 86). Ein solches Gemenge von Zementit und Ferrit wird zuweilen auch *körniger Perlit* genannt, besonders wenn seine Zusammensetzung sich derjenigen des Perlitpunktes *S* Abb. 72 nähert.

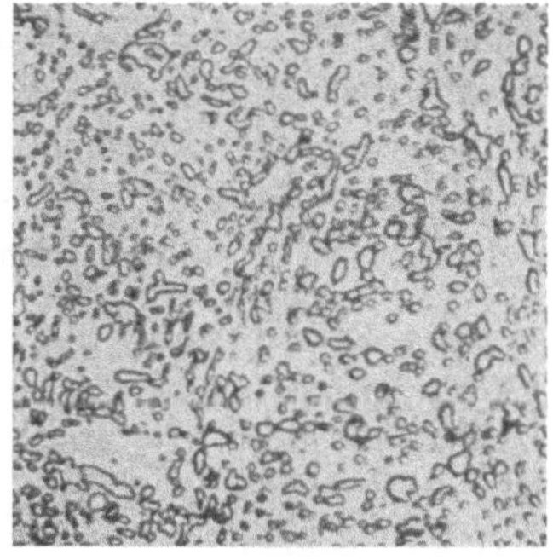

Abb. 86. Körniger Zementit. Vergr. 400×. (Aus P. OBERHOFFER, Das technische Eisen.)

Das Gefüge mit körnigem Zementit (ebenso wie das feinere Übergangsgefüge) zeichnet sich durch gute Festigkeit und Zähigkeit aus. Die Erzielung eines solchen Gefüges ist das Ziel einer Stahlbehandlung, die man als *Vergütung des Stahles* bezeichnet und die deshalb aus folgenden Teiloperationen bestehen muß: 1. Glühen bei einer Temperatur oberhalb der Kurve *GSE* (Abb. 72), 2. Abschrecken und 3. Anlassen auf eine geeignete Temperatur unterhalb der Perlitlinie *PSK*.

Eine in der Dispersität zwischen dem Troostit und dem Perlit liegende Gefügeform wird *Sorbit* genannt. Sorbit ätzt sich etwas weniger dunkel an als Troostit und ist bei den stärksten Vergrößerungen teilweise als streifiger Perlit zu erkennen. Er tritt vor allen Dingen als Abkühlungssorbit bei Abkühlungsgeschwindigkeiten auf, die zwar so hoch sind, daß eine normale Ausbildung des Perlits nicht mehr zustande kommt, bei denen jedoch noch keine Martensitbildung eintritt. Der Sorbit tritt vielfach im Gemenge mit Perlit auf, indem einige Teile des Stückes bereits bei technischen Vergrößerungen lamellaren Perlit aufweisen. Der Sorbit wird heute in der Regel nicht als selbständiges Gefüge betrachtet.

Wie man sieht, bestehen die Gefüge Perlit, Sorbit und Troostit alle aus denselben Krystallarten, nämlich aus Ferrit und aus Zementit (Fe_3C vielleicht auch Fe_2C). Ihre verschiedenen Bezeichnungen verdanken sie lediglich der überaus großen technischen Bedeutung der einzelnen Ausbildungsformen dieser Gemenge. Man muß sich jedoch darüber klar sein, daß vom Standpunkt der Konstitutionslehre zwischen ihnen gar kein Unterschied besteht.

Wird der Stahl über die Temperatur der Perlitbildung hinaus erhitzt, so beginnt die Umwandlung der α-Form in die γ-Form. Bei nachträglicher Abkühlung erhält man Gefüge des *normalisierten* oder *weichgeglühten* (S. 91) Stahles. Dann verliert sich der Einfluß der vorhergegangenen Abschreckbehandlung, und der Perlit zeigt sich wieder in seiner typischen streifigen Form (Abb. 71).

Eine wichtige Gruppe von Stählen, die sich für eine Vergütungsbehandlung besonders gut eignen und zum Teil für diesen Zweck besonders gezüchtet werden, nennt man *Vergütungsstähle.*

Wenn man die Abkühlungsgeschwindigkeit im Umwandlungsintervall weiter steigert, so daß zum Teil Martensitbildung eintritt, erhält man daneben den Perlit in so feiner Verteilung, daß er sich nicht im Mikroskop auflösen läßt. Auch ein solches Gefüge wird als troostitisch bezeichnet (*Abschrecktroostit*). Es hat nur eine geringere technische Bedeutung, da es meistens schwierig ist, es in reiner Form zu erhalten. Der Troostit ist in der Regel mit Martensit vermischt.

4.

Stähle, die neben Eisen und Kohlenstoff keine weiteren Elemente in größeren, absichtlich zugesetzten Mengen enthalten, nennt man *Kohlenstoffstähle.* Kohlenstoffstähle zeichnen sich durch einen schnellen Ablauf der Perlitumwandlung aus. Um eine martensitische Härtung zu erzielen, benötigt man bei ihnen deshalb sehr hohe Abkühlungsgeschwindigkeiten, wie man sie in größeren Stücken, selbst beim Hineinwerfen in kaltes Wasser, im Innern nicht mehr erzielen kann. Von einem Durchmesser von 3 bis 5 cm an weisen solche Stähle dann im Kern bereits troostitische Flecke auf. Die *Durchhärtungstiefe* der Kohlenstoffstähle ist nur gering. Man erhöht sie durch die die γ-α-Umwandlung verzögernden Zusätze von Ni, Cr, Mn, V und einigen anderen Elementen; es entsteht so eine wichtige Gruppe der sog. *Sonderstähle.* Wir haben schon erwähnt, daß auf diese Weise die Erzeugung von Austenit bei gewöhnlicher Temperatur möglich wird. Diese Zusätze ermöglichen es andererseits überhaupt erst, dickere Stücke bis zum Kern martensitisch zu härten. Sie ermöglichen zur Erzielung der martensitischen Härtung auch die Verwendung von milder wirkenden Abschreckmitteln, was verschiedene technische Vorteile hat.

Die größte Bedeutung als Verzögerer der γ-α-Umwandlung hat das Nickel, vor allen Dingen, weil es die Temperatur dieser Umwandlung stark herabsetzt. Man hat in den letzten 20 Jahren mit Erfolg versucht, diese Wirkung auch durch Zusatz anderer Elemente zu erzielen; während es jedoch gelungen ist, die anderen Eigenschaften der Ni-haltigen Stähle auch mit anderen Legierungselementen zu erreichen, ist das Nickel als Mittel zur Erzielung einwandfreier Durchhärtung auch stärkerer Profile unerreicht.

Es konnte nicht das Ziel der vorangehenden Zeilen sein, eine systematische Beschreibung der thermischen Behandlung der Stähle zu geben. Wir mußten uns darauf beschränken, einige grundsätzliche

Konsequenzen zu zeigen, die sich unmittelbar aus den Eigenarten des Zustandsdiagrammes ergeben. Ohne Hilfe des Zustandsdiagrammes wäre es wohl kaum möglich, die bei der thermischen Behandlung der Stähle zutage tretenden Zusammenhänge zu übersehen. Sie stellt ein gutes Beispiel für die Fruchtbarkeit und Unentbehrlichkeit der Zustandsdiagramme in der technischen Metallkunde dar.

5.

Im Jahre 1909 beschäftigte sich A. WILM in Deutschland mit dem Problem der Herstellung von Aluminiumlegierungen hoher Festigkeit. Dieses Problem war in der Hauptsache im Zusammenhang mit der beginnenden Entwicklung der Luftfahrttechnik entstanden, wo die ungenügende Festigkeit der bekannten Aluminiumlegierungen (kaum mehr als 30 kg/mm²) ein Hemmnis für weitere Fortschritte bildete. Unter anderen wurde eine Al-Legierung mit 4% Cu, 0,5% Mg und 0,5% Mn untersucht. Hierbei wurde einmal beobachtet, daß sie wesentlich höhere Festigkeitswerte ergab, als sie zufällig vor der Festigkeitsprüfung mehrere Tage gelagert hatte. Dieser Tatsache wurde nachgegangen, und es wurde festgestellt, daß man diese Legierung nur auf 500° zu erhitzen, von dieser Temperatur schnell abzukühlen (abzuschrecken) und einige Tage bei Zimmertemperatur liegen zu lassen brauchte, um Festigkeitswerte von 40 bis 45 kg/mm² zu erhalten. Diese Festigkeit wurde nur nach dem Lagern erreicht; unmittelbar nach dem Abschrecken betrug die Festigkeit nur 30 bis 35 kg/mm².

Diese Legierung erhielt den Schutznamen *Duralumin*. Mit ihrer Erfindung war der weitere Fortschritt der Luftfahrttechnik gesichert. Auch heute ruht noch die Luftfahrttechnik der ganzen Welt zu einem erheblichen Teil auf Werkstoffen, die nur geringere Unterschiede gegenüber der von WILM im Jahre 1909 angegebenen Zusammensetzung aufweisen.

Spätere umfangreiche Erfahrungen lehrten, daß das beim Duralumin gefundene Verhalten mit gewissen Abänderungen bei vielen anderen Legierungen wiederkommt. Erhitzt man eine solche Legierung X zunächst auf eine höhere Temperatur T, kühlt sie dann schnell ab und läßt sie dann bei gewöhnlicher oder bei mäßig erhöhter Temperatur t *auslagern*, so findet eine Härte- und Festigkeitszunahme statt, die mit einer gewissen Abnahme der Dehnbarkeit der Legierung einhergeht.

Die gesamte geschilderte kombinierte thermische Behandlung wird heute als *Aushärtung* bezeichnet. Früher nannte man sie wohl auch Veredelung oder Vergütung, doch sind diese Bezeichnungen, vor allen Dingen wegen der Gefahr der Verwechslung mit der Vergütung des Stahles, weniger zweckmäßig.

Die Aushärtungsbehandlung besteht also aus drei Schritten: der Glühung, dem Abschreckvorgang und der Auslagerung.

Die Möglichkeit der Aushärtung ist an folgende Voraussetzungen gebunden:

1. Bei der Abschrecktemperatur T muß die Legierung X im wesentlichen aus homogenen Mischkrystallen bestehen (Abb. 87, Punkt a).

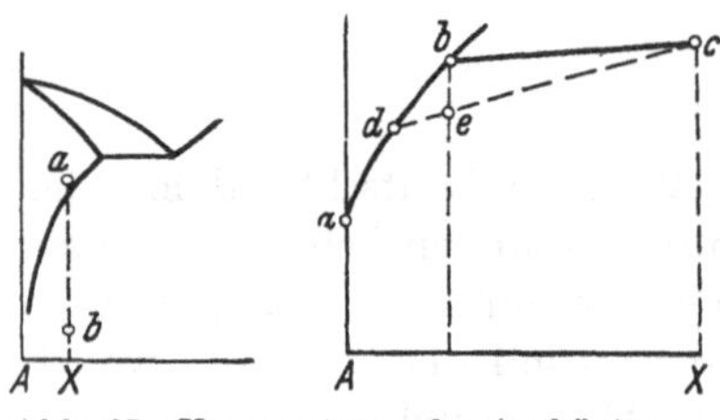

Abb. 87. Voraussetzung der Aushärtung.

2. Bei der Auslagerungstemperatur t müssen diese Mischkrystalle im Gleichgewichtszustand zerfallen sein, insbesondere einen zweiten Strukturbestandteil ausgeschieden haben (Punkt b).

3. Es muß möglich sein, den bei hoher Temperatur beständigen homogenen Mischkrystall durch schnelle Abkühlung zunächst im homogenen, aber übersättigten Zustand zu erhalten.

Es hat sich herausgestellt, daß es sich bei der Aushärtung des Duralumins vor allen Dingen um die Überschreitung der Sättigungsgrenze für Kupfer im Aluminium handelt.

Schon die Analogie mit dem oben erörterten Verhalten des Martensits zeigt, daß es sich bei der Härtezunahme beim Auslagern um eine im Zusammenhang mit der Beseitigung des Übersättigungszustandes im Mischkrystall stehende Gefügeänderung handeln muß. Ist denn ein solcher Effekt zu erwarten?

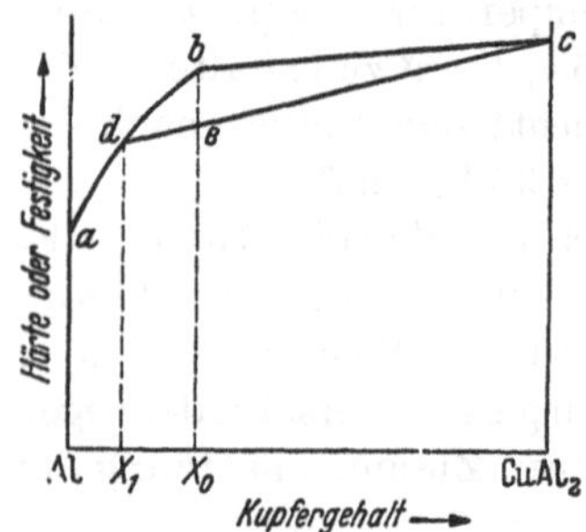

Abb. 88. Änderung der Festigkeitswerte bei der Ausscheidung, wie sie theoretisch zu erwarten wäre.

In Abb. 88 ist der Verlauf der Festigkeit oder Härte in einer Legierungsreihe wie der Al-Cu-Legierung dargestellt. Im Mischkrystallgebiet nimmt die Härte stark zu, bis beim Punkt b die Sättigungsgrenze erreicht ist. Die Cu-reicheren Legierungen bestehen, wenn man sie von 500° abschreckt, aus einem Gemenge des Mischkrystalles b mit der zweiten Krystallart $CuAl_2$. Die Härte derartiger Gemenge verläuft annähernd linear, Linie bc.

Wird nun durch Auslagern bei einer tieferen Temperatur die Ausscheidung einer gewissen Menge von $CuAl_2$ bewirkt, so daß die Löslichkeitsgrenze jetzt bei der Konzentration X_1 (Punkt d) liegen mag, so ist der zu erwartende Verlauf der Härtekurve durch adc wiedergegeben. Bei den Cu-reicheren Legierungen liegt ja jetzt ein Gemenge des gesättigten Mischkrystalles X_1 mit $CuAl_2$ vor. Während die Härte der Legierung mit der Zusammensetzung X_0 im homogenen Zustand vor der Auslagerung durch die Ordinate des Punktes b gegeben war, ist sie jetzt auf die Ordinate des Schnittpunktes e der Linie dc und bX_0 gesunken. Durch einen Ausscheidungsvorgang sinkt also die Härte oder die Festigkeit; ein Anstieg, wie er bei der Aushärtung beobachtet wird, ist keineswegs zu erwarten. Er stellt eine *Anomalie* dar.

Man hat sich sehr viel Mühe gegeben, diese Anomalie, auf der die ganze Aushärtungsbehandlung beruht, zu erklären. Heute erscheint es sicher, daß die Aushärtung an die Vorstufen der Ausscheidung einer zweiten Krystallart aus einem übersättigten Mischkrystall gebunden ist. Beim Duralumin läßt sich eine Ausscheidung nach dem Auslagern bei gewöhnlicher Temperatur allerdings noch mit keinem Mittel nachweisen, ja man kann eher sagen, daß eine solche Annahme widerlegt ist. Es lassen sich jedoch innerhalb des übersättigten Mischkrystalles Zusammenballungen der Cu-Atome nachweisen, die als eine Vorbereitung für eine später erfolgende Ausscheidung aufzufassen sind. Eine Aushärtung, die zu einem solchen Zustand führt, heißt *Kaltaushärtung*. Sie hat eine Reihe von typischen Merkmalen, z. B. eine hohe Dehnung, und zeigt eine (ebenfalls abnorme) Erhöhung des elektrischen Widerstandes bei der Auslagerung.

Wird das Duralumin bei einer höheren Temperatur, etwa bei 150 bis 200°, ausgelagert, so tritt eine noch etwas stärkere Aushärtung ein. Gleichzeitig läßt sich aber der Beginn der Ausscheidung einer zweiten Krystallart in der höchsten Dispersität, z. B. mit Röntgenstrahlen, nachweisen. Auch der Widerstand sinkt hierbei in der zu erwartenden Weise. Eine solche Aushärtung heißt *Warmaushärtung*. Sie zeichnet sich durch eine starke Zunahme der Festigkeit, zugleich aber durch eine erhebliche Abnahme der Dehnung aus. Auch hinsichtlich der chemischen Beständigkeit verhält sich das warmausgehärtete Duralumin ungünstig. Das Vorhandensein einer zweiten Krystallart in feinster Verteilung in Berührung mit dem Mischkrystall führt zur Bildung von Lokalelementen und zu einem verstärkten Angriff in Gegenwart von Elektrolyten (vgl. Kap. XII).

Die meisten Legierungen außer den Aluminiumlegierungen werden nach einer Warmaushärtung verwendet. Als Beispiel von aushärtbaren Kupferlegierungen seien die Kupfer-Beryllium-Legierungen genannt. Bei 750 bis 800° kann das Kupfer etwa 2,5 % Be im Mischkrystall aufnehmen. Diese Sättigungsgrenze sinkt bei 300° auf weniger als 1 % Be. Nach dem Abschrecken von 750° beträgt die Festigkeit etwa 45 bis 50 kg/mm^2; durch Auslagern bei 300 bis 350° während weniger Stunden steigt sie auf 130 bis 140 kg/mm^2. Allerdings geht die Dehnung hierbei auf etwa 1 % zurück.

Die Bedeutung der Aushärtung auf dem Gebiete der Nichteisenmetalle ist heute recht erheblich. Man kann sagen, daß beinahe jeder neue Fortschritt sich nur auf der Basis der Aushärtung vollzieht. Bei den Stählen wird die Aushärtung durch die reichen Möglichkeiten der Beeinflussung der Eigenschaften im Zusammenhang mit der im vorangehenden Abschnitt beschriebenen γ-α-Umwandlung in den Hintergrund gedrängt, trotzdem es Legierungen des Eisens gibt, die sie ganz ausgesprochen zeigen (Fe-Mo; Fe-W). Auch weist der Übergang des tetragonalen Martensits in kubischen und dann in Troostit große Verwandtschaft mit den Aushärtungserscheinungen auf.

IX. Plastische Verformung.

1.

In der ersten Vorlesung haben wir einen Zerreißversuch mit einem Kupferdraht ausgeführt (S. 9), bei dem wir die Spannungen und die Dehnungen gemessen und festgestellt haben, daß der Draht eine bleibende plastische Verformung und eine Verfestigung erlitten hat. Wir können unsere Ergebnisse anstatt in einer Tabelle in einem Diagramm Abb. 89 wiedergeben, in dem wir die Zug-Nennspannungen σ_N[1], bezogen auf Einheit des anfänglichen Querschnittes des Zerreißkörpers als Funktion der Dehnungen

$$\lambda = \frac{l - l_0}{l_0}$$

auftragen. Wir erhalten so die sehr wichtige Dehnungs- und Zerreißkurve des Drahtes, die wir eingehend erörtern müssen.

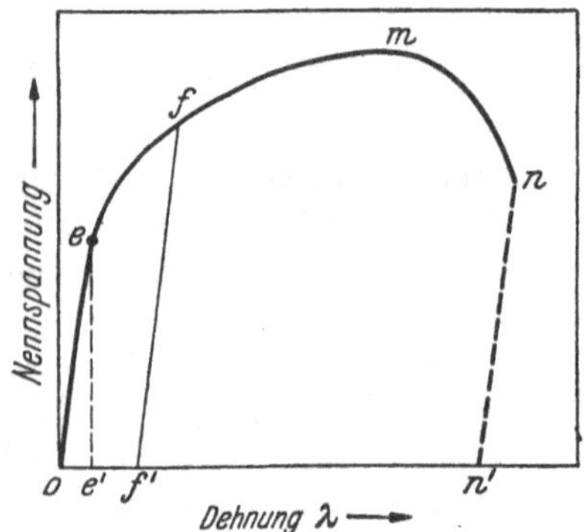

Abb. 89. Zerreißdiagramm eines Metalles, schematisch.

Man sieht, daß die Dehnungskurve $oefmn$ in ihrem ersten Teil oe gerade ist; das heißt, daß die Spannungen σ den Dehnungen λ proportional sind:

$$\sigma = E\lambda. \tag{1}$$

Beseitigen wir die Last, wenn sie die Ordinate des Punktes e nicht überstiegen hat, so verkürzt sich der Draht bis auf seine ursprüngliche Länge und behält also keine bleibende Verlängerung: die Zugbeanspruchung ist, wie man es nennt, rein *elastisch* gewesen. Das Proportionalitätsgesetz Gl. (1), das das HOOKEsche Gesetz heißt, ist also das Charakteristikum elastischer, bei Metallen immer nur kleiner Verformungen. Die dem Punkte e entsprechende Dehnung oe' übersteigt bei Metallen selten 1%. Die Linie oe nennt man die HOOKEsche *Gerade*. Der Koeffizient E, der die

[1] Das sind keine wahren Spannungen, vgl. I, S. 10.

Spannungszunahme pro Einheit der Dehnungszunahme angibt, wird der *Elastizitätsmodul* genannt[1].

Nach Überschreitung des Punktes e weicht die Kurve immer mehr von der Geraden ab; die Nennspannung σ_N steigt langsamer, als man es auf Grund des HOOKEschen Gesetzes erwarten sollte. Gleichzeitig tritt im Draht eine ***bleibende Verlängerung*** auf. Wenn wir, etwa nach Erreichung des Punktes f, die äußere Last beseitigen, so federt der Draht zurück, aber nicht in den Ausgangspunkt o, sondern unter Beibehaltung einer bleibenden Verlängerung in den Punkt f', wobei die Gerade $f'f$ annähernd parallel zur HOOKEschen Geraden oe ist. Belasten wir den Draht wieder, so kehrt er (annähernd) in den Punkt f zurück. Das elastische Gebiet hat sich bis zur Nennspannung des Punktes f erweitert, wobei der Elastizitätsmodul E seinen Wert behalten hat. Die Erweiterung des elastischen Gebietes, also die Erhöhung des Widerstandes gegen plastische Verformung, bedeutet nach den Ausführungen in der ersten Vorlesung eine *Verfestigung* des Materials. Erhöhen wir die Belastung weiter, so verfestigt sich der Werkstoff immer mehr, wobei er gleichzeitig auf seiner ganzen Länge eine gleichmäßige bleibende Verlängerung erleidet. Die Last kann jedoch nicht unbegrenzt gesteigert werden. Im Punkte m erreicht sie ein Maximum und fällt danach schnell bis auf n ab. Am Draht oder Zerreißstab beobachten wir zugleich eine merkwürdige Veränderung. Er dehnt sich nicht mehr gleichmäßig, sondern es bildet sich in ihm eine *Einschnürung*, Abb. 90, aus, bis er innerhalb dieser Einschnürung bei n zu Bruch geht.

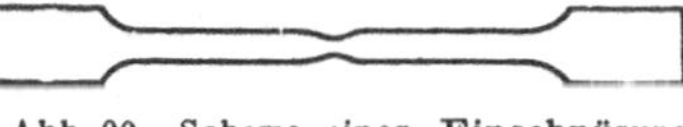

Abb. 90. Schema einer Einschnürung.

Die auf den ursprünglichen Querschnitt bezogene Nennspannung σ_B des Punktes m heißt die *technische Zerreißfestigkeit* oder die *Höchstlast*; das ist die Größe, auf Grund deren man die Festigkeit eines Stoffes in erster Linie beurteilt. Die gesamte Dehnung bis zum Bruch on', gemessen an der Länge des zerrissenen Prüfstabes, wird die *Bruchdehnung* λ_B genannt. Mit ihrer Hilfe beurteilt man hauptsächlich die Plastizität, die Dehnbarkeit oder die Sprödigkeit des Stoffes. Sehr wichtig ist fernerhin die Grenze des elastischen Bereiches e, die man, je nach der Methode und Genauigkeit der Messung, als *Elastizitäts-*, *Streck-* oder *Proportionalitätsgrenze* bezeichnet. Sie gibt die Spannung an, bis zu der ein Werkstoff in einer Konstruktion belastet werden kann, ohne eine bleibende (plastische) Verformung zu erleiden[1].

Neben diesen Bestimmungsgrößen pflegt man zur Kennzeichnung der mechanischen Eigenschaften eines Metalles seine *Härte* anzugeben, also den Widerstand, den es dem Eindringen einer Kugel oder einer Kegel-

---

[1] Bei den geringen hier in Frage kommenden Dehnungen sind die wahre *Effektivspannung* und die *Nennspannung* praktisch noch nicht zu unterscheiden.

spitze aus Stahl oder Diamant entgegenbringt. Man drückt etwa eine Kugel von einem bestimmten Durchmesser mit einer bestimmten Kraft in die ebene Oberfläche des Metalles ein und mißt unter dem Mikroskop den Durchmesser des entstandenen Eindruckes. Der Zahlenwert der Härte kann z. B. nach Brinell durch das Verhältnis der angewandten Kraft zur Oberfläche der entstandenen Kugelkalotte, die aus ihrem Durchmesser und dem Durchmesser der Kugel berechnet werden kann (hierzu gibt es Tabellen), definiert werden. Je größer der entstandene Eindruck, desto geringer ist also die Härte. Neben dieser Brinell-Härte gibt es noch verschiedene andere „Härten", die sich durch die Art der Bestimmung des Widerstandes gegen das plastische Eindringen eines Körpers in eine ebene Oberfläche des Prüflings unterscheiden. Welche Härtebestimmungsmethode man benutzt, ist gleichgültig, da der Härtewert einer einfachen theoretischen Grundlage entbehrt und lediglich eine Zahl liefert, die zum qualitativen Vergleich mit anderen benutzt wird. Die Härtebestimmung verdankt ihre große Verbreitung lediglich ihrer sehr bequemen Ausführung.

Tabelle 6. *Größenordnungen der Festigkeitswerte einiger metallischer Werkstoffe.*

Werkstoff		Streckgrenze σ_S (0,2%) kg/mm²	Zugfestigkeit σ_B kg/mm²	Bruchdehnung δ %	Brinell-Härte H kg/mm²
Kupfer	weich	6—8	22	40—60	50
	hart	40	44	4	120
Messing 60% Cu, 40% Zn	weich	15	34—42	30	70—90
	hart	30—40	50—60	10	125—150
Aluminium	weich	3—4	7—11	30—45	15—25
	hart	14—20	15—23	2—8	35—45
Duralumin		24—30	38—45	15—22	110—125
Silumin		9—11	17—20	2—5	35—60
Stahl 0,94% C	weich	40	76	16	216
	hart gewalzt	51	108	9	311
	gehärtet				>600
	Seildraht	180	200	2,5	

In Tab. 6 sind einige Werte der Streckgrenze, der Zerreißfestigkeit, der Dehnung und der Brinell-Härte für metallische Werkstoffe der Größenordnung nach eingetragen. Die Zerreißfestigkeit schwankt allgemein etwa zwischen 3 bis 4 kg/mm² bei Blei und 200 kg/mm² bei hartem Stahldraht und erheblich mehr bei Sonderlegierungen, die Dehnung zwischen Null und mehr als 100 %. Die Elastizitätsgrenze e wird bei vielen Werkstoffen bereits bei sehr geringen Dehnungen erreicht, so daß der Punkt e, Abb. 89, in Wirklichkeit sehr nahe an die Ordinate zu liegen kommt.

2.

Wir wenden uns jetzt der Erörterung der molekularen Vorgänge bei der plastischen Verformung und bei der Verfestigung zu.

Die Metalle sind alle krystallinisch[1].

Die elastische Verformung besteht nun darin, daß die Abstände zwischen den Atomen oder Molekülen des Körpers und die Winkel zwischen den Krystallachsen sich etwas verändern, wodurch zwischen ihnen zusätzliche Kräfte entstehen, die den Widerstand gegen die Formänderung hervorrufen und es bewirken, daß nach Beseitigung der äußeren Kräfte die frühere Anordnung wiederhergestellt wird.

Wir nehmen eine Blattfeder aus Stahl und biegen sie zusammen. Nachdem wir sie losgelassen haben, nimmt sie wieder ihre ursprüngliche Gestalt an. Diese Tatsache ist mit der Kennzeichnung der Verformung als einer elastischen identisch. Das gilt sowohl für amorphe als auch für krystallinische Körper. Übersteigen die Kräfte und die Verformungen eine gewisse Grenze, so entstehen *bleibende Verformungen*, wie wir sie beim Zerreißversuch am Kupferdraht S. 9 und 100 gesehen haben und wie man sie z. B. beim erhitzten Glas kennt. Das Verständnis einer plastischen Formänderung eines amorphen Körpers macht keine Schwierigkeiten. Die einzelnen Atome verschieben sich hierbei aneinander vorbei; da ihre Anordnung eine regellose ist, bewirkt ihre Verschiebung keine grundsätzliche Änderung dieser Anordnung und also auch keine Änderung der Eigenschaften des Körpers. Eine solche Verformung eines amorphen Körpers ist schematisch in Abb. 91 dargestellt, wobei aus dem quadratischen Querschnitt eines Körpers *a* ein parallelogrammförmiger *b* entstanden ist.

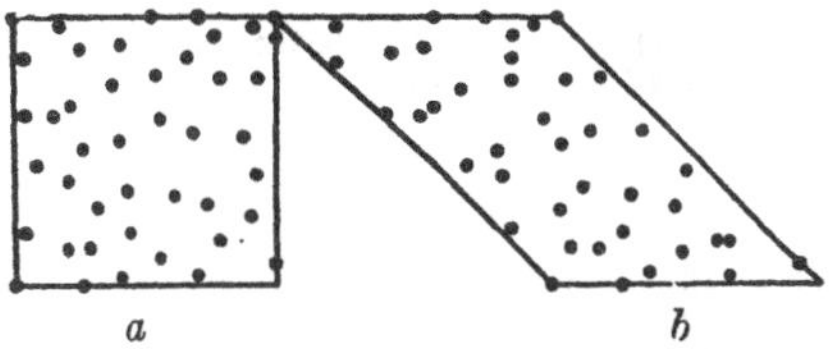

Abb. 91. Schema der plastischen Verformung eines amorphen Körpers.

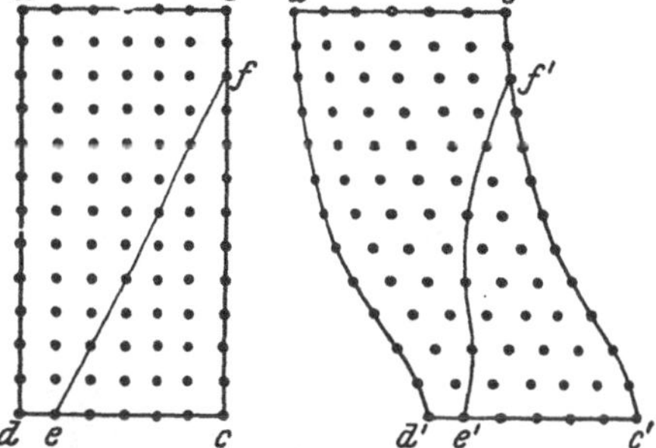

Abb. 92. Schema der plastischen Verformung eines Krystalls in naiver Vorstellung.

Wie hat man sich aber eine plastische Deformation eines Krystalles vorzustellen? Was wird aus den Krystalliten etwa eines runden Drahtes, wenn er mit dem Hammer flachgeschlagen wird? Solange man die Vorgänge in den Metallen nicht eingehend untersucht hatte, behauptete man in der Regel, daß die Metalle bei der plastischen Deformation amorph werden, da man sich hierbei die Erhaltung des Krystallzustandes

[1] Vgl. I, S. 3.

nur schwer vorstellen konnte. Abb. 92 zeigt schematisch, wie man als nächstliegende naive Annahme die Deformation eines Krystalles sich vorstellen wird. Ein rechteckiges Stück *abcd* werde in die willkürliche Form *a′b′c′d′* gebracht. Die einzig mögliche Annahme über diesen Vorgang scheint zu sein, daß die Atome etwa die rechts dargestellte Lage einnehmen. Man sieht, daß die regelmäßige Anordnung des ursprünglichen Gitters weitgehend gestört und z. B. die Gittergerade *ef* zu einer krummen Linie *e′f′* geworden ist.

Wir können wieder mit Hilfe der Röntgenstrahlen prüfen, ob diese Auffassung zu Recht besteht[1]. Ein Vergleich des Röntgenbildes des ver-

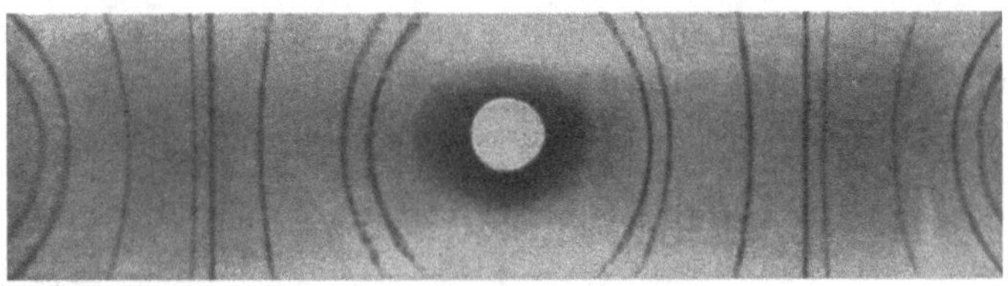

Abb. 93 a. DEBYE-SCHERRER-Röntgenaufnahme eines weichen (rekrystallisierten) Metalles. (Aus E. SCHMID und W. BOAS, Krystallplastizität.)

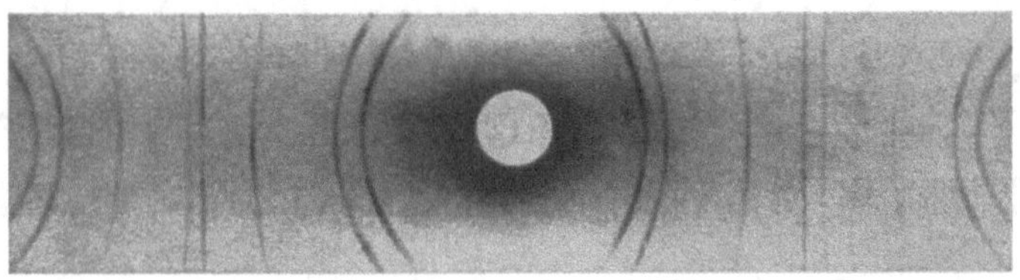

Abb. 93 b. DEBYE-SCHERRER-Röntgenaufnahme eines kaltgereckten Metalles. (Aus E. SCHMID und W. BOAS, Krystallplastizität.)

formten Metalles Abb. 93b mit dem des unverformten Abb. 93a lehrt uns sofort, daß unsere Auffassung ganz falsch gewesen ist. Das Bild des verformten Metalles zeigt genau dieselben DEBYE-SCHERRER-Ringe und in derselben Anordnung. Das Raumgitter ist nicht nur erhalten geblieben, sondern hat sich überhaupt auch nicht verändert, es ist also nicht etwa aus einem kubischen Gitter durch Verschiebung der Bausteine ein schiefwinkliges Raumgitter entstanden. Wie ist denn nun die plastische Verformung zustande gekommen?

Der erste entscheidende Schritt zur Aufklärung dieser Frage bei Metallen ist bereits im Jahre 1900 von EWING und ROSENHAIN getan worden[2], noch ehe die Legierungslehre durch ROOZEBOOM, HEYN und TAMMANN begründet war. Ihren Grundversuch können wir in einer von R. VOGEL angegebenen Variante zeigen.

---

[1] Vgl. II, S. 21ff. — [2] Phil. Trans. A. Bd. 193 (1900) S. 353.

Wir schmelzen eine kleine Menge Blei und gießen es schnell auf eine glatte Fläche aus. Diese Fläche ist vorgewärmt worden, um die Erstarrungsgeschwindigkeit herabzusetzen und die Bildung von großen Krystalliten, an denen wir die weiteren Vorgänge besser beobachten können, herbeizuführen. Wir ätzen dieses Bleiplättchen mit verdünnter Salpetersäure und überzeugen uns davon, daß es tatsächlich aus mehreren großen Krystallen besteht, ähnlich wie Abb. 3, S. 5. Wir verformen nun dieses Plättchen, indem wir es bleibend etwas verbiegen, und beobachten sein Gefüge wieder. Die früher glatten Flächen der Krystallite sind, für jeden Krystalliten in einer bestimmten Richtung, von geraden oder beinahe geraden Linien durchzogen, ähnlich wie in der Abb. 94 zu sehen ist. Eine eingehende Untersuchung dieser Linien durch EWING und ROSEN-

Abb. 94. Gleitlinien auf der Oberfläche von verformtem Blei. Vergr. 100×. (Nach EWING und ROSENHAIN.)

Abb. 95. Gleitlinien auf der Oberfläche eines Bleikrystalles als Stufen. Vergr. 1000×. (Nach EWING und ROSENHAIN.)

HAIN hat ergeben, daß es sich hier um Stufen handelt, wie man auch auf Abb. 95 bei schräger Beleuchtung sieht. Dieses historische Bild ist für die weitere Entwicklung der Lehre von der plastischen Verformung der Metalle grundlegend geworden.

Zahlreiche spätere Beobachtungen haben gezeigt, daß alle Metalle sich nach schwachen Verformungen bei tieferen Temperaturen ähnlich verhalten. Abb. 96 zeigt das für Kupfer, Abb. 97 für Eisen. Die erste Abbildung stellt einen einzigen Krystall dar, wie das die quadratischen, im ganzen Bild einheitlich orientierten Ätzfiguren beweisen. Dementsprechend ist auch die Richtung der sie durchziehenden Linien einheitlich.

Die Beobachtung der Stufen hat sofort die Vermutung nahegelegt, daß der metallische Krystall unter dem Einfluß einer äußeren Kraft nur makroskopisch eine stetige, in Wirklichkeit jedoch eine *unstetige* Formänderung erleidet, wobei einzelne Schichten, die in sich gar nicht verformt wurden und deshalb ihr ungestörtes Raumgitter behalten konnten, um endliche Beträge aneinander verschoben worden sind. Ein Schema für diesen Vorgang gibt die Abb. 98. Eine derartige *Gleitung*

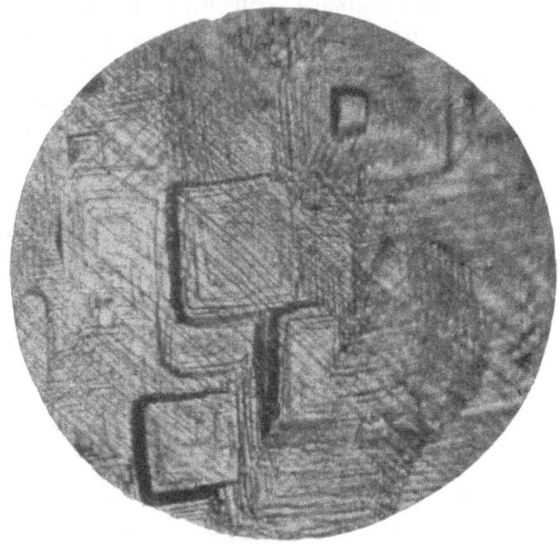

Abb. 96. Gleitlinien auf einem verformten geätzten einzelnen Kupferkrystall. Vergr. 180× (Aus J. CZOCHRALSKI, Moderne Metallkunde.)

ist aber eine dem Krystallographen unter dem Namen *Translation* schon lange bekannte Erscheinung. Sie besteht darin, daß ein Krystall, den

Abb. 97. Gleitlinien auf der Oberfläche von verformtem Eisen. (Nach EWING und ROSENHAIN.)

wir schematisch in Abb. 98a darstellen, durch eine Translation (Gleitung, Verschiebung) längs einer für jede Krystallstruktur ***bestimmten Netzebene*** und in einer ***bestimmten krystallographischen Richtung*** etwa die

Form Abb. 98b annimmt. Die Verschiebung längs einer Gleitebene *mn* kann dabei beliebig groß sein.

Treten derartige Translationen an mehreren parallelen Flächen auf, so entsteht aus dem Krystall Abb. 98c das Gebilde 98d. Die wichtige

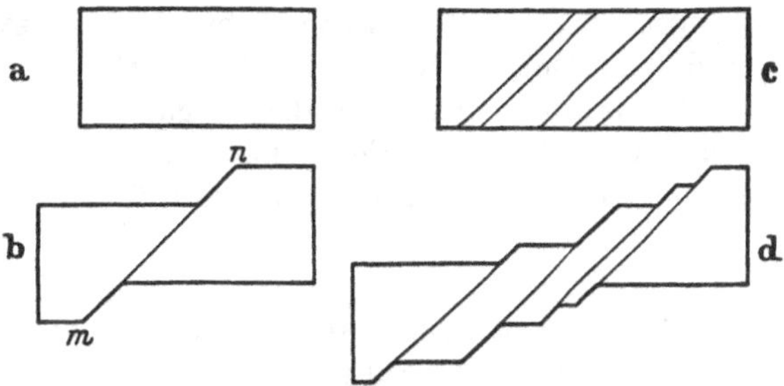

Abb. 98. Schema der Translation.

und sehr auffallende Tatsache ist, daß der Krystall hierbei nicht etwa eine Spaltung an der Translationsebene erleidet, sondern daß der molekulare Zusammenhang hierbei völlig gewahrt bleibt; der Krystall bleibt als Ganzes unversehrt und hat lediglich seine Gestalt geändert.

Eine atomistische Darstellung dieser Vorgänge ist in Abb. 99 gegeben. Die Punkte stellen die atomistischen Bausteine des Krystalles dar. Durch Translation längs der Ebenen *mn* und *op* ist aus der ursprünglichen Anordnung ***abcd*** die von einer ausgezogenen gebrochenen Linie begrenzte Anordnung entstanden. Wir sehen, daß die Anordnung aller Atome wieder normal ist, das Raumgitter ist als Ganzes unversehrt. Der richtigen Anordnung der Bausteine entspricht auch die Erhaltung der *Kohäsion* des Krystalles. Die Voraussetzung für einen derartigen Vorgang ist, daß die Translationsfläche so glatt ist, daß Atome auf der einen Seite der Gleitebene die Möglichkeit haben, wieder in die richtigen Abstände zu den Atomen jenseits der Gleitfläche zu gelangen, und diese Abstände nicht etwa vergrößert sind, wie das unvermeidlich das Ergebnis einer gewöhnlichen mechanischen Verschiebung gewesen wäre. Es ist zu bewundern, daß die Translationsflächen in der Natur tatsächlich so weitgehend glatt sind und daß die Translation in einer beinahe idealen Form stattfindet. Kleinere Abweichungen von dieser idealen Art werden uns bei der Erörterung der Verfestigung begegnen.

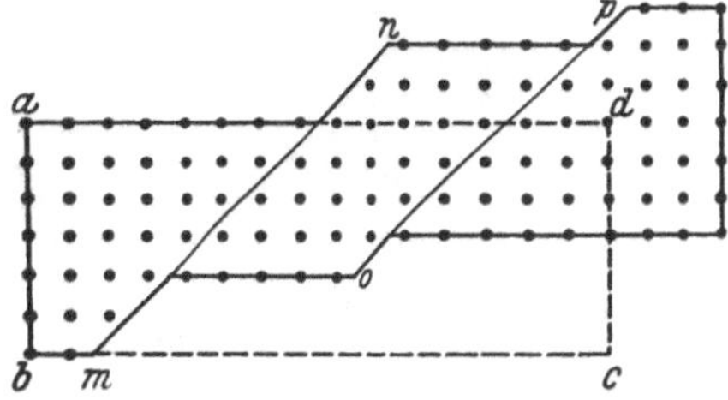

Abb. 99. Schema der Atomverschiebungen bei der Translation.

Da die Metalle krystallinisch sind, so lag nichts näher, als auch für diese Stoffe den bei anderen Krystallen, wie etwa beim Kochsalz, bekannten Translationsmechanismus anzunehmen. Das haben EWING und ROSENHAIN getan. Damit war die Grundlage für das Verständnis der Plastizität der Metalle geschaffen.

Die Erfahrungen der letzten zwanzig bis fünfundzwanzig Jahre haben gezeigt, daß die Betrachtung wesentlich verfeinert werden muß; in der Hauptsache berücksichtigt man die nie ganz fortfallenden Fehlstellen im Raumgitter. Nur auf dieser Basis können die Festigkeitseigenschaften erfolgreich im Rahmen einer vernünftigen Theorie erörtert werden.

3.

Es entstand jedoch die Frage, ob die Translation die gesamte plastische Verformung zu beschreiben vermag oder ob noch andere uns vielleicht entgangene Mechanismen hierbei mitwirken. Da in einem vielkrystallinen Metall die einzelnen Krystallite sich beim plastischen Fließen behindern, mußte diese Untersuchung an Einzelkrystallen erfolgen.

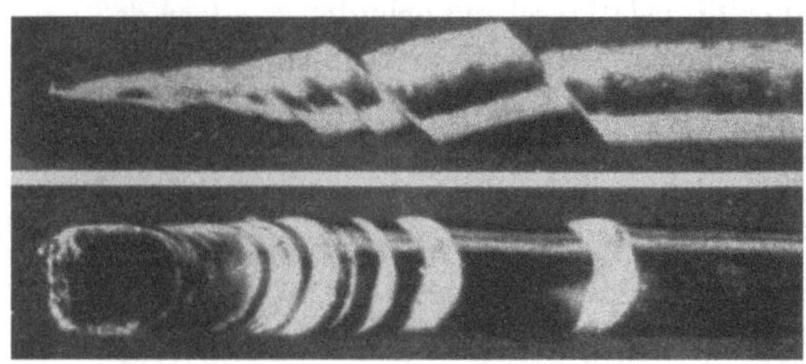

Abb. 100. Gleitung bei sehr langsamer Dehnung eines Sn-Einkrystalles in zwei Blickrichtungen. (Aus E. SCHMID und W. BOAS, Krystallplastizität.)

Wir nehmen einen aus einem einzigen langen und runden Krystall bestehenden Draht, z. B. aus Zinn oder Cadmium. Daß er tatsächlich einkrystallin ist, können wir mit Hilfe der Röntgenstrahlen oder durch Ätzen beweisen, wobei ein für die ganze unversehrte Oberfläche des Drahtes einheitlicher Schimmer entsteht, wie ihn Abb. 100 oben zeigt. Von Gegensätzen der Helligkeit einzelner Bezirke, wie wir sie beim Ätzen eines vielkrystallinen Metalles in Abb. 3, S. 5 gesehen haben, ist nichts wahrzunehmen. Wir dehnen nun diesen Krystall um einen gewissen Betrag, was sehr leicht mit der Hand durchgeführt werden kann. Einzelne Metallkrystalle sind nämlich sehr weich. Wir sehen, daß sich dabei zwei sehr eigenartige Erscheinungen einstellen, im vorliegenden Fall in besonders derber Form. Erstens ist aus dem vorher runden Draht ein flaches Band geworden, und zweitens ist dieses Band nicht mehr glatt, sondern zeigt eine gerippte Oberfläche. Die Erklärung für das zweite ist für uns jetzt sehr einfach. Die gerippte Oberfläche kommt dadurch zustande, daß die plastische Verformung bei der Dehnung nicht homogen im ganzen Draht stattgefunden hat, sondern nur lokal, dort, wo eine Translation eingetreten ist.

Aber wie entsteht ein flaches Band?

In Abb. **101a** ist schematisch ein zylindrischer Einzelkrystall dargestellt. Die schräg liegenden geraden Linien sind die Gleitflächen, die sich bei der Dehnung des Drahtes betätigen werden. Nach vollzogener Gleitung in Richtung der Translationsebene würde der Draht die *Form Abb. 101b erhalten.* Da die Richtung der äußeren Kraft bei einer Zugbeanspruchung jedoch nach wie vor vertikal ist, muß auch die *Achse cd* des Drahtes in Wirklichkeit vertikal bleiben. Man sieht sofort, daß der Winkel zwischen der Achse des Drahtes φ und der Gleitebene sich verändert, und zwar sich verkleinert hat. Gleichzeitig ist der Durchmesser des Drahtes in der Ebene des Papiers *geringer* geworden. Wenn die Gleitebene senkrecht zur Papierebene steht, besteht für den Draht dahingegen gar keine Veranlassung, seine Querabmessung in der zum Papier senkrechten Ebene zu verkleinern. Der ursprünglich runde Querschnitt des Drahtes hat also nach der Dehnung eine abgeflachte elliptische Form erhalten, Abb. 102. Ohne eingehendere Rechnung ist leicht einzusehen, daß sowohl die Änderung der Neigung der Gleitebene zur Drahtachse als auch der Betrag der Abflachung durch die ursprüngliche Neigung der Gleitebene zur Achse und durch den Betrag der Dehnung λ, also der Verlängerung pro Einheit der ursprünglichen Länge, eindeutig bestimmt ist. Wenn die plastische Verformung in der betrachteten Translation und *nur in einer solchen* besteht, können wir somit, wenn wir den Winkel φ_1 vor der Dehnung und die Dehnung λ messen, daraus sowohl den neuen Winkel φ_2 als auch die Achsen der Ellipse Abb. 102 des entstandenen Flachbandes berechnen. Das hat man getan und gefunden, daß die so berechneten Größen im Wesentlichen mit den experimentell bestimmten übereinstimmen.

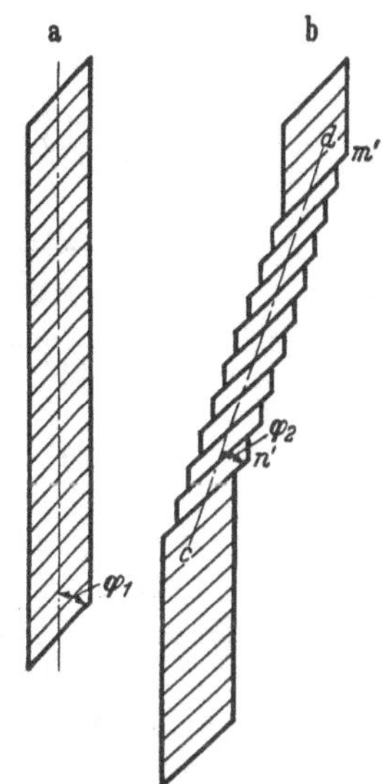

Abb. 101. Schema der Formänderung bei der Translation.

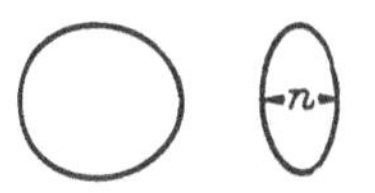

Abb. 102. Schema der Querschnittsänderung eines runden Drahtes bei der Dehnung.

Damit ist der Nachweis erbracht, daß die plastische Verformung in diesem Falle hauptsächlich in einer Translation und *nur* in einer solchen besteht. *Die auf der krystallographischen Gleitung aufgebaute Theorie der plastischen Verformung der Krystalle und Metalle ist nicht nur ein qualitativer Ansatz, sondern eine quantitative Beschreibung des Vorganges.*

4.

Zuweilen tritt bei der plastischen Verformung neben der soeben beschriebenen als Translation bezeichneten Form der krystallographischen Gleitung eine andere Art auf, nämlich die sog. *mechanische Zwillingsbildung*, die noch auffallender ist als die Translation. Sie kann am

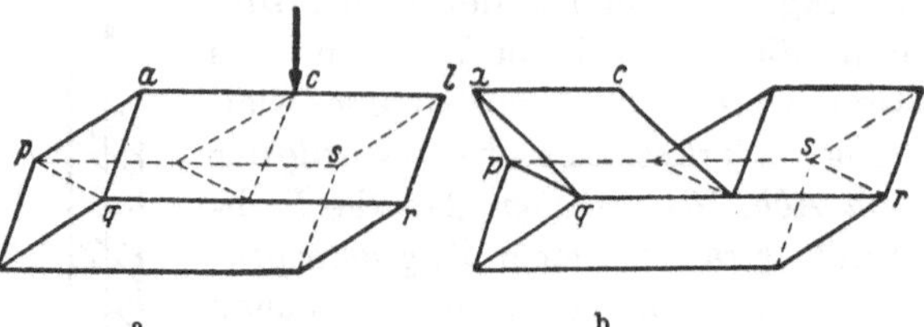

Abb. 103 a u. b. Schema der mechanischen Zwillingsbildung. (Aus E. SCHMID und W. BOAS, Krystallplastizität.)

besten an einem Kalkspatkrystall gezeigt werden. Wenn man einen Kalkspatkrystall in seinem unteren Teil einspannt und auf die obere Kante *al* (Abb. 103a) mit einem stumpfen Messer bei *c* drückt, so geschieht etwas Erstaunliches: der Krystall springt links von der Schneide des Messers in die in Abb. 103b Teil *ac* angedeutete Zwillingslage um. Die Ebene *pqrs* ist nun zu einer Spiegelebene geworden, der obere Teil des sich in der Zwillingslage befindlichen Krystalles läßt sich

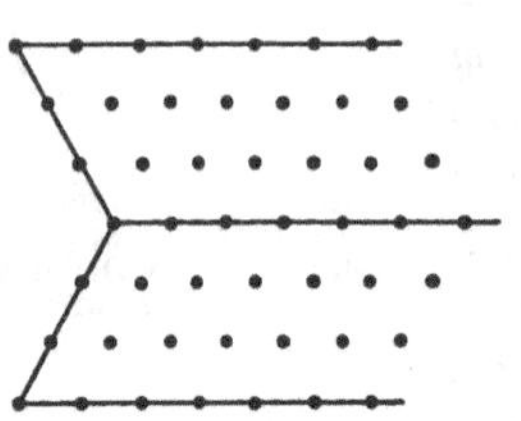

Abb. 104. Schema der Atomanordnung bei der Zwillingsbildung.

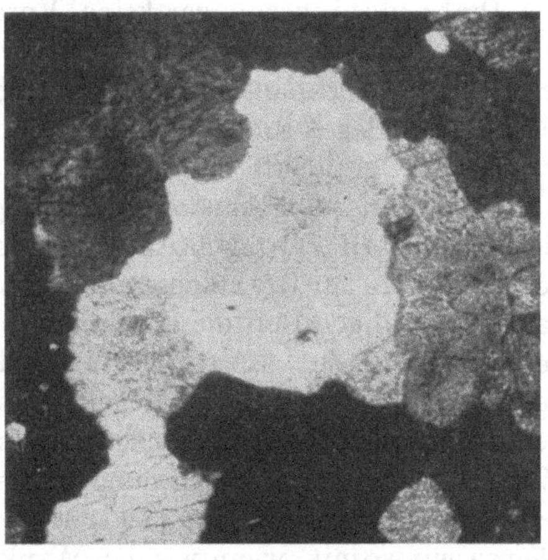

Abb. 105. Gefüge einer nicht verformten Zink-Lamelle. Vergr. 12×.

aus dem unteren durch Spiegelung erhalten. Das ist die Definition der Zwillingslage. In Abb. 104 ist die Lage der einzelnen Atome im Raumgitter in den beiden Zwillingen schematisch dargestellt. Trotzdem die Atome gegenüber ihrer ursprünglichen Lage sehr erhebliche Verschiebungen erlitten haben, hat der Krystall auch jetzt seinen körperlichen Zusammenhang völlig bewahrt. Der in der Zwillingslage befindliche Teil ist nicht etwa zermürbt oder zerbröckelt, sondern ist wieder ein gesunder Krystall, aber in einer anderen Orientierung als vorher.

Diesen Vorgang nennt der Krystallograph die *mechanische Zwillingsbildung* oder, vielleicht wenig glücklich, die *einfache Schiebung*, die die zweite mögliche Form der Gleitung darstellt.

Abb. 106. Zwillinge in einer gebogenen Zink-Lamelle. Vergr. 12 ×.

Wenn man einen Zinnstab vorsichtig biegt und ihn zugleich an das Ohr hält, hört man ein eigenartiges Knistern, das bekannte *Zinngeschrei*. Seine Ursache ist weiter nichts als eine mechanische Zwillingsbildung bei der plastischen Verbiegung.

Wir können die Zwillingsbildung auch unmittelbar auf der Oberfläche des Zinks zeigen. Abb. 105 stellt die mit Kaliumchromat und Salzsäure geätzte Oberfläche eines aus groben Krystallen bestehenden Zinkplättchens dar. Ein anderes ebensolches Stück biegen wir etwas und bringen es wieder in eine annähernd plane Form zurück, um es später bequemer beobachten zu können. Wir ätzen es an,

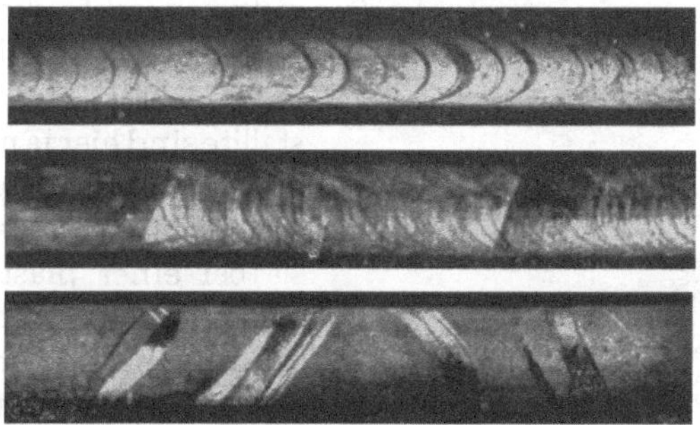

Abb. 107. Zwillingsbildung bei der Verformung von Einkrystallen. (Aus E. SCHMID und W. BOAS, Krystallplastizität.)

um die Krystalle bloßzulegen; wir sehen nun (Abb. 106), daß die einzelnen Krystallite nicht mehr einheitlich reflektieren, sondern zum Teil von Streifen durchzogen sind. Diese Streifen sind die Zwillinge, die bei der Deformation entstanden sind und die man deshalb auch wohl *Deformationszwillinge* nennt. Abb. 107 zeigt die Entstehung von Zwillingsstreifen bei der Dehnung von Einkrystallstäben aus verschiedenen Metallen.

Die mechanische Zwillingsbildung ist der zweite mögliche Mechanismus der plastischen Deformation eines krystallinen Stoffes. Man sieht gleich seine zwei Unterschiede gegenüber der vorher besprochenen Translation: Bei der Zwillingsbildung ändert sich erstens im Gegensatz zur Translation, wie erwähnt, gänzlich die Orientierung des Krystalles, und der Betrag der Formänderung ist zweitens nicht beliebig, wie bei der Translation, sondern durch die Formänderung bei der Einstellung in die Zwillingslage vorgeschrieben. Die plastische Verformung kann deshalb durch die Zwillingsbildung im allgemeinen nur in beschränktem Umfange stattfinden. Bei den meisten Metallen spielt sie praktisch gar keine Rolle. Besonders wichtig ist sie bei den hexagonalen Metallen Magnesium, Zink und Cadmium, wo sie eine wesentliche Ergänzung der Translation darstellt.

5.

Außer der Translation und der mechanischen Zwillingsbildung sind andere grundlegende Mechanismen der plastischen Deformation des Krystalles, insbesondere des Metallkrystalles nicht bekannt. Wir haben gesehen, daß hierbei sehr charakteristische Änderungen der *äußeren* Form des Krystalles stattfinden (Abb. 100, 101 u. 103). Wie verhält sich nun ein aus vielen verschieden orientierten Krystalliten bestehendes technisches Metall? Die einzelnen Krystallite sind hier ja mit ihren anders orientierten Nachbarn verwachsen; im freien Zustande würden sie bei einer plastischen Verformung ganz verschiedene Formänderungen infolge der Gleitung erfahren, die miteinander gar nicht verträglich sind und im Krystallhaufwerk gar nicht zustande kommen können — Was hier stattfindet, sieht man sehr deutlich in Abb. 100 u. 108. Die erstere zeigt einen Zinnkrystall, in dem im linken Teil eine plastische Verlängerung eingetreten ist, während der rechte Teil noch nicht verformt worden ist. Man sieht, wie im Übergangsgebiet zwischen der verformten und der nichtverformten Zone die Translationsflächen und die dazwischenliegenden Gleitschichten verbogen sind. Wir sehen also, daß als Ergänzung der Gleitung bei der plastischen Verformung eine *Verbiegung* einzelner Raumgitterteile stattfinden kann. Diese Verbiegung ist rein elastisch. Würden wir

Abb. 108. Gebogene Zwillingsstreifen in verformter Aluminiumbronze. Vergr. 210×. (Aus J. CZOCHRALSKI, Moderne Metallkunde.)

also das Metall längs der Gleitflächen in einzelne Stücke trennen, so würden sie sich wieder ausrichten. Die Gleitschichten zwischen den einzelnen Gleitflächen sind eben so dünn, daß sie erhebliche elastische Verbiegungen zulassen. In Abb. 108 sehen wir einen mit zahlreichen Zwillingen (Streifen) durchsetzten Krystall einer aus homogenen Mischkrystallen bestehenden und sich deshalb bei der Verformung wie ein reines Metall verhaltenden Kupfer-Aluminium-Legierung (Aluminium-Bronze); wir sehen, daß die Zwillinge hier verbogen sind.

Die elastische Verbiegung bildet also die notwendige Ergänzung der plastischen Verformung, insbesondere bei vielkrystallinen Aggregaten, und ermöglicht es ihnen, ihren Zusammenhang bei der Gleitung zu behalten. Diese Verbiegung ermöglicht auch die eigenartige Erscheinung, die dem Leser auf Abb. 106 vielleicht bereits aufgefallen ist, nämlich daß die Zwillinge nicht immer einen ganzen Krystallit durchsetzen, sondern in seinem Innern in Spitzen auslaufen. Das ist nur dank der gleichzeitigen Verbiegung möglich. Auch ihre ungleichmäßige Breite wird nur durch eine gleichzeitige Verbiegung erklärt.

Diese Verbiegung können wir unmittelbar im Debye-Scherrer-Bild des verformten Metalles (Abb. 93b, S. 104) wahrnehmen. Wir haben darauf aufmerksam gemacht, daß die Debye-Scherrer-Ringe eines nichtverformten Metalles nicht stetig sind, sondern in eine Reihe von einzelnen Reflexen zerfallen, die den einzelnen Krystalliten des Metalles mit verschiedenen Orientierungen entsprechen. Im Röntgenbild des verformten Metalles sieht man von diesen einzelnen Schwärzungspunkten dahingegen nichts mehr, die Debye-Scherrer-Ringe sind durchaus kontinuierlich. Das liegt daran, daß die einzelnen Krystallite nun *zerteilt* und *verbogen* sind und daß dementsprechend jeder Krystallit nicht *eine* einzige Orientierung aufweist, sondern eine Reihe von ineinander übergehenden benachbarten Orientierungen, wie das Abb. 109 schematisch darstellt, wo die Querstreifen diese Orientierung andeuten. An einer elastischen Verbiegung als Ergänzung der reinen Gleitung bei der plastischen Verformung ist also nicht zu zweifeln.

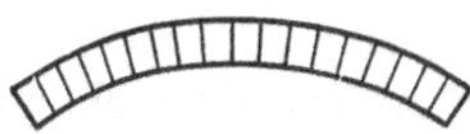
Abb. 109. Orientierungsänderungen bei der Biegung, schematisch.

Der Umstand, daß die Debye-Scherrer-Ringe hier nicht gleichmäßig geschwärzt sind, ist lediglich darauf zurückzuführen, daß die Krystallite des kaltgereckten Metalles bestimmte Orientierungen bevorzugen: das Stück weist eine sogenannte *Textur* auf.

6.

Wir haben bisher die *Geometrie* der plastischen Verformung der Metalle erörtert und haben gesehen, daß sie durch die Gleitung quantitativ beschrieben werden kann, allerdings unter Zuhilfenahme von Verbiegungen oder, allgemeiner ausgedrückt, von *elastischen Deformationen* und entsprechenden Verspannungen. Die mit einer Verbiegung verbundene Gleitung bezeichnet man als *Biegegleitung.* Wir haben gesehen, daß das Raumgitter des Krystalles bei der plastischen Verformung durch Gleitung im wesentlichen unverändert bleibt. Wir wenden uns der Frage zu, wie andere Eigenschaften des Metalles, vor allen Dingen die mechanischen, durch die plastische Verformung geändert werden.

Schon bei der Erörterung des Zerreißversuches in der ersten Vorlesung haben wir *eine* Eigenschaftsänderung festgestellt. Wir haben gesehen, daß das Metall (der Kupferdraht) im Verlaufe der plastischen Dehnung zwar natürlich immer dünner wurde, aber trotzdem die Fähigkeit erhielt, ohne neuerliche plastische Deformation mit dem Betrage der bereits stattgefundenen plastischen Dehnung zunehmende Lasten und also Zugspannungen zu tragen; es wurde durch die plastische Deformation verfestigt. Gleichzeitig ist folgendes zu beobachten. Der Gesamtbetrag der Dehnung des weichen Drahtes bis zum Bruch war 25%. Wenn wir jedoch die Dehnung nicht von Anfang an rechnen, sondern den Draht erst etwa durch eine plastische Dehnung von 15% verfestigen und ihn dann erneut weiter dehnen, so wird die zusätzliche Dehnung nur 10% oder, auf die neue Anfangslänge berechnet, nur etwa 9% betragen. Die Fähigkeit des vorgedehnten Drahtes zur plastischen Verformung, seine *Dehnbarkeit,* hat also abgenommen, er ist spröder geworden. Dasselbe wird durch andere plastische Verformungen, wie etwa durch das Drahtziehen, erreicht: daher die Bezeichnung *hartgezogener* Draht.

Vergleicht man in Tab. 6, S. 102, den Verlauf der Festigkeitswerte bei einem weichen und bei einem harten Metall, so sieht man, daß das harte kaum eine Dehnung zeigt und beinahe unvermittelt zerreißt. Die gesamte plastische Dehnung beträgt statt 15 bis 20% jetzt nur 2 bis 10%. Es ist in der Tat spröde. Zugleich ist aber die *Zerreißfestigkeit* z. B. beim Kupferdraht nicht mehr 22 kg/mm², wie im weichen Zustand, sondern erheblich höher, sie beträgt etwa 40 kg/mm². Das Kupfer ist *verfestigt* worden.

Die Verfestigung und die Versprödung sind zwei außerordentlich wichtige Begleiterscheinungen der plastischen Deformation. Es gibt viele metallische Werkstoffe, die man *nur* durch plastische Verformung verfestigen kann, und zwar diejenigen, die keine Umwandlungen oder, allgemeiner, keine Reaktionen im festen Zustande erleiden, wie eine solche etwa bei Eisen-Kohlenstoff-Legierungen bei der γ-α-Umwandlung des Eisens auftritt. In diesem Zusammenhang ist die plastische Verformung ein Mittel zur Verbesserung der Eigenschaften eines Metalles oder einer Legierung. Andererseits werden die Metalle dadurch spröder. Die Folge davon ist, daß ein Metall in der Kälte meistens nicht unbegrenzt verformt, also etwa gewalzt, gezogen, gehämmert usw. werden kann. Es wird durch die Verformung so spröde, daß es bei der weiteren Verformung aufreißen würde. Man muß ihm also seine *Dehnbarkeit* wiedergeben. Wir werden in der nächsten Vorlesung sehen, daß das durch eine Erhitzung geschehen kann.

7.

Wodurch kommt nun die Verfestigung zustande? Worin besteht sie überhaupt? — Sie besteht darin, daß das Metall, trotz stärkerer mechanischer Anspannung, noch nicht plastisch verformt wird. Die Verfestigung bedeutet somit weiter nichts als einen erhöhten Widerstand des Metalles gegen plastische Verformung, also gegen das Gleiten, insbesondere gegen die wichtige Translation. Wodurch erhöht sich nun dieser Widerstand? Wir erinnern uns daran, daß die Translation niemals eine reine, ganz ideale Gleitung, sondern immer eine Biegegleitung ist (S. 114).

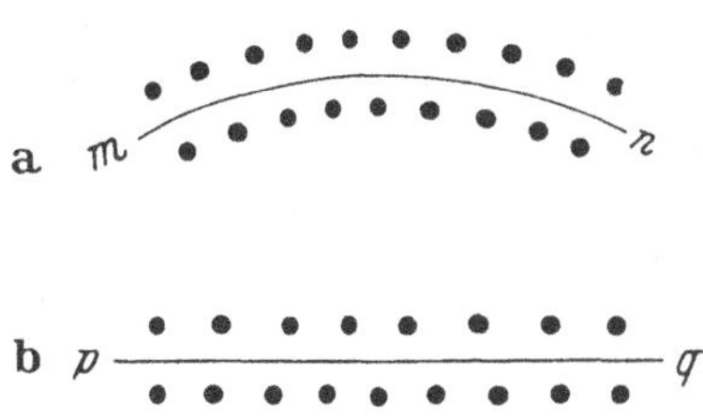

Abb. 110a u. b. Atomistische Störung bei der Verfestigung (Versetzung).

Eine Begleiterscheinung der Biegegleitung ist eine typische atomistische Störung, die schematisch in Abb. 110a wiedergegeben ist. *mn* ist die gebogene Gleitfläche. Wenn oberhalb und unterhalb *mn* die zunächst liegenden Netzebenen in normalen Abständen mit Atomen besetzt sind, ergibt sich, daß oberhalb und unterhalb *pq* ungleiche Anzahlen von Atomen gegenüberliegen. Das heißt also, daß das Raumgitter an dieser Stelle weitgehend gestört ist. Eine solche Störung einer Atomkette, bei der allgemein an einer Gleitfläche *pq* ungleiche Anzahlen von Atomen gegenüberliegen, wie das Abb. 110b zeigt, heißt *Versetzung*[1]. Sie wiederholt sich auf der zur Papierebene senkrechten Gleitfläche und ergibt eine *Versetzungslinie*. Innerhalb des Materials liegengebliebene Versetzungslinien scheinen die wichtigste Ursache der Verfestigung infolge plastischer Deformation zu sein. Zusammen mit den gröberen Verbiegungen erschweren die Versetzungen die Translation auf bereits gebildeten Gleitflächen und die Bildung neuer Gleitebenen. Die Verfestigung ist somit atomistisch verständlich. Aber auch die Versprödung ist damit erklärt. Je schwerer die Gleitung stattfindet, desto leichter kann es vorkommen, daß an Stelle der Gleitung eine *Trennung* des Metalles, also der Bruch, stattfindet.

---

[1] Die in Abb. 110 beschriebene spezielle Störung wird *Stufenversetzung* genannt. Außerdem gibt es abweichende Störungen, *Schraubenversetzungen* genannt, die hier nicht erörtert werden können.

So einfach und einleuchtend diese Überlegungen sind, so schwer ist es, den Umfang der Verfestigung und besonders der Versprödung bei der plastischen Verformung zu berechnen, ähnlich, wie wir das für die Formänderung selbst des Einzelkrystalles angedeutet haben.

In dieser Richtung sind in den letzten Jahren erfolgreiche theoretische Versuche gemacht worden, wobei man von den durch die Gleitung in der angedeuteten Weise auftretenden Verspannungen ausgegangen ist. Auch ist es gelungen, einige weitere Zusammenhänge zwischen Verfestigungsbetrag, Art der Verformung und Temperatur dem Verständnis näher zu bringen. Trotzdem sind wir von einer völlig abgeschlossenen quantitativen Theorie der Verfestigung noch weit entfernt, wie man schon aus dem Umstande ersieht, daß die kubischen Metallkrystalle in der Regel sich, offenbar infolge von Störungen, proportional der Wurzel aus dem Betrage der Gleitung, die hexagonalen dahingegen sich proportional diesem Betrage selbst verfestigen, was auch für die kubischen Krystalle das Grundgesetz ist. Für diesen Gegensatz haben wir zur Zeit noch gar keine Erklärung. Der Ansatz der Versetzungslinie hat sich bei der Deutung vieler Zusammenhänge als überaus fruchtbar erwiesen.

Wir wollen uns hier darauf beschränken, für die Verfestigung der Metalle nur das oben angedeutete summarische Bild zu geben.

X. Eigenspannungen.

1.

Wir haben gesehen, daß bei der plastischen Verformung der Metalle, wenn sie bei genügend tiefen Temperaturen stattfindet, an den Gleitflächen Verspannungen entstehen. Die Begrenzung auf genügend tiefe Temperatur, auf das Temperaturgebiet der sog. *Kaltreckung*, ist notwendig, da die Verfestigung einen molekularen Zwangszustand darstellt und bei höherer Temperatur infolge lebhafterer thermischer Molekularbewegung abgebaut werden muß. Wie das geschieht, werden wir bei Besprechung der Rekrystallisation (XI. Vorlesung) sehen. Die Verspannungen der Biegegleitung sind als solche anscheinend eine Ursache der Verfestigung, also der atomistischen Erschwerung der Gleitung. Sie rufen fernerhin eine Krümmung (Rauhigkeit) der Gleitfläche hervor, die ihrerseits die Gleitung erschwert.

Außer diesen Verspannungen, die auf den Gleitflächen sehr feine, bis an molekulare Abmessungen heranreichende Wellen bilden, ruft jede plastische Verformung der Praxis, wie etwa das Ziehen von Draht, das Walzen, das Schmieden usw., im Material außerdem viel gröbere Verspannungen hervor, und zwar einfach als Folge des Umstandes, daß das Metall während der plastischen Verformung in seinen verschiedenen Teilen verschieden stark beansprucht und gestreckt worden ist.

Wir wollen uns die Verhältnisse am Beispiel der Biegung verständlich machen. Wir nehmen einen flachen Metallstreifen, den wir zunächst elastisch biegen. Nach der Entlastung nimmt er also seine frühere Gestalt an. Da alle Teile jetzt die frühere Form haben und in ihre frühere Lage zurückgekehrt sind, besteht für eine bleibende innere Verspannung des Metalls keine Veranlassung. Wir erinnern uns nämlich, daß nach dem Hookeschen Gesetz Spannungen proportional den Dehnungen, also den Formänderungen sind. Wo keine Formänderung eingetreten ist, kann auch keine Spannung entstanden sein.

Jetzt biegen wir den Streifen stärker; wenn wir ihn entspannen, kehrt er nicht mehr in seine frühere Gestalt zurück, er bleibt gebogen, er hat also eine bleibende *plastische* Verformung erlitten. Die Beanspruchung der verschiedenen Teile ist hierbei verschieden stark gewesen. Die Biegung besteht nämlich aus einer Kombination einer Dehnung mit einer Stauchung, wie wir sie sofort sehen werden.

Wir betrachten die Biegung genauer. Ein ebener Streifen (Blattfeder) $abcd$, Abb. 111, nimmt im gebogenen Zustand die Gestalt $a'b'c'd'$ an. Wir sehen uns zunächst die rein elastische Biegung an; für einen solchen Fall ist das Maß der Verbiegung in Abb. 111 stark übertrieben gezeichnet. Für elastische Biegungen, besonders wenn sie gering sind, behält hierbei die sog. neutrale Faser, also die zur Papierebene senkrechte Ebene mn, ihre Länge. Ihre Abstände bis zu den beiden Begrenzungsebenen ab und cd sind untereinander gleich. Die Länge $m'n'$ dieser Faser nach der Biegung ist also gleich ihrer ursprünglichen Länge mn. Alle Teile oberhalb der neutralen Faser haben sich bei der Biegung verlängert, alle Teile unterhalb der neutralen Faser verkürzt. Wir sehen schon aus dieser kurzen Betrachtung, daß die Biegung keine einfache homogene Deformation ist und daß die verschiedenen Teile des Körpers hierbei verschiedene Formänderungen erleiden. Wir nehmen an, daß die gebogene Blattfeder sehr lang ist und daß das in der Abb. 111 dargestellte Stück nur einen kürzeren Teil dieser Feder wiedergibt, und daß sie genügend breit ist, so daß die störende Wirkung der Enden und des Randes vernachlässigt werden kann. Dann stehen die Quer-

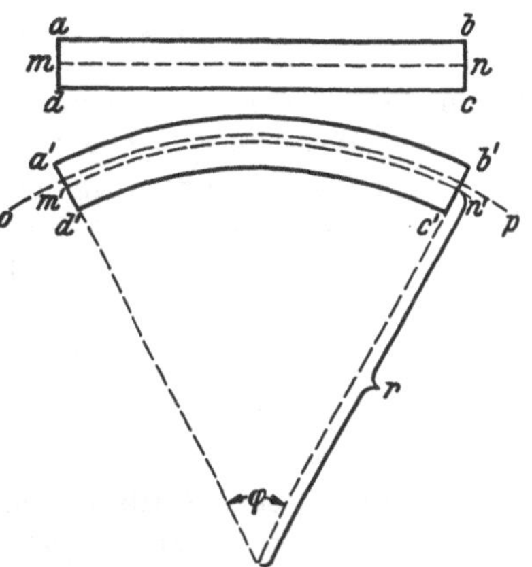

Abb. 111. Schema einer Biegung.

schnitte $a'd'$ und $b'c'$ auch nach der Biegung senkrecht zu den Begrenzungsflächen $a'b'$ und $c'd'$ und zur neutralen Faser $m'n'$ in den betreffenden Punkten. Diese Linien sind alle *Kreisbögen* mit einem gemeinsamen Mittelpunkt. Der Krümmungsradius der neutralen Fasern $m'n'$ sei r, und die Dicke $ad = bc$ des Streifens, die bei der Biegung unverändert bleibt, sei mit d bezeichnet. Dann sieht man aus Abb. 111, daß der Radius der Kurve $a'b'$ gleich $r + \frac{d}{2}$ und derjenige der Kurve $c'd'$ gleich $\frac{d}{2} - d$ ist. Der Winkel, über dem die Bogen $a'b'$, $m'n'$ und $c'd'$ stehen, ist für alle drei gleich. Wir bezeichnen ihn mit φ.

Dann sind die Längen der Bögen, wenn wir den Winkel im Bogenmaß messen:

$$\left.\begin{aligned} m'n' &= r \cdot \varphi, \\ a'b' &= \left(r + \frac{d}{2}\right)\varphi, \\ c'd' &= \left(r - \frac{d}{2}\right)\varphi. \end{aligned}\right\} \quad (1)$$

Da $m'n'$ bei der Biegung seine Länge nicht geändert hat, ist diese Länge gleich der ursprünglichen Länge der Bögen $a'b'$ und $c'd'$ vor der Biegung. Die Ausdrücke

$$a'b' - m'n' = \frac{d \cdot \varphi}{2}$$

und

$$c'd' - m'n' = -\frac{d \cdot \varphi}{2} \quad (2)$$

stellen deshalb die Längenzunahme von $a'b'$ bzw. (negativ gerechnet) die Längenabnahme von $c'd'$ bei der Biegung dar. Dividieren wir diese Ausdrücke durch die ursprüngliche Länge $r \cdot \varphi$ dieser Strecken, beziehen wir sie also auf die *Einheit der Länge*, so erhalten wir die *Dehnungen* der betreffenden Strecke ab und cd

$$\left.\begin{aligned} \lambda_{ab} &= \frac{d}{2r}, \\ \lambda_{cd} &= -\frac{d}{2r}. \end{aligned}\right\} \quad (3)$$

Da es sich im zweiten Falle um eine Verkürzung handelt, ist λ_{cd} negativ.

Wir betrachten jetzt im gebogenen Streifen einen anderen Kreisbogen (eine andere Faser) op, dessen Abstand von der neutralen Faser gleich x sei. Dann sehen wir sofort, daß die Dehnung dieser Faser durch den Ausdruck

$$\lambda_x = \frac{x}{r} \quad (4)$$

gegeben ist.

Die Dehnung einer Faser infolge einer Biegung ist also proportional ihrem Abstand von der neutralen Faser; das gilt unabhängig davon, ob die Verformung elastisch oder plastisch gewesen ist. Solange sie elastisch ist, sind die Spannungen auf Grund des HOOKEschen Gesetzes den Dehnungen proportional ($\sigma = E\lambda$, Vorlesung IX, S. 100), wir erhalten also für die Faser x die Spannung

$$\sigma = \frac{Ex}{r}. \qquad (5)$$

Die Spannungen in einem elastisch gebogenen Streifen sind somit ebenfalls den Abständen von der neutralen Faser proportional; auf der einen Seite der neutralen Faser handelt es sich um Zugspannungen, auf der anderen um Druckspannungen.

Wir können sehr anschaulich zeigen, daß eine Biegung, wie erörtert, tatsächlich dadurch zustande kommt, daß ein Teil eines Streifens zu lang und ein anderer zu kurz wird, und zwar an einem *Bimetallstreifen* (Abb. 112).

Ein solcher Streifen besteht aus zwei Teilen ***ab*** und ***cd*** aus verschiedenen metallischen Werkstoffen, die verschiedene thermische Ausdehnungskoeffizienten haben. Wenn wir den Bimetallstreifen über einer Flamme erhitzen, so hat der obere Streifen ***ab*** mit dem höheren Ausdehnungskoeffizienten das Bestreben, sich stärker auszudehnen als der untere Streifen ***cd*** mit dem geringeren Ausdehnungskoeffizienten. Da sie jedoch gegenseitig verschweißt sind, können sich ihre Längen nicht unabhängig voneinander verändern und passen sich gegenseitig an, indem sich die Streifen verkrümmen (Lage $a'b'c'd'$ in Abb. 111). Der Streifen ***ab*** bleibt so lange *zu lang* und der Streifen *cd zu kurz*, als beide eine höhere Temperatur haben. Sobald sie sich abkühlen, erhalten sie ihre alte Länge wieder, und der Streifen wird wieder gerade[1].

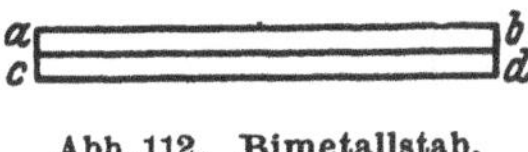

Abb. 112. Bimetallstab, Schema.

2.

Wie ändern sich nun die Verhältnisse, wenn der Streifen nach der Beseitigung der biegenden Kraft bis zu einem gewissen Betrage gebogen bleibt, wenn die Verformung also nicht rein elastisch gewesen ist? Um diese Frage zu erörtern, müssen wir die Abhängigkeit der Spannungen von den Dehnungen im plastischen Gebiet verfolgen; diese sind durch die Spannungs-Dehnungs-Kurve Abb. 89 gegeben; ihr Hauptmerkmal besteht für uns im vorliegenden Falle darin, daß die Spannungen langsamer als proportional den Dehnungen ansteigen. Für unsere Erörterungen wollen wir jedoch den Ansatz noch weiter vereinfachen. Wir nehmen nämlich an, daß das Metall bei der überelastischen Dehnung (oder Stauchung) überhaupt keine Verfestigung erfährt. Dann erhält

[1] An der Berührungsfläche entstehen kompliziertere Spannungen, die wir hier nicht erörtern können.

sein Dehnungsdiagramm die in Abb. 113 dargestellte sehr einfache Gestalt. Bis zum Punkt e dehnt es sich rein elastisch, oe ist die HOOKEsche Gerade; oberhalb der scharf ausgeprägten Elastizitätsgrenze e steigt dahingegen die Spannung überhaupt nicht mehr an.

Auf Grund der Gl. (4) sind die Dehnungen der einzelnen Fasern proportional ihrem Abstand x von der neutralen Faser. Das ist eine rein geometrische Beziehung, die von den Spannungen unabhängig ist. Aus der Abb. 113 können wir bei gegebenem Krümmungsradius r die Spannungen für die einzelnen Fasern als Ordinaten ablesen. Wir sehen, daß für alle Fasern, deren Abstand von der neutralen Faser geringer ist, als das der Dehnung λ_0 des Punktes e entspricht, die Beanspruchung rein elastisch ist, für alle von der neutralen Faser weiter abliegenden Fasern jedoch eine plastische Verformung stattgefunden hat. Der Betrag der Gesamtverformung ist dem Abstand x von der neutralen Faser proportional, die hierdurch entstehende Spannung steigt jedoch nicht über den Wert beim Punkt e hinaus. Dasselbe, nur mit dem umgekehrten Vorzeichen der Verformungen und Spannungen, gilt auch für den auf der anderen Seite der neutralen Faser liegenden Teil des Streifens. Im ganzen haben wir also im Querschnitt des Streifens vier Teile zu unterscheiden, einen elastisch gedehnten, einen elastisch gestauchten, einen plastisch gedehnten und einen plastisch gestauchten.

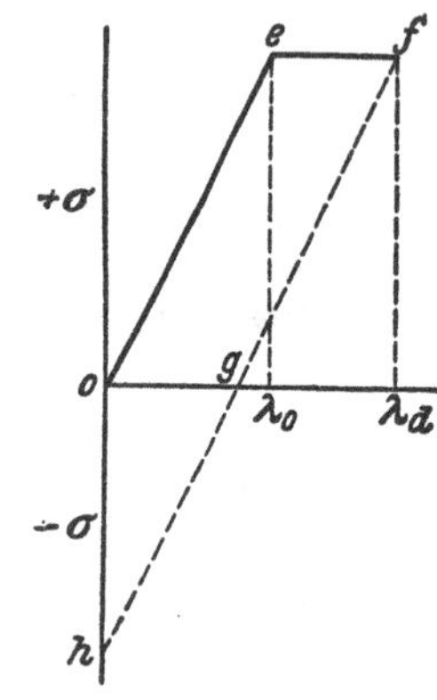

Abb. 113. Zur Entstehung von Eigenspannungen bei plastischer Biegung.

Wie wird sich ein so gebogener Streifen verhalten, wenn er entlastet wird? Wir können zunächst sofort zeigen, daß er sich nicht mehr vollkommen strecken kann, wie das der Fall gewesen ist, wenn er nur elastisch gebogen worden war. Wenn er sich völlig streckt, heißt das mit anderen Worten, daß alle Längenänderungen wieder auf Null zurückgehen. Der gesamte elastisch beansprucht gewesene Teil bis zum Abstand x_0, entsprechend der Dehnung λ_0, wird auch jetzt völlig entspannt werden. Alle Fasern dieses Bereiches, deren Dehnungen, je nach ihrem Abstand von der neutralen Faser, zwischen 0 und λ_0 und deren Verspannungswerte zwischen o und ε gelegen haben, werden sich längs der elastischen HOOKEschen Geraden oe wieder verkürzen und im Punkt o anlangen. Die äußere Faser, entsprechend der Dehnung λ_d, wird sich ebenfalls elastisch, d. h. auf einer zur Geraden oe parallelen Linie fg (Abb. 113), verkürzen. Bei Erreichung der Restdehnung og wird ihre Vorspannung auf Null gesunken sein. Sie hat sich hierbei aber noch nicht ausreichend verkürzt. Falls die Dehnung auf Null sinken soll, muß sie weiterhin elastisch verkürzt werden, und zwar längs der HOOKEschen Geraden gh, die eine Fortsetzung der Geraden fg im Gebiete der negativen Spannungen, also der Stauchspannungen ist. Bei Erreichung der Dehnung Null wird die Druckspannung durch die Strecke oh dargestellt sein.

Man sieht sofort, daß alle Fasern, deren Dehnungen während der Biegung zwischen λ_0 und λ_d liegen, bei völliger Beseitigung der Biegung unter Druckspannung stehen werden, deren Höhe von o bis oh ansteigt. Oberhalb der neutralen Faser wird also insgesamt eine gewisse Druckspannung übrigbleiben, die bestrebt ist, diesen Teil des Streifens zu verlängern.

Wir können dieselbe Betrachtung mit umgekehrtem Vorzeichen für den gestauchten Teil des Streifens wiederholen. Auch hier ergibt sich, daß die vorher plastisch gestaucht gewesenen Fasern nach der völligen Wiederausrichtung unter Spannungen umgekehrten Vorzeichens wie vorher, also jetzt unter Zugspannungen stehen würden. Der unterhalb der neutralen Faser liegende Teil des Streifens steht also unter einer Zugspannung und ist bestrebt, sich zu verkürzen. Da das Bestreben des oberen Teiles des Streifens, sich zu verlängern, in derselben Richtung wirkt, ist die wieder völlig ausgerichtete Gestalt keine Gleichgewichtsform des Streifens mehr. Um ins Gleichgewicht zu kommen, muß er sich vielmehr oberhalb der neutralen Faser verlängern und unterhalb dieser Faser verkürzen, also eine gewisse bleibende Verbiegung in demselben Sinne, in dem er ursprünglich gebogen worden ist, behalten.

Unsere Erörterung der Spannungen und Dehnungen führt uns demnach zu dem mit der Erfahrung übereinstimmenden und deshalb richtigen Ergebnis, daß der Streifen nach überelastischer Beanspruchung gebogen bleibt.

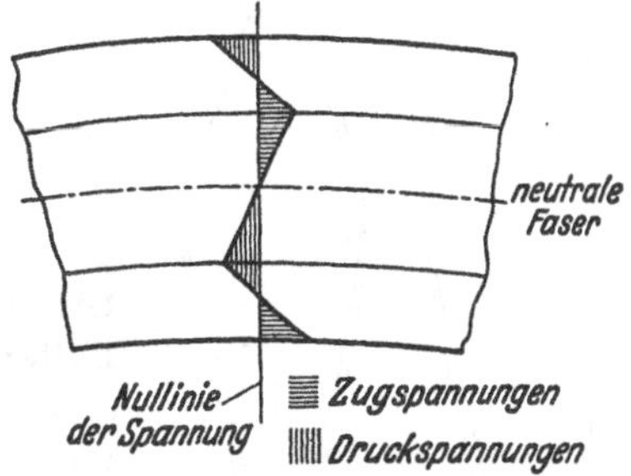

Abb. 114. Verteilung von Eigenspannungen in einem plastisch gebogenen Streifen nach der Entlastung.

In dem oberhalb bzw. unterhalb der neutralen Faser liegenden plastisch beansprucht gewesenen Teil sind die Spannungen hierbei geringer als bei völliger Streckung des Streifens. Im ursprünglich nur elastisch beansprucht gewesenen Teil findet jedoch keine völlige Entspannung statt, da sie ja nur bei völliger Streckung möglich wäre. Das Ergebnis für den oberhalb der neutralen Faser liegenden Teil ist deshalb: eine Zugspannung in den inneren Fasern, eine Druckspannung in den äußeren, und für den unterhalb der neutralen Faser liegenden Teil: eine Druckspannung in den inneren Fasern, eine Zugspannung in den äußeren. Bei der in Wirklichkeit vom Streifen angenommenen Gestalt gleichen sich die Druck- und Zugspannung je für sich unterhalb und oberhalb der neutralen Faser aus. Diese Verteilung der nunmehr entstandenen Eigenspannungen ist schematisch in Abb. 114 wiedergegeben, wobei die Zugspannungen nach rechts und die Druckspannungen nach links als Abszissen aufgetragen worden sind.

Abgesehen vom Ergebnis der bleibenden Verkrümmung des Streifens, kommen wir somit zur Einsicht, daß er jetzt nach Beseitigung der äußeren Kraft nicht frei von Spannungen ist. Diese Spannungen haben in verschiedenen Teilen entgegengesetzte Vorzeichen und halten sich insgesamt das Gleichgewicht. Der Körper ist jetzt mit inneren Spannungen behaftet, die man ihm nicht ohne weiteres ansieht, und die eine Folge der ungleichmäßigen Beanspruchung bei der plastischen Verformung sind.

Wir können gleich bemerken, daß praktisch jede plastische Verformung ungleichmäßig ist und deshalb zur Entstehung von Eigenspannungen führt. Fernerhin sehen wir, daß der Tatbestand einer *bleibenden* Verformung des Körpers eine Voraussetzung für die Entstehung von inneren Spannungen ist; eine elastische Verformung kann dieses Ergebnis nicht haben.

Eine bleibende Deformation braucht nicht immer die Folge eines äußeren mechanischen Eingriffes (Walzen, Schmieden) zu sein. Sie kann auch als Folge einer Volumenänderung bei einer Umwandlung oder Reaktion im Krystallzustand sein und ruft dann auch Eigenspannungen hervor.

3.

Was für eine Veranlassung haben wir denn überhaupt, uns praktisch mit den inneren Spannungen, den sog. *Eigenspannungen*, zu beschäftigen? Das lehrt uns sofort ein sehr einfacher Versuch.

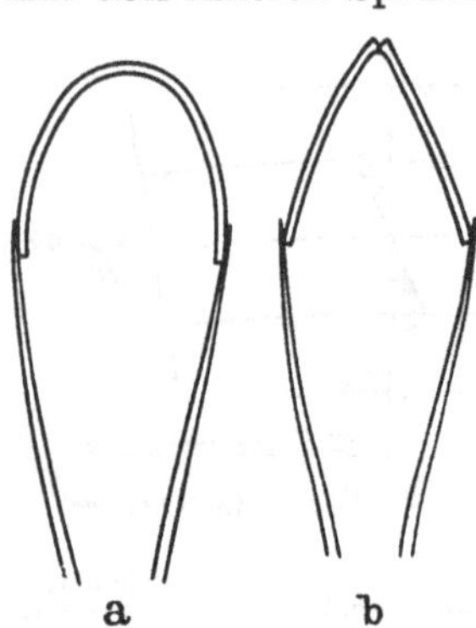

Abb. 115 a u. b. Aufreißen eines elastisch gebogenen Messingstreifens unter der Einwirkung von Quecksilber.

Wir nehmen einen hartgewalzten Messingstreifen, biegen ihn stark zusammen und halten ihn in der gebogenen Form in einer Zange fest. Durch die Biegung sind im äußeren Teil des Streifens Zugspannungen entstanden. Wir halten nun den Messingstreifen in die Lösung eines Quecksilbersalzes. Hier nehmen wir nach kurzer Zeit wahr, daß der elastische Druck des Streifens auf die Zange nachläßt. Gleichzeitig verändert der Streifen seine Form. An Stelle einer über die ganze Länge sich erstreckenden Biegung (Abb. 115a) entsteht an einer Stelle ein Knick (Abb. 115b),

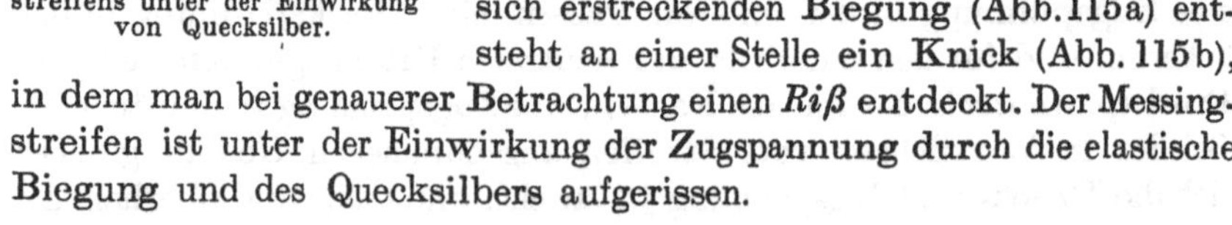

in dem man bei genauerer Betrachtung einen *Riß* entdeckt. Der Messingstreifen ist unter der Einwirkung der Zugspannung durch die elastische Biegung und des Quecksilbers aufgerissen.

Dieses Ergebnis haben wir durch Anlegung einer äußeren Spannung erzielt. Genau ebenso können aber auch Eigenspannungen wirken, wie folgender Versuch lehrt.

Wir nehmen ein Stück kalt gewalztes Rundmessing und stecken es in eine Lösung eines Quecksilbersalzes; nach kurzer Zeit hört man ein knackendes Geräusch: der Messingstab ist aufgerissen, was man auch unmittelbar auf seiner Oberfläche feststellen kann.

Das Aufreißen kann nur unter der Wirkung von inneren Kräften, also von Eigenspannungen, stattgefunden haben, die durch das Quecksilber sichtbar gemacht worden sind: das Quecksilber greift das Messing längs seiner Krystallgrenzen (*interkrystallin* oder *zwischenkrystallin*) an, und es entsteht dort ein haarscharfer Anriß, der ein weiteres Aufreißen bewirkt, ähnlich, wie man ein Stück Papier leicht zerreißen kann, wenn man es erst am Rande angerissen hat, wenn man also eine sog. *Kerbe* erzeugt hat.

Das Aufreißen des Messings durch Eigenspannungen erfolgt zwar, soweit wir es wissen, immer nur unter Mitwirkung eines chemischen Angriffs von außen, und zwar durch ganz bestimmte Stoffe, wie Quecksilber, Ammoniak und organische Ammoniumbasen (bei den letzteren durch die Krystallite hindurch, *transkrystallin* oder *intrakrystallin*). Leider ist aber Ammoniak in der Atmosphäre der Industriegegenden oder der großen Städte, in der Hauptsache aus den Gaswerken stammend, immer in geringen Mengen vorhanden. Deshalb sind alle Konstruktionen, die aus kalt gewalztem Messing bestehen, also Eigenspannungen aufweisen, gefährdet. Eine Voraussetzung für das Aufreißen ist natürlich, daß das Messing an der Oberfläche unter *Zugspannungen* steht; sonst sind die durch den chemischen Angriff erzeugten Anrisse ungefährlich.

Der chemische Angriff, der zum Aufreißen, etwa durch Ammoniak, führt, ist — wie erwähnt — auf die Risse beschränkt. Deshalb kann man keine Änderung der übrigen Oberfläche des Stückes wahrnehmen. Es handelt sich hier um die sog. *Spannungskorrosion*, die für viele metallische Werkstoffe sehr gefährlich werden kann, außer Messing für manche Leichtmetall-Legierungen, Sonderstähle und auch Edelmetall-Legierungen.

Die Eigenspannungen führen also beim Messing und bei einer Reihe von anderen Legierungen leicht zum Aufreißen der Teile und bilden damit eine große technische Gefahr. Auch abgesehen vom Aufreißen, ist die Wirkung der Eigenspannungen auf die mechanischen Eigenschaften meistens ungünstig. Denken wir an einen Dehnungsversuch. Wenn der Stab, den wir dehnen, mit Eigenspannungen behaftet ist, heißt das, daß Teile davon bereits vor Beginn des Zugversuches infolge der Eigenspannungen unter Zug, andere unter Druck stehen. Bei den ersteren addiert sich also die äußere Zugspannung zur Eigenspannung, wodurch der Stab vorzeitig fließt und vorzeitig zerreißen kann. Die *Festigkeit* des Werkstoffes ist durch die Eigenspannungen herabgesetzt worden.

4.

Wie stellen wir die Eigenspannungen fest und wie beseitigen wir sie? Wir haben gesehen, daß man es einem Metallstück nicht ansehen kann, ob es mit Eigenspannungen behaftet ist oder nicht, auch eine rein elastische Beanspruchung lehrt darüber nichts. Da die Eigenspannungen dadurch zustande kommen, daß einzelne verschieden gespannte Körperteile sich gegenseitig stützen, kann man jedoch ein Verfahren zur Messung von Eigenspannungen grundsätzlich angeben. Man muß die einzelnen Teile des Körpers voneinander trennen, so daß sie sich nicht mehr gegenseitig festhalten können. Sie werden jetzt, nachdem sie befreit sind, sich einzeln entspannen. Indem wir die hierbei auftretenden Formänderungen messen, können wir daraus die vorher vorhanden gewesenen Eigenspannungen berechnen. In einigen einfachen Fällen ist das praktisch durchführbar. In den letzten Jahren hat man außerdem gelernt, die Eigenspannungen mit Hilfe von Röntgenstrahlen durch Messung der Änderung der Gitterkonstanten der elastisch verspannten Krystallite zu bestimmen.

Man *beseitigt* die Eigenspannungen ohne Zerstörung des Körpers am besten und sichersten durch Erhitzen des Metalls auf höhere Temperaturen, wobei die Spannungen sich ausgleichen. Hierbei sinkt nämlich die Elastizitätsgrenze bei lang dauernder Beanspruchung (*Standfestigkeit, Kriechgrenze*) sehr erheblich, die Spannungen können nicht mehr elastisch gehalten werden, die etwa auf Zug beanspruchten Teile verlängern sich unter dem Einfluß der Eigenspannungen *plastisch*, die auf Druck beanspruchten *verkürzen* sich, bis die zwischen ihnen vorhanden gewesene Verspannung behoben ist. Hierbei vollzieht sich bei höherer Temperatur grundsätzlich derselbe Vorgang, wie wir ihn im 1. Kapitel beim gebogenen Zink bei gewöhnlicher Temperatur betrachtet haben. In manchen Fällen, so z. B. beim Messing, gelingt diese Entspannungsglühung eines kalt gereckten Materials schon bei so niedrigen Temperaturen, daß seine durch die plastische Verformung erzeugte Verfestigung ganz oder teilweise erhalten bleibt. In anderen Fällen tritt hierbei unvermeidlich eine Erweichung des Metalls durch Rekrystallisation ein, die wir in dem nächsten Kapitel erörtern werden.

XI. Rekrystallisation.

1.

Die durch plastische Verformung in der Kälte verfestigten Metalle und Legierungen befinden sich in einem Zwangszustand, der einem höheren Energiegehalt als dem der weichen Metalle entspricht und thermodynamisch unbeständig ist. Das folgt bereits aus der in der Vorlesung X erörterten Tatsache, daß die kalt gereckten Metalle immer mit inneren Spannungen behaftet sind, wie sich das etwa aus dem Röntgenbild oder aus der Krümmung der Gleitlamellen ergibt. Diese mechanischen Verspannungen bedingen eine zusätzliche mechanische Spannungsenergie; die Spannungen sind bestrebt, sich auszugleichen, wobei dann das Metall die Spannungsenergie verlieren würde. Noch wesentlicher sind die atomistischen Störungen des Raumgitters, wie wir sie oben etwa in den *Versetzungen* kennengelernt haben (IX, S. 115). Bei der Erhitzung auf höhere Temperaturen, bei der das durch Kaltreckung verfestigte Metall, wie wir sehen werden, in seinen natürlichen Zustand zurückkehrt, wird eine zwar geringe, aber doch mit aller Sicherheit nachgewiesene Wärmemenge (*Rekrystallisationswärme*) entwickelt.

2.

Es unterliegt also keinem Zweifel, daß das durch Kaltreckung verfestigte Metall unbeständig ist und deshalb das Bestreben haben muß, die Zwangsjacke der Verfestigung wieder abzuschütteln. Bei gewöhnlicher Temperatur ist das mit Ausnahme solcher niedrig schmelzenden Metalle, wie Blei, Zink, Cadmium und Zinn, nicht möglich — außer mit Hilfe solcher grundsätzlich als *Katalysatoren* wirkenden Stoffe wie der Elektrolyt in einem elektrochemischen Element —, wohl werden aber die harten Metalle wieder weich, nachdem man sie auf eine genügend hohe Temperatur erhitzt hat, wie die Abb. 116 zeigt. Hier sind die bei gewöhnlicher Temperatur nach der Erhitzung eines hartgewalzten Metalles (Flußeisen mit 0,08% C) auf verschiedene Temperaturen während je etwa $^1/_2$ Stunde gemessenen Werte der Zerreißfestigkeit und Bruchdehnung wiedergegeben. Wir sehen, daß die Erhitzung auf mäßige Temperaturen bis 500° keinen größeren Einfluß auf diese Eigenschaften ausübt, und daß dann ein Temperaturgebiet kommt, in dem die Festigkeit mit zunehmender Erhitzungstemperatur recht schnell abnimmt. Nach Erhitzung auf Temperaturen oberhalb von 530° sinkt die Festigkeit wieder nur wenig. Hier ist das Metall wieder weich geworden, es hat dieselbe Zerreißfestigkeit σ_B und dieselbe Bruchdehnung λ_B wie vor der plastischen Verformung erlangt. Gleichzeitig verschwinden auch die Verspannungen im Metall. Das sehen wir wieder am besten im Röntgenbild. An Stelle der kontinuierlichen DEBYE-SCHERRER-Ringe, Abb. 93b, treten nach dem Erweichen des Metalles wieder Ringe auf, die in einzelne Punkte aufgelöst sind. Jedem Punkt entspricht wieder ein Krystallit bestimmter Orientierung, die sich von Krystallit zu Krystallit sprungweise ändert, wie das nicht anders sein kann, wenn der Krystallit nicht verspannt (verkrümmt) ist.

Was hat sich hierbei im Metall

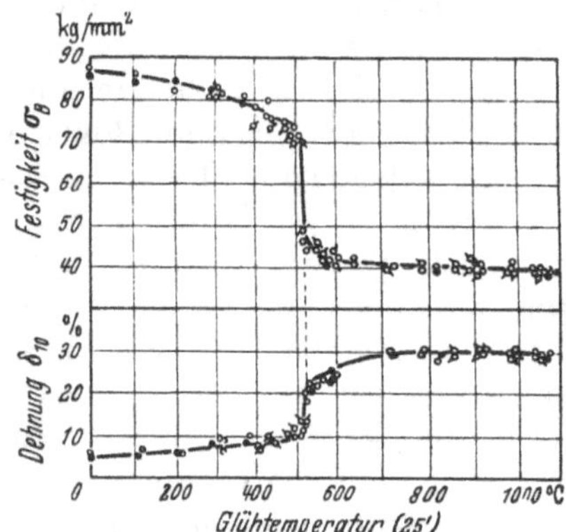

Abb. 116. Erweichung von kaltgerecktem Stahl infolge einer Erhitzung. (Aus P. GOERENS, Metallographie.)

Abb. 117. Struktur einer kaltgereckten Kupfer-Nickel-Legierung. Vergr. 100×. (Nach ADCOCK.)

vollzogen? Wie hat es zustande gebracht, die Verspannungen wieder loszuwerden und die Krystallite wieder auszurichten, ohne daß ihr Zusammenhang im festen Metall verlorengegangen ist? Wir haben ja gesehen, daß die gleichzeitige Verformung verschiedener miteinander zusammengewachsener Krystallite ohne ihre Lostrennung nur mit Verkrümmungen möglich ist.

Sehen wir uns zur Entscheidung dieser Frage das Metallgefüge im geätzten Schliff an.

Abb. 117 stellt das Gefüge einer Legierung aus 80% Cu und 20% Ni dar, die um 88% in einer Flachwalze kalt gewalzt worden ist[1]. Das heißt mit anderen Worten, daß die Dicke des Streifens hierbei auf 12% der ursprünglichen abgenommen hat. Die Kupfer-Nickel-Legierungen bestehen, wie wir in der Vorlesung V gezeigt haben, aus einer ununterbrochenen Reihe von Mischkrystallen, also genau ebenso aus homogenen Krystalliten wie ein reines Metall. Die genannte Legierung ist von ADCOCK für die Untersuchung gewählt worden, weil sie sich besonders leicht sauber polieren und ätzen läßt. Wir sehen auf dieser Abbildung zunächst Streifen, die praktisch parallel zur Walzrichtung verlaufen. Das sind die Begrenzungen der Krystallite, die vor dem

[1] Die nachfolgenden Mikroaufnahmen sind der Arbeit von ADCOCK, Journ. Inst. Metals 1922 Nr. 1 entnommen.

Walzen ganz unregelmäßige Formen und Richtungen gehabt haben und sich beim Walzen in der Walzrichtung gestreckt haben. Für die Verformung eines vielkrystallinen Metallstückes besteht nämlich die eigentlich selbstverständliche, allerdings nur grobe Näherungsregel, daß die einzelnen Krystallite sich geometrisch ebenso verformen (strecken im vorliegenden Falle) wie das gesamte Metallstück. Durch das Kaltwalzen hat die Dicke auf 12% der ursprünglichen abgenommen, das Blech hätte sich also im Verhältnis von $\frac{100}{12} = 8,3$ gedehnt, wenn es beim Walzen nicht gleichzeitig etwas breiter geworden wäre. Wir können annähernd annehmen, daß die Krystallite sich im Verhältnis von etwa 8 zu 1 verlängert haben, während ihre Breitenabmessung sich kaum geändert hat.

Außer den genannten Linien, die parallel zur Walzrichtung verlaufen, sehen wir auf dieser Abbildung ein System von anderen Streifen, die *schräg* zur Walzrichtung stehen und von Krystallit zu Krystallit ihre Richtung ändern. Das sind Spuren, der im Metall bei der Verformung stattgefundenen Gleitung. Dieser Befund ist im Sinne unserer Erörterung in der IX. Vorlesung, S. 105ff., zunächst überraschend. Da bei der Translation das Raumgitter keine Schädigung erleiden soll und auch seine Orientierung sich hierbei nicht ändert, sollte man im verformten Metall nach erneutem Anschleifen die Translation gar nicht mehr feststellen können, wie das auch vielfach bei schwach gereckten Metallen nachgewiesen worden ist[1]. Die hier auftretenden Streifen sind wahrscheinlich darauf zurückzuführen, daß die Verformung an den verschiedenen Stellen des Metalles verschieden stark gewesen ist. Die Streifen sind dort entstanden, wo eine besonders lebhafte Gleitung stattgefunden hat; hierdurch ist das elektrochemische Potential an diesen Stellen stärker beeinflußt worden als an anderen. Beim Ätzen des Metalles, also beim Hineinbringen des Metalles in einen Elektrolyten, ist zwischen den verschiedenen Teilen deshalb ein kurzgeschlossenes elektrochemisches Element (*Lokalelement*), ähnlich wie wir es auf S. 141 schildern werden, entstanden. Deshalb werden die verschiedenen edlen Teile von Ätzmitteln verschieden stark angegriffen, und wir erhalten als Folge dieses Unterschiedes der Angreifbarkeit die in Frage kommende Streifung.

Der Umstand, daß die einzelnen Krystallite meistens eine Streifung nur in einer Richtung aufweisen, zeigt, daß die Gleitung in ihnen vorzugsweise nur in dieser Richtung stattgefunden hat. Nur in einigen wenigen Krystalliten nimmt man Gleitspuren in zwei Richtungen wahr, ein Zeichen dafür, daß besonders starke Wirkungen der Kaltreckung bei Gleitung in zwei Richtungen aufgetreten sind.

---

[1] In einzelnen Fällen sind jedoch Gleitlinien nach einer Kaltreckung um nur 1,5% durch Ätzen nachgewiesen worden.

3.

Wenn wir die Legierung mit einem derartigen Gefüge auf Temperaturen bis etwa 450° erhitzen, zeigt das Gefüge keine Änderungen. Eine Härteuntersuchung lehrt uns zugleich, daß wir uns noch in dem dem linken Teil der Abb. 116 entsprechenden Feld befinden, wo die Verfestigung noch beinahe voll bestehen geblieben ist. Sobald wir eine Probe jedoch auf eine Temperatur von 460 bis 480° erhitzen, nehmen wir im Gefüge eine sehr merkwürdige Änderung wahr. Längs der Spuren der

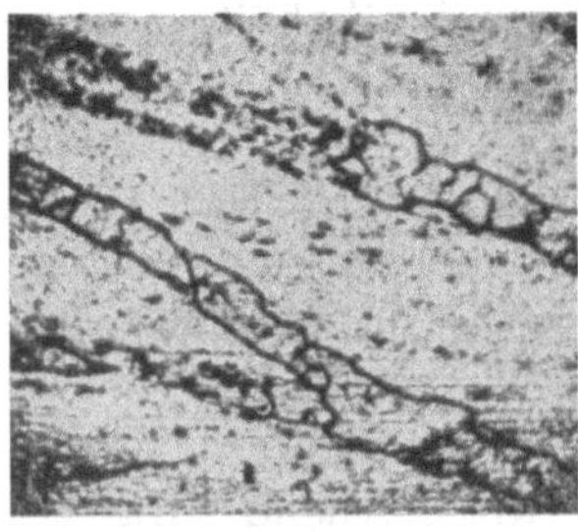

Abb. 118. Gewalzte Kupfer-Nickel-Legierung nach Erhitzung auf 460—480°. Vergr. 650×. (Nach ADCOCK.)

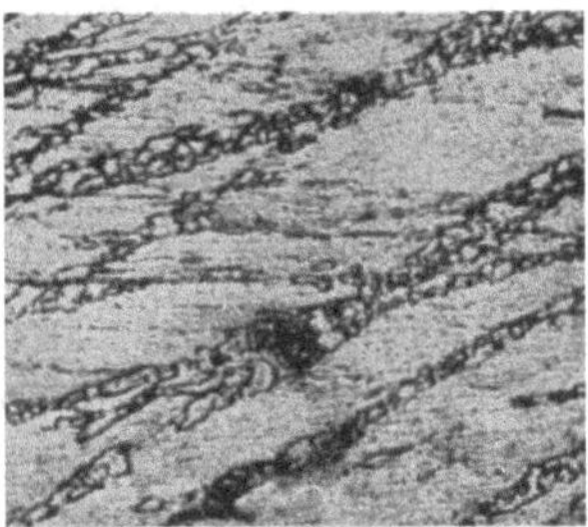

Abb. 119. Gewalzte Kupfer-Nickel-Legierung nach Erhitzung auf 490—500°. Vergr. 350×. (Nach ADCOCK.)

bevorzugten Gleitung sind winzige Polygone entstanden, wie man sie auf Abb. 118 bei stärkerer Vergrößerung sieht. Erhitzen wir das Metall auf höhere Temperaturen, so werden diese Polygone längs der Gleitschichten größer und zahlreicher. Nach einer Erhitzung auf 490 bis 500° und 520° (Abb. 119 und 120) haben diese Polygone, von den Schichten bevorzugter Gleitung ausgehend, schon größere Teile des Gefüges überflutet; gleichzeitig sinkt die Härte des Stückes. Nach einer Erhitzung auf 550 bis 570° (Abb. 121) besteht das ganze Gefüge aus den neuen Polygonen, von dem ursprünglichen charakteristischen Gefüge des plastisch verformten Metalles ist nichts mehr übriggeblieben. Gleichzeitig stellt man fest, daß die Härte im wesentlichen den ursprünglichen Wert erreicht hat, das Metall ist wieder weich geworden.

Diese neuen Polygone stellen nun weiter nichts als Krystallite dar. Diese Krystallite sind unverspannt, wie das Röntgenbild lehrt (S. 104). Sie sind also thermodynamisch beständiger als das verfestigte und verspannte Gefüge; es ist deshalb verständlich, daß sie auf Kosten des letzteren, ähnlich, wie das am Modell des elektrochemischen Elementes gezeigt werden wird, wachsen, wenn auch natürlich durch einen anderen molekularen Mechanismus. Wie entstehen sie aber überhaupt? Hier müssen wir eine Keimbildung annehmen, ähnlich wie eine solche in einer unterkühlten übersättigten Lösung eines Salzes stattfindet. Eine solche Lösung kann sich vielfach längere Zeit unverändert erhalten, bis sie plötzlich sehr schnell auskrystallisiert. Diese Auskrystallisation können wir künstlich hervorrufen, indem wir einen Keim des festen Salzes in die übersättigte Lösung bringen. Ähnlich verhalten sich vielfach unter ihren Schmelzpunkt unterkühlte Schmelzen. Im vorliegenden Falle ist die kaltgereckte, thermodynamisch unbeständige Form der Materie (Phase, vgl. Vorlesung III, S. 42) der unterkühlten Schmelze analog, der neue Krystall entspricht dahingegen der weichen beständigen Form des Metalles. Die Entstehung des Keimes einer neuen beständigeren Form ist offenbar ein

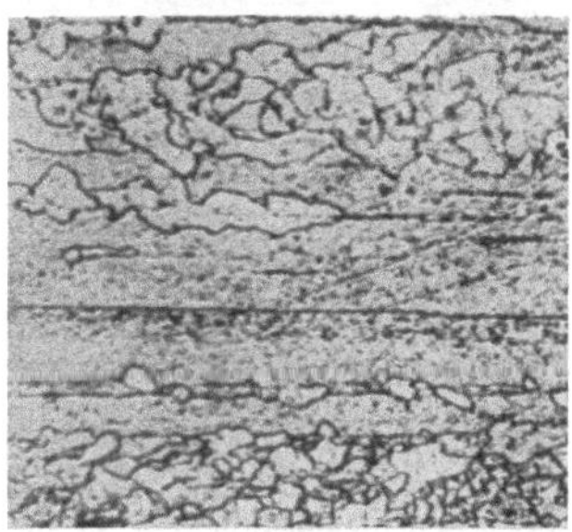

Abb. 120. Fortschreitende Rekrystallisation in einer Kupfer-Nickel-Legierung nach Erhitzung auf 520°. Vergr. 350×. (Nach ADCOCK.)

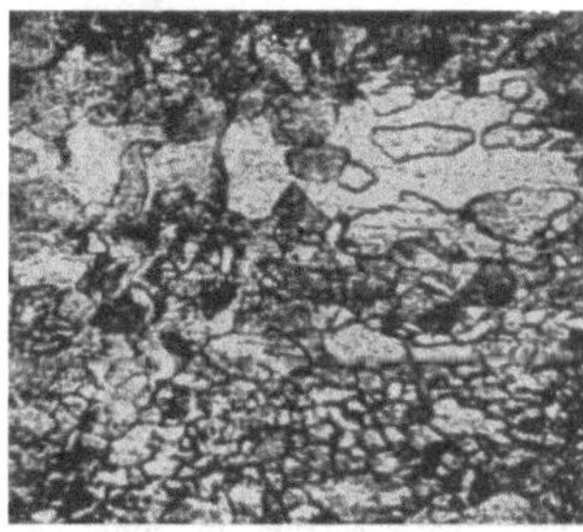

Abb. 121. Abgeschlossene Rekrystallisation einer Kupfer-Nickel-Legierung nach Erhitzung auf 550—570°. Vergr. 350×. (Nach ADCOCK).

schwieriger Vorgang, der nur unter besonderen Umständen zustande kommt, mit anderen Worten, wenig wahrscheinlich ist. Diesem entspricht der Umstand, daß die Keimbildung oft längere Zeit auf sich warten läßt. Sobald sie erst einmal stattgefunden hat, findet die weitere Umwandlung der unbeständigen Phase in die beständigere, im Rahmen des erwähnten Beispieles also die Krystallisation der Schmelze, verhältnismäßig sehr schnell statt.

Zahlreiche Beobachtungen sprechen nun dafür, daß die Rekrystallisation eines stark verfestigten Metalles durch eine in gewissen Zusammenhängen ähnliche *Keimbildung* eingeleitet wird. Hierbei entsteht als beständigere Form der Materie der *entspannte* Krystall. Seine erste Entstehung ist mit Schwierigkeiten verknüpft. Sobald er aber erst als Keim entstanden ist, wächst er, da er beständiger ist, auf Kosten des umgebenden, durch Kaltreckung verfestigten und „beschädigten“ Materials.

Wir haben einen sehr eigenartigen Vorgang vor uns. Das „beschädigte“ Gefüge des durch plastische Verformung verfestigten Metalles wird beseitigt, indem es einfach durch ein anderes, ganz oder beinahe ganz schädigungsfreies *ersetzt* wird. Es entstehen hierbei im Innern oder an den Grenzen der ursprünglichen Krystallite, ganz vorwiegend an den unbeständigsten Stellen, die bei der Kaltreckung die stärkste „Schädigung“ erlitten haben, Keime neuer Krystallite, die auf Kosten der beschädigten Umgebung wachsen.

Eine derartige *Neubildung* des Gefüges wird ***Rekrystallisation*** genannt. Allgemeiner wird darunter jede Gefügeänderung ohne Modifikationsänderung (wie beim Übergang vom γ- zum α-Eisen) oder allgemeiner ohne Bildung von neuen Krystall*arten* verstanden, wobei Krystallite mit bestimmten Korngrenzen entstehen oder Verschiebungen von Korngrenzen stattfinden.

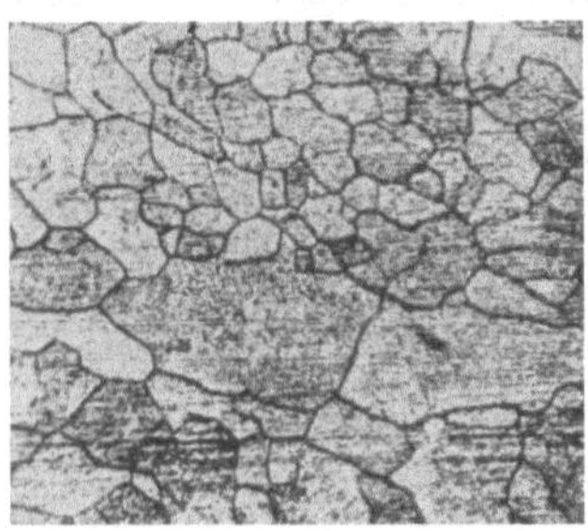

Abb. 122. Kornwachstum in einer Kupfer-Nickel-Legierung nach abgeschlossener Rekrystallisation (erhitzt auf 630—660°). Vergr. 350×. (Nach ADCOCK.)

Abb. 123. Kornwachstum mit Zwillingsbildung in einer Kupfer-Nickel-Legierung nach Erhitzung auf 960—980°. Vergr. 100×. (Nach ADCOCK.)

Mit der in Abb. 121 dargestellten Neubildung des Gefüges sind seine Änderungen, die es bei höheren Temperaturen erleidet, eigenartigerweise noch nicht abgeschlossen. Wir sehen das in den Abb. 122 und 123. Auf eine je höhere Temperatur das rekrystallisierte Metall erhitzt wird, desto größer sind die Krystallite, aus denen das Metall besteht. An den Vorgang der Neubildung des Gefüges schließt sich der Vorgang des *Krystallwachstums* an. Wie die Neubildung des Gefüges, ist auch das Krystallwachstum nicht umkehrbar. Wenn wir ein auf hohe Temperaturen erhitztes Metall späterhin auf eine tiefere Temperatur bringen, wird sein Gefüge nicht etwa wieder feiner, sondern bleibt unverändert. Wir können uns also der Schlußfolgerung nicht entziehen, daß das in Abb. 121 dargestellte Gefüge noch nicht *ganz stabil* ist und sich deshalb unter Vergrößerung der Krystallite freiwillig in ein stabileres verwandelt. Man nimmt deshalb heute an, daß die Oberflächenspannung der Krystallite die Hauptursache für das weitere Kornwachstum ist. Die Berührungsfläche zwischen den Krystalliten nimmt bei Kornwachstum ab. Zusätzlich scheint eine Kornvergrößerung dadurch bewirkt zu werden, daß noch geringe Verspannungsreste zwischen den Krystalliten bestehen und die damit zusammenhängenden Unterschiede der Stabilität ausreichen, um das Wachsen eines stabileren Krystalles au Kosten der etwas weniger stabilen Nachbarn herbeizuführen.

Auch das Kornwachstum fällt, wie die Neubildung des Gefüges, unter den Begriff der Rekrystallisation, die somit aus diesen zwei nacheinander eintretenden (und teilweise ineinander greifenden) Vorgängen besteht.

In Abb. 123 nimmt man Bänder wahr, die die Krystallite durchqueren. Es handelt sich hier um *Zwillinge*, die jedoch im Gegensatz zu den *Deformationszwillingen* S. 110 und Abb. 106 nicht mechanisch durch Verformung, sondern bei der Rekrystallisation bei hoher Temperatur entstanden sind, man nennt sie deshalb ***Rekrystallisationszwillinge***.

4.

Die Korngröße eines rekrystallisierten Metalles hängt, wie wir gesehen haben, von der Temperatur ab, auf die wir es erhitzt haben. Da die Rekrystallisation, wie jeder Vorgang, Zeit erfordert, muß sie natürlich auch von der Zeitdauer der Erhitzung auf eine bestimmte Temperatur abhängen. Über diese letztere Abhängigkeit kann man sagen, daß normalerweise mit der Zeit asymptotisch eine gewisse Korngröße angestrebt wird, etwa im Sinne der Abb. 124. Wenn wir also die Erhitzungszeit nicht zu kurz wählen, etwa entsprechend der Abszisse des Punktes a, so wird die weitere Erhöhung der Erhitzungsdauer in mäßigen Grenzen nur geringen Einfluß auf die Korngröße haben.

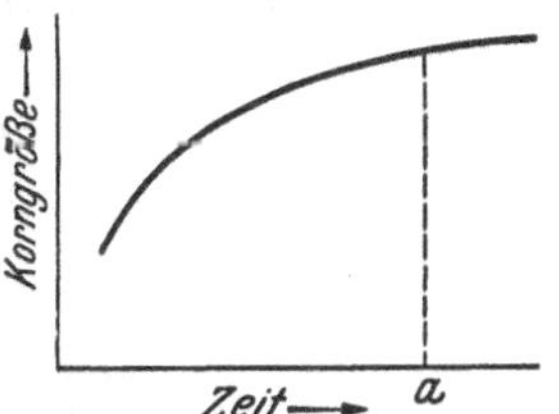

Abb. 124. Zeitabhängigkeit der Korngröße bei Rekrystallisation bei konstanter Temperatur. Schema.

Um die Erörterung zu vereinfachen, können wir deshalb vorschreiben, daß die Verweilzeiten bei verschiedenen Temperaturen während der Erhitzung gleich sein sollen, und fragen uns, in welcher Weise dann die durchschnittliche Korngröße, die wir durch Zählen der Krystallite innerhalb einer bestimmten Fläche feststellen können, von den Bedingungen abhängt.

Wir nehmen an, daß die Keimbildung in etwa abgeschlossen ist und daß der Zustand des Metalles der Abb. 121 entspricht. Wir erörtern hier das weitere Kornwachstum bei höheren Temperaturen.

Die Korngröße steigt nun zunächst mit zunehmender Erhitzungstemperatur stark an. In der Regel erhalten wir für sie Kurven nach Art der Abb. 125. Der Ausgangspunkt a entspricht der Temperatur, bei der in der vorgeschriebenen Zeit gerade das gesamte Gefüge rekrystallisiert ist. Bei tieferen Temperaturen, bei denen nur Teile des Metalles rekrystallisiert sind, während andere Teile noch das unveränderte Verfestigungsgefüge zeigen, ist es sehr schwierig und hat meistens auch nicht allzuviel Sinn, eine durchschnittliche Korngröße des rekrystallisierenden Metalles zu bestimmen. Es kommt nun ein Temperaturgebiet, in dem die durchschnittliche Korngröße nur mäßig ansteigt, bis bei wesentlich höheren Temperaturen ein sehr erhebliches Kornwachstum stattfindet.

Die Krystallgröße eines rekrystallisierten Metalles hängt fernerhin in starkem Maße vom *Betrage* der voraufgegangenen Verfestigung, also vom

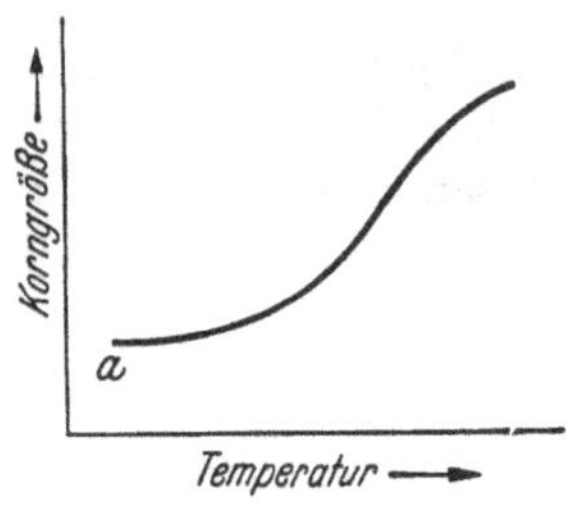

Abb. 125. Temperaturabhängigkeit der Korngröße bei der Rekrystallisation. Schema.

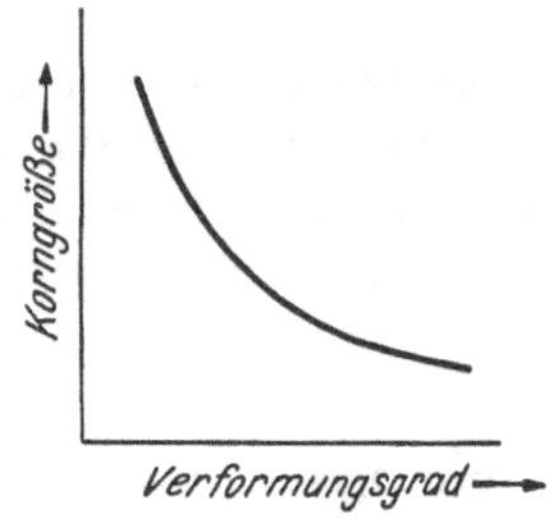

Korngröße
Verformungsgrad

Abb. 126. Abhängigkeit der Korngröße vom Kaltreckungsgrad nach gleicher Rekrystallisationsbehandlung. Schema.

Grade der plastischen Deformation ab, wie er etwa durch die *Dehnung* beim oben eingehend besprochenen Dehnungsversuch, durch die prozentische Höhenabnahme beim Stauchen oder etwa durch die Dickenabnahme beim Flachwalzen bestimmt wird. Allgemein gilt das Gesetz, daß die Zahl der Krystallite mit dem Betrage der voraufgegangenen Verformung zunimmt, also ihre Größe abnimmt. Diese Gesetzmäßigkeit ist im Rahmen unserer bisherigen Erörterungen durchaus verständlich. Die Bildung von neuen Krystalliten, die Keimbildung, muß um so lebhafter erfolgen, je größer der Zwangszustand des Metalles ist; dieser nimmt aber mit zunehmendem Betrage der plastischen Verformung zu. Wenn auch bei der späteren Erhitzung auf höhere Temperaturen ein

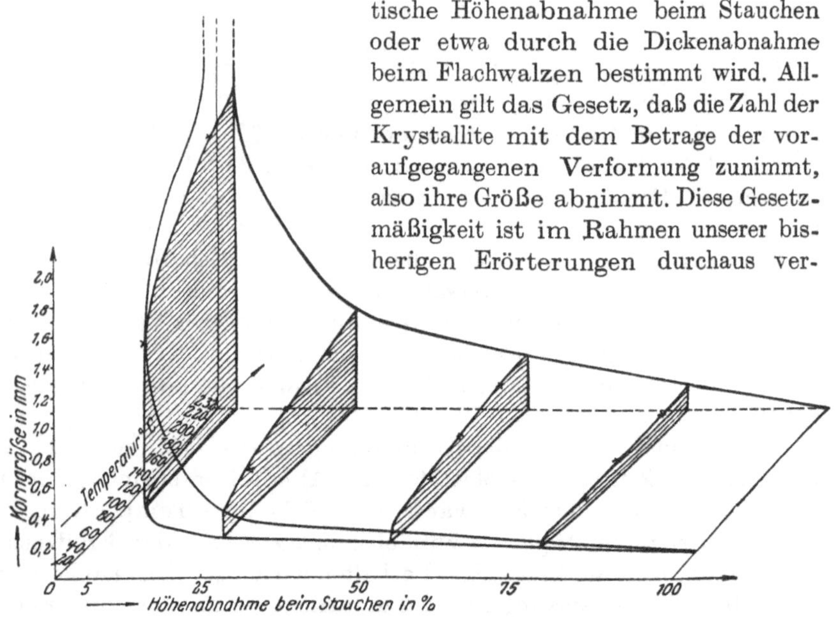

Abb. 127. Rekrystallisationsdiagramm des Zinns. (Nach J. CZOCHRALSKI.)

Kornwachstum einsetzt, so bleibt die Korngröße eines stärker verformt gewesenen Metalles im Normalfall doch immer hinter der Korngröße eines schwächer verformt gewesenen zurück. Man erhält deshalb für die Korngröße nach der Erhitzung verschieden stark verformter Proben auf *eine und dieselbe* Temperatur während einer einheitlich vorgeschriebenen Zeit etwa die Abb. 126.

Die beiden Abhängigkeiten von der Verformung und von der Rekrystallisationstemperatur kann man in einem räumlichen Diagramm zusammenfassen, indem man die Temperatur auf der y-Achse, den Verformungsgrad auf der x-Achse und die Korngröße nach oben auf der z-Achse aufträgt. Man erhält dann ein räumliches Diagramm, wie es in Abb. 127 für das Zinn wiedergegeben ist. Ein solches räumliches Diagramm pflegt man das *Rekrystallisationsdiagramm* eines Metalles zu nennen. Man sieht, daß bei geringen Verformungsgraden und nach Erhitzungen auf hohe Temperaturen sehr grobe Krystallbildung auftritt und daß fernerhin der Beginn der Rekrystallisation mit zunehmenden Verformungsgraden zu tieferen Temperaturen hin rückt.

Die bisherigen Betrachtungen gelten für ein einigermaßen normales, gleichmäßiges Kornwachstum. Zuweilen entstehen nach der anscheinend abgeschlossenen Rekrystallisation Riesenkrystalle, die auf Kosten des feineren Gefüges wachsen. Man nennt diesen Vorgang *sekundäre Rekrystallisation*. Trotz vieler Bemühungen ist sie noch lange nicht vollständig untersucht.

5.

Wir sehen, daß die Rekrystallisation ein erhebliches theoretisches Interesse hat. Probleme wie die, wie und warum die Keimbildung hierbei zustande kommt, ob sie nur im Anfang der Rekrystallisation oder auch in ihrem späteren Verlauf stattfindet, warum die neu entstehenden Krystallite vielleicht noch nicht ganz frei von einem Zwangszustand sind usw., bilden den Gegenstand der *Kinetik* des Rekrystallisationsvorganges und sind von einer befriedigenden Lösung noch weit entfernt. Aber auch die praktische Bedeutung der Rekrystallisation ist sehr groß. Wir haben schon hervorgehoben, daß man mit ihrer Hilfe dem kalt gereckten Metall seine Bildsamkeit wiedergeben kann. Hierbei ist nun die entstehende Krystallgröße von erheblicher Bedeutung. Grobe Rekrystallisation mit großen Krystalliten ist allgemein gefürchtet, und zwar, je nach dem Metall, aus verschiedenen Gründen. Die einzelnen Krystallite eines Metalles sind, wie wir gesehen haben (Vorlesung IX, S. 112), bestrebt, bei einer plastischen Beanspruchung je nach ihrer Orientierung unterschiedliche Formänderungen zu erleiden. Im Innern des Metalles sind sie daran durch ihre Nachbarn behindert. An der freien Oberfläche kann sich dieses Bestreben jedoch in einem gewissen Umfange auswirken. Die glatte Oberfläche eines jeden vielkrystallinen Metalles muß deshalb bei jeder plastischen Verformung grundsätzlich aufgerauht werden. Das haben wir ja auch in der IX. Vorlesung, S. 105, bereits gesehen, als wir die Spuren der Translation auf der Oberfläche eines geätzten Krystalles betrachteten (Abb. 95). Sind die Krystallite mikroskopisch klein, so entzieht sich diese Aufrauhung der Wahrnehmung mit dem bloßen Auge oder ist, allgemeiner gesprochen, praktisch belanglos. Haben die Krystallite jedoch eine makroskopische Größe erreicht, so wird diese ***Rauhigkeit*** des verformten Metalles auch mit bloßem Auge sichtbar, der Gegenstand wird dadurch technisch unbrauchbar. Beispiele hierfür sieht man in den Abb. 128 und **129**. Es handelt sich um Aluminium- und Eisennäpfchen, von denen das eine sehr grobkörnig, das andere feinkörnig ist. Aus diesen Abb. sieht man, daß das feinkörnige Näpfchen zwar beim Tiefziehen etwas matt geworden ist, aber im makroskopischen Sinne durchaus glatt geblieben ist, daß das grobkörnige jedoch grob gerippt ist.

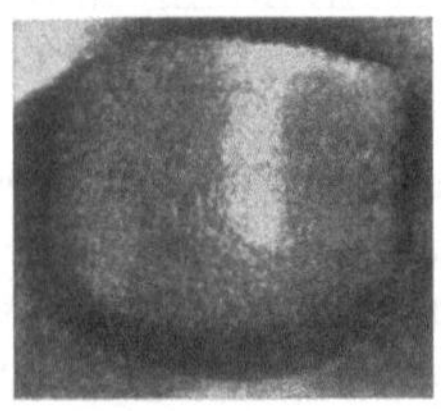

Abb. 128.

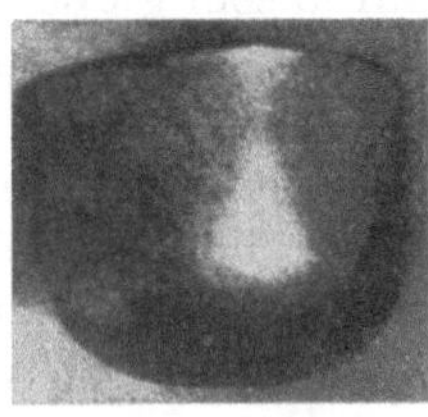

Abb. 129.

Abb. 128. Grobkörniges Metall, das nach dem Tiefziehen narbig geworden ist.

Abb. 129. Feinkörniges Metall, das beim Tiefziehen glatt bleibt.

(Aus G. SACHS, Praktische Metallkunde.)

Eine andere Ursache für die Abneigung der Technik gegen grobkrystallines Gefüge liegt in seiner ***Brüchigkeit***. Die Erfahrung lehrt, daß der Bruch eines Metalles, wie er etwa beim Zerreißversuch auftritt, bei gewöhnlicher Temperatur in der Regel nicht längs der Korngrenzen („*interkrystallin*“ oder „*zwischenkrystallin*“), sondern ***innerhalb*** der einzelnen Krystallite („*intrakrystallin*“, besser „*transkrystallin*“) verläuft. Bei hohen Temperaturen findet er jedoch meistens längs der *Korngrenzen*, also interkrystallin statt, wahrscheinlich weil ein technisches Metall nie ganz rein ist und mit den Verunreinigungen leichter schmelzende Legierungen bildet, die sich, etwa in der Form eines Eutektikums, an den Krystallgrenzen ansammeln. Je größer nun die Krystallite sind, desto geringer ist insgesamt ihre Berührungsfläche, und desto mehr Verunreinigungen müssen sich an ihr ansammeln. Die Gefahr der interkrystallinen Brüche nimmt deshalb mit der Korngröße zu. Wahrscheinlich spielt hier auch die Form der Berührungsflächen der Krystallite eine gewisse Rolle. Bei manchen Metallen, insbesondere den hexagonalen Zink, Cadmium und Magnesium und bei ihren Legierungen spielt aber noch ein anderer Umstand eine Rolle. Die Krystalle aller dieser Metalle lassen sich leicht *spalten*, die Spaltfläche ist die Basisebene, ebenso übrigens wie die Gleitebene (IX. Vorlesung, S. 106). Je größer ein Krystall ist, desto weniger wird er von seinen Nachbarn gehalten, desto größer ist also die Gefahr, daß unter dem Einfluß einer Zugspannung eine Spaltung eintritt, die dann den Zerreißvorgang des ganzen Stückes einleiten kann.

Aus dem Rekrystallisationsdiagramm lesen wir die Regel ab, daß besonders große Krystallite bei der Rekrystallisation von ganz schwach verformten Metallen auftreten. Deshalb gilt die wichtige technische Regel: man hüte sich vor geringen plastischen Verformungen, wenn man gezwungen ist, das Metall nachher zu rekrystallisieren. Man hat zunächst den Eindruck, daß nichts leichter sein kann, als diese Regel zu befolgen. Wir wollen aber an nur zwei Beispielen zeigen, daß dem keineswegs so ist und daß in manchen technischen Fällen die Vermeidung geringer Verformungen im Gegenteil äußerst schwierig ist.

Einer der üblichen technischen Formgebungsvorgänge ist das *Tiefziehen*. Man spannt ein ebenes Blech über einer geeigneten Hohlform (*Negativ*) aus Stahl ein und drückt von oben auf das Blech mit einem dem Negativ entsprechenden Stempel (*Positiv*), ebenfalls aus gehärtetem Stahl. Auf diese Weise formt man die verschiedensten Gegenstände, Blechteller, Lampenfüße, Aschenbecher usw. Man sieht nun ohne weiteres, daß es hierbei sehr leicht vorkommen kann, daß gewisse Teile des Bleches nur sehr geringe Verformungen erleiden, während andere stärker verformt werden. Das wäre nun nicht schlimm, wenn man die gesamte technisch verlangte Verformung in einem Arbeitsgang durchführen könnte. Vielfach reicht die Plastizität des Metalles indessen hierzu nicht aus, es würde an den am stärksten verformten Stellen infolge seiner Verfestigung und Versprödung zu Bruch gehen, das Blech würde also reißen. Um diese Gefahr zu beseitigen, ist man gezwungen, das Tiefziehen in zwei oder mehrere Arbeitsgänge zu zerlegen und eine Rekrystallisation dazwischenzulegen. Hierbei kommt man aber aus dem Regen in die Traufe. Die stark verformt gewesenen Teile werden zwar wieder weich und biegsam, die Gefahr des Zerreißens ist gebannt, sie rekrystallisieren auch feinkörnig. Die vielleicht danebenliegenden, nur ganz schwach verformten Teile rekrystallisieren aber grob und ergeben bei der nachträglichen plastischen Verformung bei der endgültigen Formgebung durch Tiefziehen eine narbige, also technisch unbrauchbare Oberfläche. Die Kunst des Technikers besteht in diesem Falle darin, das Tiefziehen durch verschiedene Kunstgriffe, die oft sehr schwierig sind und auf die hier nicht eingegangen werden kann, so zu gestalten, daß dabei kein wichtiger Teil des Bleches die gefürchtete schwache Verformung erleidet.

Das zweite sehr instruktive Beispiel für den Einfluß einer geringen Verformung haben wir in der ersten Vorlesung kennengelernt; wir haben damals gesehen, daß es genügt, ein weiches Zinkplättchen mit der Schere abzuschneiden, um im angrenzenden Teil eine grobe Rekrystallisation herbeizuführen. Das liegt natürlich daran, daß beim Zerschneiden des Plättchens sich die angrenzenden Teile etwas verbogen haben. Ein anderes, ebenfalls in der ersten Vorlesung gezeigtes Beispiel ist eine weiche, mit einer Revolverkugel durchschossene Zinnplatte, deren Gefüge wir jetzt in allen Einzelheiten verstehen können. Man sieht in Abb. 11, daß hierbei in einem gewissen Abstande vom Durchschußloch ein Kranz großer Krystallite entstanden ist. Das ist diejenige Zone, die ganz schwach plastisch verformt worden ist. In der Nähe des Durchschußloches werden die Krystallite kleiner. Das ist uns jetzt verständlich, da sie ja hierbei zunehmend stärkere Verformungen erlitten haben und zunehmend feiner rekrystallisieren müssen. Die groben Krystalle werden abrupt durch das unveränderte feinkörnige Gefüge unverformten Zinns abgelöst. Dort haben nur elastische Verformungen stattgefunden, oder die plastischen Verformungen liegen unterhalb der *Rekrystallisationsschwelle*, also unterhalb derjenigen Verformung, die bei der in Frage kommenden Erhitzungstemperatur und -zeit auf Grund des Rekrystallisationsdiagrammes Abb. 127 zu einer Rekrystallisation führen kann. Eine *lokale* Verformung bringt somit an ihrem Rande, also im Übergangsgebiet zum unverformten Werkstoff, die Gefahr einer groben Rekrystallisation mit sich.

6.

Man sieht auf Abb. 116, daß bereits unterhalb der bis etwa 520° liegenden Rekrystallisationsschwelle nach dem Erhitzen ein gewisser Rückgang der Verfestigung und eine gewisse Zunahme der Dehnung eintreten. Auch andere Wahrnehmungen beweisen, daß es sich hier als Vorstufe der Rekrystallisation um eine beginnende Beseitigung des Zwangszustandes der Verfestigung handelt, die jedoch meistens nur gering ist und ohne sichtbare Änderung des Gefüges verläuft. Bei Aluminium hat die „Erholungsglühung“ große technische Bedeutung.

Diese Erscheinung nennt man *Erholung*. Wir können sie hier nicht eingehender erörtern.

XII. Chemisches Verhalten der Metalle nichtmetallischen Angriffsmitteln gegenüber.

1.

Wir wollen uns wieder mit chemischen Eigenschaften der Metalle beschäftigen, aber in einem anderen Sinne als in den Vorlesungen, die von den Beziehungen der Metalle zueinander handelten. Jetzt wollen wir die Reaktionen der Metalle mit nichtmetallischen Stoffen kennenlernen, wobei die Reaktionsprodukte auch nichtmetallisch sind. Wir haben die Frage des Widerstandes der Metalle gegen chemische Angriffe dieser Art zu behandeln, mit anderen Worten, die mehr oder weniger große Leichtigkeit, mit der die verschiedenen Metalle den metallischen Zustand aufgeben und Verbindungen mit Nichtmetallen eingehen. Der bekannteste Vorgang dieser Art ist das Rosten des Eisens, wobei Oxyde und Hydroxyde des Eisens entstehen, ein anderer das Verzundern eines glühenden Eisenstabes. Man bezeichnet allgemeiner mit *Korrosion* den von der Oberfläche ausgehenden Angriff der Metalle durch nichtmetallische Angriffsmittel. Ein drittes Beispiel der Korrosion ist der Angriff von Blei in Berührung mit alkalischen Zementen, ein viertes der in der IV. Vorlesung gezeigte Zerfall der Magnesium-Blei-Verbindung Mg_2Pb in Berührung mit feuchter Luft.

Schon aus den Beispielen des Rostens und Verzunderns ergibt sich, wie ungemein groß die wirtschaftlich-technische Bedeutung der Korrosion und ihrer Verhütung ist. Da die allermeisten Metalle der Technik unedel sind, kehren sie gern aus dem metallischen Zustand in den chemischer Verbindungen zurück, aus denen sie mehr oder weniger gewaltsam gewonnen worden sind. Es gibt deshalb kaum einen Metallfachmann in der Technik, der sich nicht mit Korrosion zu beschäftigen hat und der mit ihr nicht hin und wieder schwere Sorgen hat.

Es kann hier nicht unsere Aufgabe sein, die Einzelheiten des Korrosionsangriffes zu erörtern. Wir wollen nur versuchen, die Grundsätze des chemischen Angriffes auf massive Metalle klarzustellen.

Wir bringen einen technischen Zinkstab in verdünnte Salzsäure. Es findet sofort Wasserstoffentwicklung statt. Wir verbinden jetzt den Zinkstab durch einen Draht leitend mit einem Platinblech, das in dieselbe Lösung taucht. Jetzt entwickelt sich der Wasserstoff nicht nur am Zink, sondern auch am Platin (Abb. 130).

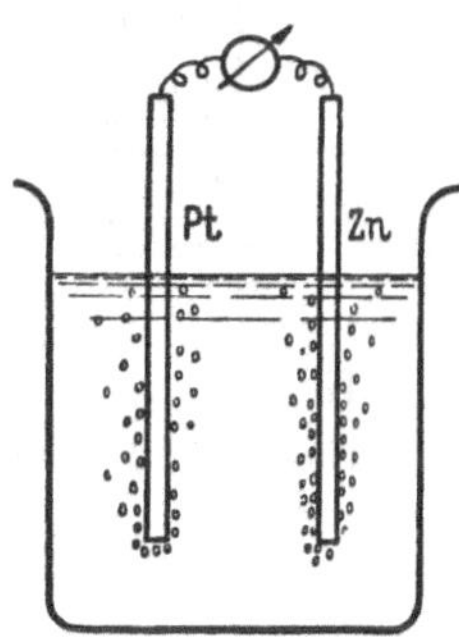

Abb. 130. Schema elektrochemischer Auflösung des Zinks in Salzsäure.

Die Wasserstoffentwicklung am Zink ist sofort verständlich. Wir sind geneigt, sie als Folge einer einfachen chemischen Umsetzung

$$Zn + 2\,HCl \rightarrow ZnCl_2 + H_2 \qquad (1)$$

aufzufassen, oder korrekter in Ionenform geschrieben

$$Zn + 2\,H^{\cdot\cdot} \rightarrow Zn^{\cdot\cdot} + H_2, \qquad (2)$$

wenn man bedenkt, daß die Salzsäure und das Zinkchlorid praktisch vollständig in ihre Ionen gespalten sind. Die Wasserstoffentwicklung am Platin ist aber nicht so einfach zu deuten, da das Platin selbst ja von Salzsäure nicht angegriffen wird.

Die Wasserstoffentwicklung am Platin hört sofort auf, wenn wir die metallische Verbindung zwischen dem Zink und dem Platin lösen. Es unterliegt also keinem Zweifel, daß diese Wasserstoffentwicklung am Platin eine Folge des Angriffes der Salzsäure auf das Zink ist. Wie ist es aber möglich, daß die Reaktion (1) oder (2) nicht an *einem bestimmten Orte*, wo auch das Reaktionsprodukt entstehen sollte, abläuft, sondern daß das Reaktionsprodukt in einer größeren Entfernung von mehreren Zentimetern von der Stelle entweicht, wo das Zink in Lösung geht? Es scheint sich hier um einen großen Widerspruch gegen das Grundgesetz der Chemie zu handeln, das jede chemische Fernwirkung negiert. Zwei Stoffe können miteinander nur in Wechselwirkung treten, wenn sie in molekulare Berührung kommen. Wie kann aber der Zinkstab mit den am Platinblech befindlichen Wasserstoffionen reagieren, die ja weit von ihm entfernt sind?

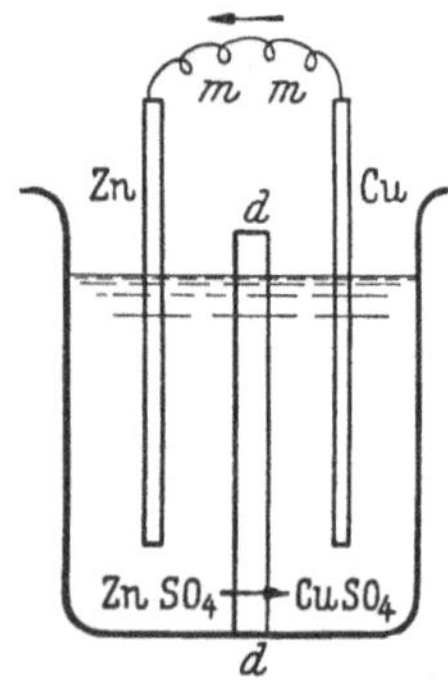

Abb. 131. Das Zink-Kupfer-Element.

Der Schlüssel zum Verständnis dieses rätselhaften Verhaltens liegt darin, daß sich zwischen Zink und Platin ein *elektrochemisches Element* bildet. Ein einfaches Beispiel dafür bildet das Daniell-Element, Abb. 131. In einem solchen Element befindet sich eine Zinkelektrode in einer etwas angesäuerten Zinksulfatlösung, die durch ein poröses Diaphragma *d*, das die Vermischung der beiden Lösungen verhindern soll, von einer Lösung von Kupfersulfat getrennt ist, in die ihrerseits eine Kupferelektrode eintaucht. Solange das Kupfer und das Zink miteinander nicht metallisch stromleitend verbunden sind, findet keine Reaktion statt. Sobald wir jedoch die beiden Metallstäbe durch einen Draht *mm* miteinander verbinden, setzt eine Reaktion ein: Das Zink geht in Lösung, und am Kupferstab scheidet sich Kupfer ab Die Gesamtreaktion können wir in diesem Falle in der Ionenform

$$Zn + Cu^{\cdot\cdot} \rightarrow Zn^{\cdot\cdot} + Cu \tag{3}$$

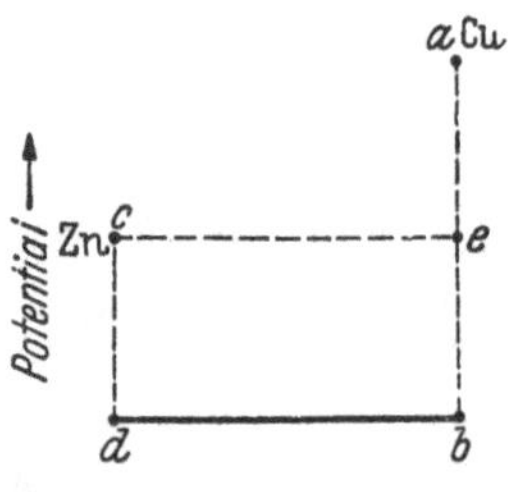

Abb. 132. Potentiale im geöffneten Zink-Kupfer-Element.

schreiben, und wieder reagiert die Zinkelektrode scheinbar mit den am *Kupferstab* befindlichen Kupferionen.

Ein solches Element hat, wie bekannt, eine bestimmte elektromotorische Kraft, und zwar rührt sie daher, daß Kupfer und Zink verschieden edle Metalle sind. Das heißt, daß die Potentialdifferenz zwischen Zink und der im Liter ein Mol Zinksulfat enthaltenden Lösung (das Normalpotential des Zinks) eine andere ist als die Potentialdifferenz zwischen metallischem Kupfer und der einmolaren Kupfersulfatlösung (also das Normalpotential des Kupfers). Wenn wir die erste Potentialdifferenz mit E_{Zn} und die zweite mit E_{Cu} bezeichnen, so ist

$$E_{Cu} - E_{Zn} = 1{,}04 \text{ V}.$$

Wir tragen diese Potentiale in Abb. 132 auf. Solange durch das Element kein Strom fließt, besteht im Elektrolyten, also im Zinksulfat und im Kupfersulfat, kein Potentialgefälle, wie es in einem Metallstab infolge seines Widerstandes entstehen würde, wenn es vom Strom durchflossen wäre. Die in Wirklichkeit vorhandene kleine Potentialdifferenz zwischen den beiden Sulfaten am Diaphragma können wir vernachlässigen. Das Kupfer habe gegen den Elektrolyten die Potentialdifferenz *ab* und Zink die Potentialdifferenz *cd*. Dann sieht man sofort, daß zwischen dem metallischen Kupfer und dem metallischen Zink infolge des Umstandes, daß sie in die in Frage kommende Lösung eingetaucht worden sind, eine Potentialdifferenz *ae* entstanden ist. Verbindet man Kupfer und Zink durch einen Draht *m*, so muß durch ihn ein Strom fließen (vgl. Abb. 131). Im Elektrolyten muß der Strom in umgekehrter Richtung fließen, wie das durch Pfeile angedeutet ist, und dort ein Potentialgefälle erzeugen.

Damit ist auch der besprochene eigenartige Ablauf der Reaktion erklärt. Im Elektrolyten bewegen sich unter dem Einfluß des Potentialgefälles die positiv geladenen Ionen $Zn^{\cdot\cdot}$ und $Cu^{\cdot\cdot}$ von links nach rechts, von der Zink- zur Kupferelektrode, die negativ geladenen SO_4-Ionen in der umgekehrten Richtung. An dem Zinkstab findet die Reaktion statt

$$Zn \rightarrow Zn^{\cdot\cdot} + 2 \text{ negative Ladungen}. \tag{4}$$

Das Zink wird also ionisiert, während die nach dieser Reaktionsgleichung entstehenden zwei negativen Ladungen in den metallischen Leiter abfließen. An der Cu-Elektrode findet umgekehrt die Reaktion

$$Cu^{\cdot\cdot} + 2 \text{ negative Ladungen} \rightarrow Cu \tag{5}$$

statt, die negativen Ladungen werden hier der Metallelektrode *entnommen*. Im metallischen Schließungsbogen ergibt sich so ein Strom negativer Ladungen (der Elektronen) in der Richtung entgegengesetzt der wie üblich durch den Pfeil angegebenen positiven Stromrichtung.

Ganz ähnlich arbeitet nun das Element Zn-Pt, das wir vorher erörtert haben. Der Unterschied besteht hier darin, daß sich an der Platinelektrode an Stelle des Kupfers Wasserstoff abscheidet, der in Gestalt von Gasblasen entweicht. Eine solche Betätigung des Elementes ist natürlich nur möglich, weil das Zink unedler als der Wasserstoff ist. Das Potential des Zinks gegen eine molare Lösung seiner Ionen, etwa in Gestalt von Zinksulfat, ist unedler als das Potential des Wasserstoffs gegen eine molare Lösung seiner Ionen, etwa in Gestalt von Schwefelsäure, in der die Wasserstoffionen bekanntlich an Stelle der Metallionen in den Salzen treten. Das Zink ist um etwa 0,76 V unedler als der Wasserstoff.

Wir haben gesehen, daß der Wasserstoff am Platin genau dieselbe Rolle spielt wie das Zink an der Zinkelektrode oder das Kupfer an der

Kupferelektrode des Daniell-Elementes. Man spricht deshalb entsprechend von einer *Wasserstoffelektrode* und versteht darunter eine solche, an der Wasserstoffionen unter Bildung von neutralen H_2-Molekülen entladen werden oder — bei umgekehrter Stromrichtung — aus H_2-Molekülen $H^{\cdot}$-Ionen entstehen. Im letzteren Falle müssen H_2-Moleküle natürlich in genügender Menge vorhanden sein. Man sorgt dafür, indem man die Metallelektrode, die sich als solche an der Reaktion nicht beteiligt (z. B. Pt), mit Wasserstoff bespült.

Tabelle 7. *Normalpotentiale gegen Wasserstoff.*

K	−2,92	Pb	−0,12
Na	−2,71	Sn	−0,10
Mg etwa	−2,3	H-	+0,00
Al etwa	−1,69	Cu	+0,34
Zn	−0,76	Ag	+0,80
Fe	−0,43	Hg	+0,86
Cd	−0,40	Au	+1,50

Statt die Potentiale der Metalle untereinander zu vergleichen, kann man sie auf die Wasserstoffelektrode beziehen. Man erhält auf diese Weise die sog. Spannungsreihe der Normalpotentiale, in der die Differenz zwischen dem Potential eines Metalles gegen eine einmolare Lösung seiner Ionen und dem der normalen Wasserstoffelektrode angegeben ist, Tab. 7.

Nur diejenigen Metalle, die unedler sind als Wasserstoff, können in einem Element nach der Art des Elementes Zn-Pt in Lösung gehen, indem an der unedlen Elektrode sich Wasserstoff entwickelt. Bei den Metallen, die edler sind als der Wasserstoff, hat die Potentialdifferenz in einer Anordnung analog Abb. 132 das umgekehrte Vorzeichen, s. Abb. 133; hier würde umgekehrt der Wasserstoff in Ionenform in Lösung gebracht werden, und die Metallionen würden sich am Metall ausscheiden, wenn sie in der Lösung in genügender Menge vorhanden sind. Für uns ist hier wichtig, festzustellen, daß solche Metalle sich in einem elektrochemischen Element in Säuren unter Wasserstoffentwicklung nicht auflösen können.

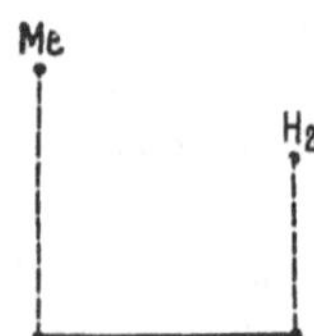

Abb. 133. Schema der Potentiale, wenn *keine* Wasserstoffentwicklung durch ein Metall stattfindet.

Das elektrochemische Potential eines Metalles hängt von der Konzentration seiner Ionen im Elektrolyten ab und wird mit abnehmender Konzentration unedler, und zwar um je $\frac{0{,}058}{n}$ Volt pro Zehnerpotenz der Konzentration eines n-wertigen Ions. Hierdurch können gewisse, in der Regel geringe Verschiebungen in der Spannungsreihe auftreten. Auf diese Verhältnisse kann hier nicht eingegangen werden.

2.

Der *elektrochemische* Ablauf der betrachteten Reaktion bringt also durch den mit ihm verbundenen Stromtransport eine Art *chemische Fernwirkung* zustande, die praktisch von der größten Bedeutung ist.

Diese Tatsache ist besonders wichtig, wenn wir berücksichtigen, daß in den Fällen der praktischen Korrosion in wässerigen Lösungen der Angriff elektrochemisch erfolgt. Das heißt, daß eine Reaktion des Zinks mit Salzsäure nicht etwa so stattfindet, daß einfach ein Zinkkation an Stelle von zwei Wasserstoffkationen tritt, sondern, daß dieser Ablauf unter Zuhilfenahme eines Stromdurchganges im Metall und im angrenzenden Elektrolyten zustande kommt, indem an *einer* Stelle das Metall in Lösung geht (ionisiert wird, *Anode*) und an einer *anderen* Stelle die Abscheidung (eine Entladung) der Wasserstoffionen stattfindet (*Kathode*). Nicht ein Ladungsaustausch als solcher macht die elektrochemische Reaktion aus, sondern erst der Umstand, daß die anodische und die kathodische Reaktion an zwei verschiedenen Orten vor sich gehen.

Außer der Entwicklung des Wasserstoffs gibt es noch verschiedene andere kathodische Reaktionen, die den elektrochemischen Ablauf eines Angriffes auf Metalle ermöglichen. In erster Linie ist hier die Reaktion

$$O_2 + 4 \text{ negative Ladungen} + 2H_2O = 4(OH)' \tag{1}$$

zu nennen. Es handelt sich um die Ionisierung des Sauerstoffes, also um seine Reduktion zum Hydroxyl OH′, ähnlich wie es sich an der Kupferelektrode, Abb. 131, um die Reduktion der Kupferionen zu metallischem Kupfer gehandelt hat. In beiden Fällen werden, wie man durch Vergleich der Gl. (5) und (6) sieht, Elektronen, also negative Ladungen, aus der Elektrode in den Elektrolyten übergeführt, was einem positiven Stromdurchgang in der entgegengesetzten Richtung entspricht. Wir haben also die Reaktion (1) als kathodische Reaktion zu betrachten und sprechen von einer *Sauerstoffelektrode*. Das der Reaktion (1) entsprechende Potential ist viel edler als das Potential der Wasserstoffelektrode. Wenn wir deshalb in einem Element, bestehend aus einem unedleren Metall, z. B. Cadmium und Platin, in einer verdünnten Essigsäure an das Platin Sauerstoff bringen, so genügt das, um das Element in Tätigkeit zu setzen: am Platin findet die Reaktion (1) statt, das Cadmium geht in Lösung, und der notwendige Ausgleich der Ladungen wird durch den Ionentransport im Elektrolyten und durch den Stromdurchgang im metallischen Schließungsbogen bewirkt (Abb. 134).

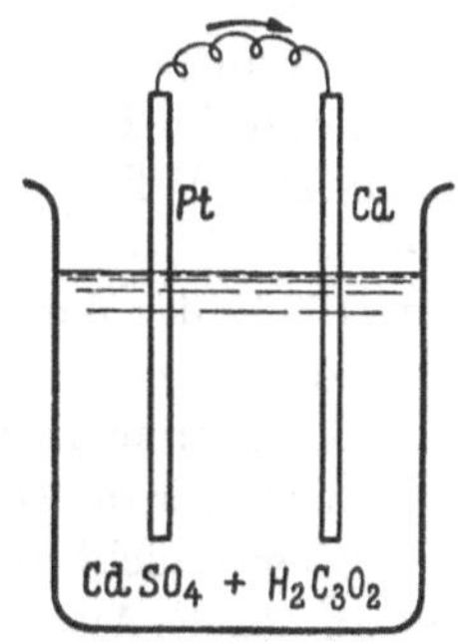

Abb. 134. Anordnung zur Untersuchung der Korrosion an Cadmium.

In diesem Falle haben wir das Cadmium an Stelle des Zinks und verdünnte Essigsäure an Stelle von Salzsäure gewählt, um die Wasserstoffentwicklung zu vermeiden, die sonst den Effekt der kathodischen Sauerstoffreduktion verdeckt hätte.

Die Natur bevorzugt den elektrochemischen Mechanismus der Korrosion, auch wenn zugleich die Möglichkeit zu einem chemischen besteht.

Eine Voraussetzung hierfür bei einem einheitlichen Metall ist natürlich, daß verschiedene Stellen des Metalles als Kathoden und als Anoden wirken können. Wenn sich zwei verschiedene Metalle berühren, die verschieden edel sind, ist die Entstehung eines Elementes selbstverständlich. Auch verschieden stark verformte Stellen können zur Elementbildung führen. Aber auch bei einem einheitlichen Metall, wie vor allen Dingen Eisen und bei Eisenlegierungen, entstehen lokale Kathoden, und zwar sind es mit Oxyd überzogene Stellen, zu denen der Sauerstoff den leichtesten Zutritt hat („passivierte Stellen", wie man es auch ausdrücken kann, vgl. weiter unten). Auch ein einheitliches Metall wird also in einem Elektrolyten normalerweise *elektrochemisch* angegriffen.

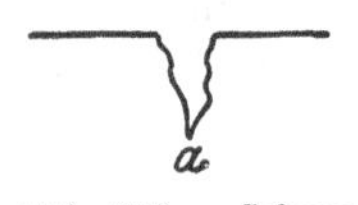

Abb. 135. Schema des Lochfraßes.

Diese Tatsache hat die größte praktische Bedeutung. Sie erklärt nämlich die vom Praktiker so gefürchtete Neigung der Metalle zum *Lochfraß*. Statt daß das angreifende Medium das Metall auf der ganzen Oberfläche gleichmäßig und vorwiegend dort, wo etwa der Sauerstoff am leichtesten Zutritt zum Metall hat, angreifen würde, konzentriert sich der Angriff auf einzelne Stellen, wo er in die Tiefe geht und oft in Blechen Löcher erzeugt, die den betreffenden Metallgegenstand unbrauchbar machen. Abb. 135 zeigt schematisch einen solchen Lochfraß. Der Sauerstoff tritt an die freie Oberfläche des Metalles, wo er durch Reaktion mit dem Metall eine Oxydhaut bildet, die das Metall abdeckt und es vor einem weiteren Angriff schützt. Am Grunde einer Vertiefung *a* ist die Sauerstoffzufuhr jedoch sehr gering oder ganz unterbunden, insbesondere im Fall des Eisens, wie wir gleich sehen werden. Dort bei *a* befindet sich die Anode; das Eisen geht dort, zunächst in Form von zweiwertigen $Fe^{\cdot\cdot}$-Ionen, in Lösung, während der Sauerstoff auf der freien Oberfläche des Metalles kathodisch zu Hydroxylionen reduziert wird. Die Eisenoxydulionen $Fe^{\cdot\cdot}$ diffundieren nach oben und begegnen hier dem Diffusionsstrom des Sauerstoffes, der nach unten gerichtet ist. Der Sauerstoff wird für die Oxydation des zweiwertigen Eisens zum dreiwertigen völlig verbraucht und gelangt nicht an die tiefer liegenden Stellen *a*, wo der anodische Angriff des Eisens, ungestört durch die Bildung von Oxydhäuten, vor sich gehen kann. Es ist nachgewiesen worden, daß der elektrochemische Angriff des Eisens so verläuft, daß zur Zeit immer der allergrößte Teil der Oberfläche, 95% und mehr, sich als Kathode betätigt und nur an wenigen anodischen Stellen das Eisen in Lösung geht. Die Angriffsstellen werden durch Rost oder anderweitig zugebaut, die schützende Oxydhaut platzt jedoch an anderen Stellen immer wieder auf, so daß nach und nach praktisch die ganze Eisenoberfläche angegriffen wird.

3.

Die Bildung schützender Oxydhäute bei sehr energischer Oxydation der Oberfläche äußert sich am besten in der *Passivität* der Metalle. Wir bringen ein Stück Eisen in verdünnte Salpetersäure; an der Grün-Braun-Färbung der Lösung nimmt man wahr, daß eine Auflösung des Eisens eingesetzt hat. Wenn man das Eisenstück nach einiger Zeit aus der Lösung entfernt, ist es stark aufgerauht und angefressen. Wenn wir das Stück jedoch in reine konzentrierte Salpetersäure hineinbringen, schäumt diese zwar unter reichlicher Entwicklung von braunem Stickstoffdioxyd-Dampf zuerst auf, die Reaktion hört dann aber beinahe sofort auf. Das Metall ist chemisch *passiv* geworden. Ähnlich verhält sich Nickel und übrigens auch Aluminium. FARADAY, der die Passivität entdeckt hat, hat sie durch die Bildung einer schützenden Oxydhaut erklärt. Dieses Problem ist indes sehr lange umstritten gewesen, da es nicht gelingen wollte, das Vorhandensein einer solchen Haut nachzuweisen. Erst in neuerer Zeit ist es U. R. EVANS gelungen, durch Ablösen des darunterliegenden Eisens den Nachweis zu erbringen, daß das Eisen, das sich an der Luft befindet, normalerweise *immer* mit einer unsichtbar dünnen Oxydhaut bedeckt ist, und erst recht also auch im passiven Zustand[1]. Hierfür konnte von HEDGES auch ein indirekter Beweis in folgender Weise erbracht werden. Das Eisenoxyd ist unterhalb etwa 72° in Salpetersäure unlöslich, bei höherer Temperatur geht es in Lösung. Bei Überschreitung etwa derselben Temperatur hört aber auch die Passivität auf, das Eisen wird bei höherer Temperatur von der Salpetersäure angegriffen.

Das einmal passiv gewordene Eisen wird auch von verdünnter Salpetersäure nicht mehr angegriffen. Wenn man aber das Eisen mit einem Stück Zink berührt, sieht man, daß diese flüchtige Berührung die Passivität in verdünnter Salpetersäure aufgehoben hat. Das Eisen geht wieder in Lösung. Das Zink hat wie ein Zauberstab gewirkt; das erklärt sich dadurch, daß das Zink bei der Berührung mit Eisen als Anode in Lösung geht, während auf der Oberfläche des Eisens kathodisch die Reduktion des Eisenoxyds stattfindet. Dadurch wird das Eisen von der Oxydhaut entblößt und damit wieder aktiv. Auch genügt es, das passive Metall zu kratzen, um am Kratzer die Passivität aufzuheben.

4.

Ein besonders wichtiger Fall der Korrosion findet sich beim Messing, das, wie in Vorlesung VII, S. 85, erörtert, bei geringeren Zinkgehalten aus homogenen Mischkrystallen besteht. Das Messing wird von chemischen

[1] Vgl. U. R. EVANS-E. PIETSCH: Korrosion, Passivität und Oberflächenschutz von Metallen. Berlin: Springer 1939.

Angriffsmitteln als Ganzes in Lösung gebracht, indem aus Zink und Kupfer Ionen entstehen. Die Kupferionen können, da Kupfer ein viel edleres Metall ist, wieder an der Oberfläche des Messings reduziert werden. Damit ist aber bereits ein elektrochemisches Element Kupfer-Messing entstanden. In einem solchen geht das Messing anodisch in Lösung, während Kupfer kathodisch abgeschieden wird. Auf diese Weise dringt der Angriff an der Berührungsfläche des Kupfers mit Messing in die Tiefe, um nach und nach einen porösen Kupferpfropfen zu bilden, wie er in Abb. 136 dargestellt ist (dunkel gefärbt). Diese gefürchtete Art der Korrosion nennt man zu Unrecht die „*Entzinkung*“ des Messings, da eine Auslaugung des Zinks aus dem Messing ausgeschlossen ist. Wenn die „Entzinkung“ einmal eingesetzt hat, ist sie kaum aufzuhalten; es kann oft eine Rohrwand in ihrer ganzen Stärke durchgefressen werden.

Abb. 136. „Entzinkung“ des Messings (in Wirklichkeit Wiederabscheidung des Kupfers). (Aus KRÖHNKE-MASING, Korrosion II)

5.

Wie schützt man ein Metall vor Korrosion? Das einfachste und bekannteste Mittel ist, seine Oberfläche abzudecken. Das tut man im größten Umfang, insbesondere beim Eisen, durch Anstriche oder auch durch Überzüge aus edleren Metallen. Diese letztere Maßnahme ist jedoch nicht unbedenklich. Wenn nämlich der edlere Metallüberzug an einer Stelle zufällig porös geworden ist und der Elektrolyt an das darunterliegende unedlere Metall dringen kann, entsteht ein lokales Element, und die elektrochemische Zersetzung beginnt.

Ein anderes Mittel besteht darin, daß man die Metalle *passiv* macht. Der passive Zustand des Eisens ist unbeständig. Wir haben gesehen, daß er bereits durch die Berührung mit Zink aufgehoben werden kann; ebenso braucht man die schützende Oxydhaut nur abzukratzen, um das Eisen wieder zu aktivieren. Die Neigung der Metalle zur Passivität ist jedoch sehr verschieden. Während das Eisen nur unter dem Einfluß einer sehr energischen Oxydation passiv wird, ist das *Chrom* unter normalen Bedingungen, an feuchter Luft, in allen Sauerstoffsäuren, in Wasser immer passiv. Diese Eigenschaft hat nicht nur das reine Chrom, sondern bereits auch seine Legierungen mit Eisen mit Gehalten von 12 bis 20% Cr. Auf diese Weise werden nun die säurebeständigen und nichtrostenden Stähle hergestellt. Der bekannte, von STRAUSS entdeckte und von

E. MAURER seinerzeit technisch entwickelte V2A-Stahl besteht neben Eisen aus 18 bis 20% Cr und 6 bis 8% Ni.

Es gibt noch ein drittes Mittel, um ein Metall, etwa Eisen, vor dem Angriff zu schützen. Man braucht es nur mit einem unedleren Metall, in diesem Fall mit Zink, in Berührung zu bringen. Dann bildet sich zwischen dem Eisen und dem Zink ein elektrochemisches Element, in dem das unedlere Zink anodisch in Lösung geht; am Eisen wird der Sauerstoff für die Oxydation des Zinks verbraucht, ehe er das Eisen angegriffen hat. Der Schutz des Eisens geht unter diesen Bedingungen natürlich auf Kosten des Zinks, und das Zink muß von Zeit zu Zeit erneuert werden.

Wenn ein Metall chemisch angegriffen wird, so besteht der natürlichste Schutz darin, daß das unlösliche Reaktionsprodukt das Metall abdeckt und vor weiterem Angriff schützt. Eine Erscheinung dieser Art bildet ja auch die besprochene Passivität. Andere Beispiele hierfür bildet die Einwirkung von Salzsäure auf Silber, das sich sofort mit einer Schicht von Silberchlorid bedeckt, wodurch der Angriff zum Stillstand kommt, oder das Verhalten des Bleis in Schwefelsäure, wo es sich mit dem schwer löslichen Bleisulfat überzieht, wodurch der Angriff ebenfalls zum Stillstand kommt. Wir sagen deshalb, daß auch das Silber in Salzsäure oder das Blei in Schwefelsäure *passiv* wird. Im allgemeinen ist jedoch der elektrochemische Mechanismus des Angriffes durchaus nicht günstig für die Ausbildung passivierender Schichten, was wir, dem Korrosionsforscher U. R. EVANS folgend, an einem Beispiel zeigen wollen. Wenn der gasförmige Sauerstoff auf Zink einwirkt, bildet sich auf der Oberfläche Zinkoxyd, das das Metall bedeckt und zunächst einen weiteren Angriff verhindert. Wenn dahingegen Zink in einer Kochsalzlösung dem Angriff des in ihr gelösten Sauerstoffes ausgesetzt ist, so geht an den anodischen Stellen das Zink in Gestalt von $Zn^{\cdot\cdot}$-Ionen in Lösung, während an den kathodischen Stellen Sauerstoff zu Hydroxyd OH' reduziert wird. Damit wird die Lösung in der Nähe der Kathode alkalisch. Die Zinkionen und die Hydroxylionen diffundieren nun gegeneinander; sobald die Zinkionen in eine alkalische Region kommen, wird dort das Zinkhydroxyd ausgefällt:

$$Zn^{\cdot\cdot} + 2\,OH' = Zn(OH)_2 .$$

Das in lockerer Form an einem von den Stellen des eigentlichen Angriffs entfernten Ort ausfallende $Zn(OH)_2$ kann, wie leicht ersichtlich ist, keinen wesentlichen Schutz gegen weiteren Angriff ausüben.

Im Falle des Rostens kommt als weiterer erschwerender Umstand hinzu, daß das schwer lösliche dreiwertige Eisenoxydhydrat sich erst durch weitere Oxydation aus dem zweiwertigen Oxydulhydrat in einem endlichen Abstand von der Angriffsstelle am Eisen bildet.

6.

Ganz anders verläuft der Angriff, wenn das Metall sich in einem angreifenden Gase oder in einem Nichtelektrolyten (z. B. in einem sauerstoffhaltigen Treibstoff) befindet. Wir wollen uns gleich überlegen, wie ein solcher Angriff verlaufen muß, wenn das Metall gleichmäßig mit dem Reaktionsprodukt bedeckt wird. Nehmen wir an, daß wir Joddampf auf Silber wirken lassen; das Silber bedeckt sich mit einer dünnen Schicht AgJ. Das Silberjodid vermag eine gewisse Menge Silberatome abzugeben, so daß an der mit dem Joddampf im Gleichgewicht stehenden Oberfläche ein gewisser Jodüberschuß (oder Silberunterschuß) im Silberjodid entsteht. An der Berührungsfläche mit Silber ist dahingegen dieser Fehlbetrag an Silber vollständig aufgefüllt. In der Silberjodidschicht entsteht also ein Konzentrationsgefälle der Silberionen. Da ihre Konzentrationen an den beiden Flächen der Jodsilberschicht während des ganzen Angriffsvorganges im Gleichgewicht einerseits mit Silber und andererseits mit Joddampf stehen und gleich bleiben, ist die Steilheit des Konzentrationsgefälles und damit die Diffusionsgeschwindigkeit des Silbers durch das Silberjodid umgekehrt proportional seiner Schichtdicke. Die Angriffsgeschwindigkeit, mit der das Jod das Silber angreift, muß im einfachsten Falle nun einfach proportional der Geschwindigkeit sein, mit der das Silber in das Silberjodid hineindiffundiert. Die Angriffsgeschwindigkeit des Silbers wird also auch umgekehrt proportional der Schichtdicke des Silberjodids sein. Diese Angriffsgeschwindigkeit ist andererseits proportional der Geschwindigkeit, mit der die Schichtdicke des AgJ wächst. Wenn wir diese Schichtdicke mit x bezeichnen, erhalten wir deshalb für die Angriffsgeschwindigkeit v:

$$v = K_1 \frac{dx}{dt} = \frac{K_2}{x},$$

wo K_1 und K_2 Konstanten und t die Zeit ist. Durch Integration ergibt sich

$$x^2 = K_3 t,$$

wo K_3 wieder ein Konstante ist. Das ist die Gleichung einer liegenden Parabel; deshalb bezeichnet man das betrachtete Anlaufgesetz als das *parabolische* (Abb. 137, gestrichelte Kurve).

Auch die Oxydation der Metalle erfolgt, wenigstens in dickeren Schichten, soweit bisher untersucht worden ist, meistens nach diesem Gesetz. Eigenartigerweise gilt für die Oxydation der Metalle, solange die Oxydschicht noch sehr dünn ist, also bei tieferen Temperaturen, nach den Arbeiten von G. Tammann und seinen Schülern ein anderes Gesetz, nach dem nämlich die Reaktionsgeschwindigkeit mit der Dicke der Oxydschicht noch schneller abnimmt (vgl. Abb. 137, ausgezogene Kurve für Eisen in Luft) als beim Anlaufen nach dem parabolischen Gesetz.

Der mathematische Ausdruck, der in diesem Falle die Abhängigkeit der Anlaufgeschwindigkeit v von der Schichtdicke x darstellt, lautet

$$v - \frac{dx}{dt} = v_0 e^{-bx}.$$

Es ist bisher nicht gelungen, einen chemischen Vorgang für eine theoretische Deutung dieser inzwischen vielfach bestätigten Formel zu finden. Es ist anzunehmen, daß die exponentielle Beziehung nicht ein wahres Naturgesetz, sondern eine Interpolationsformel darstellt. Die mit der Schichtdicke stark abnehmende Oxydationsgeschwindigkeit ist außer auf andere Umstände wohl nach einer Annahme von U. R. EVANS auf eine Bildung von zur Metalloberfläche parallelen Rissen innerhalb der Oxyde zurückzuführen, welches die Diffusion im Oxyd erschwert.

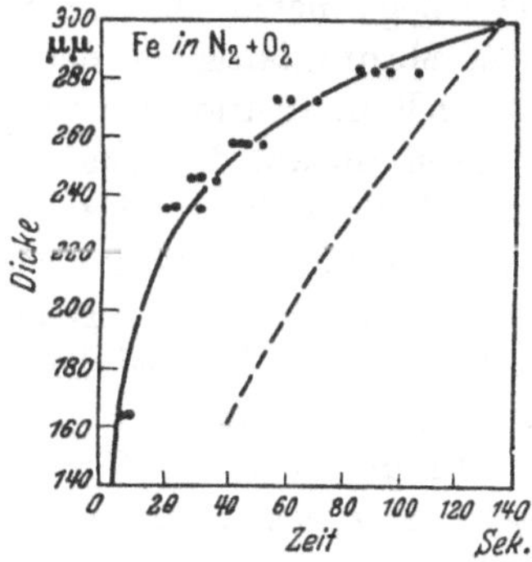

Abb. 137. Parabolische (gestrichelt) und logarithmische (ausgezogen) Zeitabhängigkeit der Anlaufschichtdicke.

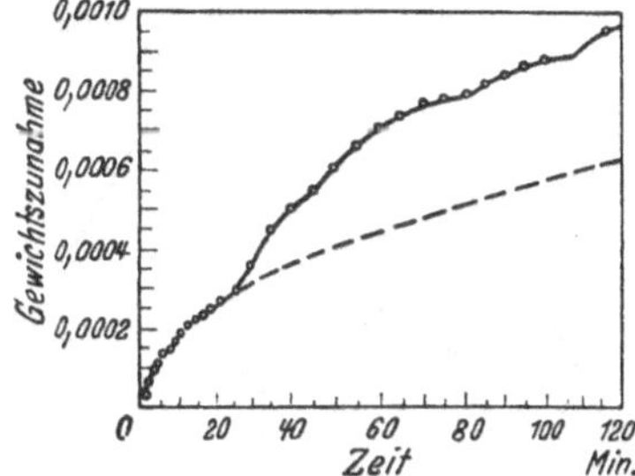

Abb. 138. Anlaufen von Kupfer an Luft. (Nach PILLING und BEDWORTH.)

Die Oxydation verläuft nach dem parabolischen oder exponentiellen Gesetz nur, solange die sich dabei bildende Oxydschicht dicht und fehlerfrei ist. Vielfach ist diese Forderung nicht erfüllt: die Oxydschicht *platzt ab*, sobald sie eine gewisse Dicke erreicht hat. Das bewirkt eine erneute Bloßlegung der metallischen Oberfläche und damit eine Beschleunigung des chemischen Angriffs, wie das für Kupfer in Abb. 138 dargestellt ist. Auch das bekannte Zundern des Eisens erfolgt in dieser Weise.

Ein zunderbeständiges Metall muß also vor allen Dingen eine Oxydschicht bilden, die zähe ist und nicht zum Abbröckeln neigt. Fernerhin muß die Löslichkeit und damit die Diffusionsgeschwindigkeit des Sauerstoffs oder des Metalles in ihr möglichst gering sein. Diesen Forderungen genügen vor allen Dingen das Aluminium und das Chrom und ihre Legierungen. Während das Kupfer stark zundert, ist die Aluminiumbronze (eine Legierung von Kupfer mit 7 bis 10% Al, vgl. S. 6) bereits sehr zunderbeständig, weil sich auf ihrer Oberfläche bei der Oxydation vorwiegend das sehr zähe und mechanisch festhaftende Al_2O_3 bildet. Ein gewisser Chromgehalt ist andererseits die technische Grundlage beinahe aller zunderbeständigen Stähle.

Anhang.

Bemerkung über Legierungen mit drei und mehr Bestandteilen.

Die meisten Legierungen der Technik bestehen nicht aus zwei, sondern aus drei und mehr Komponenten. Als Beispiele seien nur die Stähle erwähnt, die alle außer Eisen und Kohlenstoff noch andere Zusätze enthalten (vgl. S. 83). Die Übersicht über die Konstitution derartiger Legierungen wird um so schwieriger, je mehr Bestandteile sie enthalten. Wir verfügen noch über eine eingehende Theorie der *Dreistoffsysteme* (*ternäre Systeme*), für die Systeme mit mehr Bestandteilen gibt es nur weniger systematische Ansätze. Das liegt neben der zunehmenden Mannigfaltigkeit der möglichen Konstitutionsfälle vor allen Dingen daran, daß uns das anschauliche Hilfsmittel zur Übersicht über das ganze System, wie es bei binären Legierungen durch das ebene Zustandsdiagramm gegeben ist, fehlt.

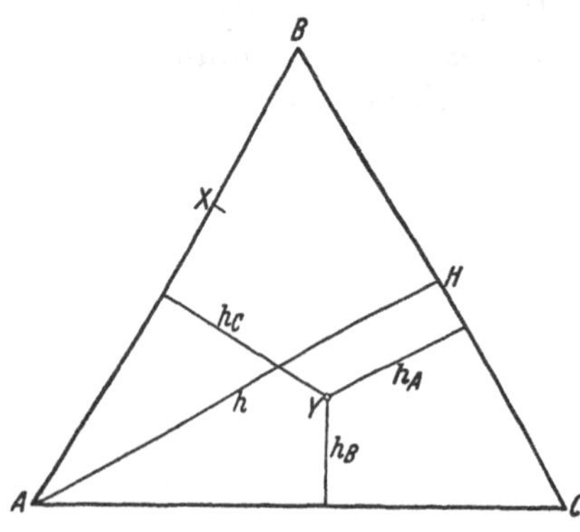

Abb. 139. Konzentrationsdreieck für ein ternäres System.

In der Tat, die Zusammensetzung eines binären Systems wird durch *eine* Konzentrationsangabe bestimmt, da ja die Konzentration des zweiten Bestandteils durch die des ersten zugleich gegeben ist. Bei einem ternären System ist es dahingegen notwendig, *zwei* Konzentrationen, nämlich diejenigen von A und B anzugeben, um die Zusammensetzung des Systems festzulegen. Die Konzentration des dritten Bestandteiles C bestimmt sich dann aus der Differenz zu 1. Hieraus folgt schon, daß wir für die Konzentrationsangaben in einem ternären System eine zweidimensionale Darstellung (Ebene) brauchen, während für das binäre System hierfür eine Linie (die Abszissenachse des Diagrammes) genügt. Für die Temperaturachse hat man dann auf der Ebene keinen Platz mehr, man ist gezwungen, sie senkrecht auf das Papier zu setzen. Damit gelangt man aber anstatt zu einer *ebenen* zu einer *räumlichen* Darstellung, die sehr viel weniger übersichtlich ist.

Zur Darstellung der Zusammensetzungen im ternären System pflegt man ein gleichseitiges Dreieck, das sog. *Konzentrationsdreieck*, zu benutzen (Abb. 139). Auf den Seiten AB, BC und CA dieses Dreiecks liegen die entsprechenden binären Legierungen, deren Zusammensetzungen durch die Abstände von den Punkten A, B oder C bestimmt werden. So besteht z. B. die Legierung X nur aus A und B, und zwar enthält sie $100 \frac{BX}{AB}$ % A und $100 \frac{AX}{AB}$ % B, genau wie bei der Darstellung in allen bisher betrachteten Zustandsdiagrammen. Für die Darstellung der ternären Legierungen bedient man sich des Satzes, daß die Summe der drei Lote aus einem Punkt Y auf die drei Seiten für alle Punkte des Dreiecks konstant und gleich der Höhe des Dreiecks sind:

$$h_A + h_B + h_C = h.$$

Wir erhalten die Konzentrationen der einzelnen Bestandteile, indem wir vom Konzentrationspunkt der Legierung Y aus Lote auf die entgegengesetzten Seiten des Dreiecks fällen. Die Länge h_A ergibt auf diese Weise den Gehalt an A, die Länge h_B den Gehalt an B und die Länge h_C den Gehalt an C. Für die binäre Legierung X geben die entsprechenden Lote die Gehalte an A und an B an, die den Strecken AX und XB proportional sind. Die gewählte Bestimmung der Zusammensetzung ist also im Einklang mit der in binären Systemen üblichen und unterscheidet sich von ihr nur durch eine abweichende Wahl der Einheit.

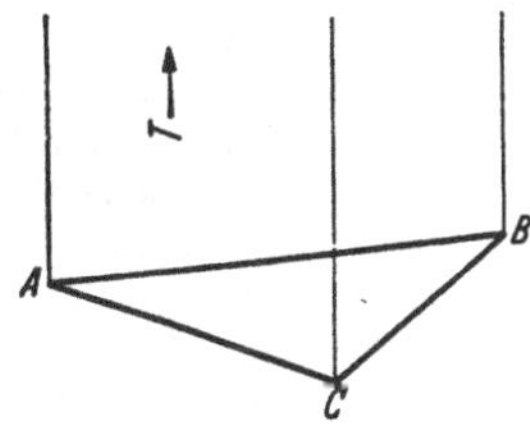

Abb. 140. Schema eines ternären räumlichen Diagrammes

Die Temperatur wird, wie erwähnt, auf der Ebene des Konzentrationsdreiecks senkrecht aufgetragen. Man erhält auf diese Weise ein räumliches Diagramm, Abb. 140, in das man die Temperaturen der heterogenen Umsetzungen für die verschiedenen Zusammensetzungen der Legierungen einträgt.

Im Rahmen der hier vorliegenden elementaren Darstellung ist es nicht möglich, weiter auf die Theorie der ternären Systeme einzugehen. Es sei in diesem Zusammenhang auf das Buch des Verfassers „Ternäre Systeme" verwiesen[1], wo der Gegenstand elementar behandelt wird.

[1] Masing, G.: Ternäre Systeme. Leipzig: Akademische Verlagsgesellschaft. II. Aufl. 1949.

Sachverzeichnis.

721/3/55. — III/18/203.

Zeitfracht Medien GmbH
Ferdinand-Jühlke-Straße 7
99095 Erfurt, Deutschland
produktsicherheit@kolibri360.de